ABC du BAC

Excellence

la mention en plus

Mathématiques 2^{de}

Christian Lixi
Gérard Chassard

Nathan

Direction éditoriale : Raphaëlle Mourey
Coordination éditoriale : Marion Gautier, Julie Langlais
Édition : Patricia Kingué Édémé
Conception graphique intérieur : Élise Launay
Couverture : Marc Henry, Hugues Vollant
Compositeur : APS-ie
Fabrication : Kévin Magar

ISBN : 978-2-09-157406-6 (Édition précédente : 978-2-09-150349-3)

Mode d'emploi

Un ouvrage efficace pour réviser et aller plus loin

COURS

- Des rappels de cours **clairs et structurés**, pour mémoriser l'essentiel des connaissances à savoir.
- Des encadrés *Bien comprendre* et des annotations en marge pour **vous aider à comprendre** certains points difficiles.

- **Nombreux et variés**, les exercices proposés couvrent l'ensemble des thèmes abordés dans le chapitre.
- Des **points de méthode** et des **conseils de résolution** des exercices enrichissent les énoncés.
- Différentes rubriques d'exercices permettent un **entraînement progressif** :
  - QCM et questions courtes, pour une auto-évaluation simple des connaissances ;
  - Exercices d'entraînement ;
  - Problèmes ;
  - Exercices d'approfondissement.
- Le **minutage** est donné pour chaque exercice, ainsi que le **niveau de difficulté** :
  - pas d'étoile : exercice de base ;
  - ★ : exercice présentant quelques difficultés ;
  - ★★ : exercice de réflexion ;
  - ★★★ : exercice de synthèse faisant appel à des notions diversifiées.

CORRIGÉS

- Les corrigés sont entièrement rédigés, **très détaillés**, et présentent toutes les étapes du raisonnement et des calculs.
- Ils sont accompagnés de **commentaires, de remarques, de conseils** pour être « au top » en mathématiques.

COURS

EXERCICES

CORRIGÉS

SOMMAIRE

CHAPITRE 1 **Manipuler les nombres réels** ... 9
Cours ... 10
Exercice ... 13
Corrigés ... 18

CHAPITRE 2 **Arithmétique** ... 29
Cours ... 30
Exercice ... 34
Corrigés ... 40

CHAPITRE 3 **Calcul littéral** ... 49
Cours ... 50
Exercice ... 56
Corrigés ... 63

CHAPITRE 4 **Vecteurs du plan** ... 73
Cours ... 74
Exercice ... 81
Corrigés ... 87

CHAPITRE 5 **Problèmes de géométrie** ... 103
Cours ... 104
Exercice ... 107
Corrigés ... 113

CHAPITRE 6 **Les droites du plan** ... 127
Cours ... 128
Exercice ... 131
Corrigés ... 138

CHAPITRE 7 **Fonctions de référence** ... 157
Cours ... 158
Exercice ... 163
Corrigés ... 168

CHAPITRE 8 Étude des fonctions 181
Cours 182
Exercice 187
Corrigés 194

CHAPITRE 9 Information chiffrée 211
Cours 212
Exercice 216
Corrigés 224

CHAPITRE 10 Probabilités 239
Cours 240
Exercice 243
Corrigés 251

CHAPITRE 11 Échantillonnage 269
Cours 270
Exercice 275
Corrigés 282

La nouvelle classe de Seconde

1. Les moments-clés

A. Le test de positionnement

- **Ce test numérique** qui a lieu en début de Seconde permet de connaître vos acquis et vos besoins en Français et en Mathématiques. C'est la première étape de l'accompagnement personnalisé : soutien, approfondissement et aide à l'orientation.

Qui ?
- Tous les élèves de 2de

Quand ?
- Au cours de la 2e quinzaine de septembre

Pourquoi ?
- Préparer l'accompagnement personnalisé de chaque élève

Où ?
- Au lycée, sur une plateforme numérique

MATHÉMATIQUES* — 50 min
- Organisation et gestion de données
- Nombres et calcul
- Géométrie
- Calcul littéral

FRANÇAIS* — 50 min
- Compréhension de l'oral
- Compréhension de l'écrit
- Compréhension du fonctionnement de la langue

* Les résultats sont communiqués aux élèves et sont anonymes en dehors de l'établissement

B. Les semaines de l'orientation

- **Les semaines de l'orientation** (novembre-décembre et janvier-février) permettent de vous informer et d'explorer plusieurs perspectives d'orientation.
- **Au cours de ces moments consacrés à l'orientation,** vous pourrez échanger avec les équipes pédagogiques de l'établissement, rencontrer des acteurs de l'enseignement supérieur, échanger avec des acteurs du monde économique, social et professionnel…

C. Le choix des spécialités pour la classe de 1re

- Au 2e trimestre, vous formulez des intentions d'orientation sur la « fiche dialogue ». Vous choisirez **4 enseignements de spécialité** parmi les **12 proposés**. Le conseil de classe donne un avis sur vos intentions.
- Au mois de juin, vous devrez choisir vos 3 enseignements de spécialité définitifs.

2. Les enseignements de la classe de 2de

ENSEIGNEMENTS COMMUNS

Français	4h00
Histoire-Géographie	3h00
LVA et LVB	5h30
Mathématiques	4h00
Physique-chimie	3h00
SVT	1h30
EPS	2h00
EMC	18h00/an
N SES	1h30
N Sciences Numériques et Technologie	1h30

ENSEIGNEMENTS OPTIONNELS 2 MAXIMUM

Enseignement général AU CHOIX

LCA : Latin*	3h00
LCA : Grec*	3h00
LVC	3h30
Arts	3h00
EPS	3h00
Art du cirque	6h00

Enseignement techno AU CHOIX

N Management et gestion	1h30
Santé et social	1h30
Biotechnologie	1h30
Sciences de laboratoire	1h30
Sciences de l'ingénieur	1h30

et d'autres...

N nouveau

* les LCA peuvent être prise en plus

CHAPITRE 1

Manipuler les nombres réels

COMPÉTENCES EXIGIBLES

- Lier nombre réel et point d'une droite graduée.
- Représenter un Intervalle de la droite numérique.
- Encadrer un nombre réel par des décimaux.
- Résoudre des problèmes et construire une solution approchée.

COURS

1 Les ensembles de nombres

1 Définitions

- $\mathbb{N}$ est l'ensemble des **entiers naturels** : 0, 1, 2, 3,…
- $\mathbb{Z}$ est l'ensemble des **entiers relatifs** : …,–3, –2, –1, 0, 1, 2, 3,…
- $\mathbb{D}$ est l'ensemble des **décimaux**, c'est-à-dire l'ensemble des nombres de la forme $\frac{a}{10^n}$ où a est un élément de $\mathbb{Z}$ et n un entier naturel.
- $\mathbb{Q}$ est l'ensemble des **rationnels**, c'est-à-dire l'ensemble des nombres de la forme $\frac{a}{b}$ où a est un élément de $\mathbb{Z}$ et b un entier naturel non nul.
- $\mathbb{R}$ est l'ensemble des **réels**, c'est-à-dire l'ensemble des abscisses des points d'une droite graduée.

On a les inclusions

$$\mathbb{N} \subset \mathbb{Z} \subset \mathbb{D} \subset \mathbb{Q} \subset \mathbb{R}.$$

2 Remarques

- $\mathbb{N}^*$, $\mathbb{Z}^*$, $\mathbb{D}^*$, $\mathbb{Q}^*$, $\mathbb{R}^*$ désignent les ensembles de nombres privés de 0.
- Les nombres réels qui ne sont pas des rationnels sont appelés des irrationnels, par exemple $\sqrt{2}$, π, $3\sqrt{3}$, $-\sqrt{2}$, $-\frac{\sqrt{5}}{2}$, ...

3 Propriété

Tout nombre rationnel a une écriture décimale comportant un nombre fini de décimales ou comportant une période.

Exemples : $\frac{1}{4} = 0{,}25$ et $\frac{422}{165} = 2{,}5\underbrace{57}5757\ldots$

Remarque
Tout nombre qui a une écriture décimale infinie non périodique est un irrationnel.

2 Caractérisation des intervalles de $\mathbb{R}$

1 Intervalles bornés, non bornés

- Soit a et b deux nombres réels tels que $a < b$.

COURS

Intervalles bornés	
Intervalles	**Inégalités vérifiées par le réel x**
$x \in [a,b]$	$a \leq x \leq b$
$x \in [a,b[$	$a \leq x < b$
$x \in]a,b]$	$a < x \leq b$
$x \in]a,b[$	$a < x < b$

Intervalles non bornés	
Intervalles	**Inégalités vérifiées par le réel x**
$x \in [a,+\infty[$	$x \geq a$
$x \in]a,+\infty[$	$x > a$
$x \in]-\infty,a]$	$x \leq a$
$x \in]-\infty,a[$	$x < a$

2 Remarques

L'intervalle $[a,a]$ est égal à $\{a\}$, l'intervalle $]a,a[$ est égal à $\varnothing$ et l'intervalle $[b,a]$ avec $b > a$ est vide.

3 Propriétés

- L'intersection de deux intervalles est un intervalle ou l'ensemble vide.
- Si l'intersection des deux intervalles est non vide, la réunion de deux intervalles est un intervalle.

3 Application à la résolution d'inéquations

- Si le réel a est strictement positif, l'ensemble des solutions de l'inéquation $ax+b>0$ est $\left]-\frac{b}{a},+\infty\right[$.
- Si le réel a est strictement négatif, l'ensemble des solutions de l'inéquation $ax+b>0$ est $\left]-\infty,-\frac{b}{a}\right[$.

4 Signe de $ax+b$ avec $a \neq 0$

- Si $a<0$

x	$-\infty$		$-\frac{b}{a}$		$+\infty$
$ax+b$		$+$	0	$-$	

- Si $a>0$

x	$-\infty$		$-\frac{b}{a}$		$+\infty$
$ax+b$		$-$	0	$+$	

5 Valeur absolue d'un nombre réel

1 Définition

On appelle **valeur absolue** d'un nombre réel a, le nombre réel noté $|a|$, définie par, si $a \geq 0$ alors $|a| = a$ et si $a < 0$ alors $|a| = -a$.

2 Propriétés

- Pour tous réels a et b, on a

$$|a| \geq 0, |-a| = |a|, |a|^2 = a^2, |ab| = |a||b| \text{ et } |a+b| \leq |a| + |b|$$

- Pour tout réel a strictement positif, l'ensemble des solutions dans $\mathbb{R}$ de l'équation $|x| = a$ est $\{-a;a\}$. L'équation $|x| = 0$ a une seule solution 0.

3 Distance de deux réels

On appelle distance de deux réels a et b le réel positif noté $\mathrm{d}(a,b) = |a-b|$
Propriétés
Pour tous réels a, b et c on a

$$\mathrm{d}(a,b) = \mathrm{d}(b,a), \mathrm{d}(a,0) = |a| \text{ et } \mathrm{d}(a,b) \leq \mathrm{d}(a,c) + \mathrm{d}(b,c).$$

4 Encadrement d'un nombre réel

Soit a, b et x trois nombres réels, on dit que les réels a et b encadrent le réel x si $a < x < b$ (encadrement strict) ou $a \leq x \leq b$ (encadrement large).

5 Propriétés

Tout nombre réel peut-être encadré au sens strict ou large par deux nombres décimaux dont la distance est choisie à priori, on dit aussi d'amplitude choisie.
Si un réel x appartient à un intervalle I, cet intervalle définit un encadrement de x.

6 Encadrement et valeur absolue

Soit a un nombre réel et r un réel strictement positif, l'ensemble des réels x tels que $|x-a| < r$ est l'intervalle $]a-r\,;\,a+r[$, et l'ensemble des réels x tels que $|x-a| \leq r$ est l'intervalle $[a-r\,;\,a+r]$.

7 Propriétés

Les inégalités $|x-a| < r$ et $|x-a| \leq r$ définissent des encadrements de x centrés en a et d'amplitude $2r$.

QCM et questions courtes

1 Vrai ou Faux ?

Corrigé p. 18

1. $-5 \in \mathbb{D}$. ☐ Vrai ☐ Faux

2. $\dfrac{\sqrt{2}}{2} \in \mathbb{Q}$. ☐ Vrai ☐ Faux

3. $\dfrac{5}{3}$ est égal 1,66666666. ☐ Vrai ☐ Faux

4. Un nombre irrationnel peut-être un nombre entier. ☐ Vrai ☐ Faux

5. Le quotient de deux entiers relatifs est toujours un nombre décimal. ☐ Vrai ☐ Faux

6. L'inverse d'un décimal non nul est toujours un décimal. ☐ Vrai ☐ Faux

2 Ensemble de nombres

Corrigé p. 18

1. Donner le plus petit ensemble de nombres auquel appartiennent les nombres suivants :

a) -3 ; **b)** $\dfrac{1}{4}$; **c)** $\dfrac{5}{8}$; **d)** $\dfrac{\pi}{3\pi}$.

2. Donner le plus petit ensemble de nombres auquel appartiennent les nombres suivants :

a) $\left(\sqrt{2}+1\right)\left(\sqrt{2}-1\right)$; **b)** $\dfrac{1}{3}-\dfrac{7}{3}$; **c)** $(\pi-1)(\pi+1)-\pi^2$.

3 Vrai ou Faux

Corrigé p. 18

1. Si $4 < x < 5$ alors $2 \leq x < 6$. ☐ Vrai ☐ Faux

2. Si $x \in \left]-\infty\,;4\right]$ alors $x \leq 3$. ☐ Vrai ☐ Faux

4 QCM

Corrigé p. 18

1. L'ensemble des nombres réels x tels que $x > -3$ est :

a) $\left]-\infty\,;-3\right[$; **b)** $\left]-3\,;+\infty\right[$; **c)** $\left]-2{,}999\,;+\infty\right[$.

5 Intervalles

Corrigé p. 19

1. Soit $I = \left[-5\,;2\right[$ et $J = \left]-1;7\right]$.

a) Déterminer $I \cap J$.

b) Déterminer $I \cup J$.

2. Soit $I=\left[-5\,;+\infty\right[$, $J=\left]-1\,;7\right]$ et $K=\left]-\infty\,;+3\right[$.

a) Déterminer $I\cap J$ et $I\cup J$.

b) Déterminer $I\cap K$ et $I\cup K$.

c) Déterminer $J\cap K$ et $J\cup K$.

3. Compléter par le symbole $\in$ ou $\notin$

a) $-5\ldots\left[-6\,;0\right[$. **b)** $10^{-1}\ldots\left]-\infty\,;0\right]$. **c)** $\dfrac{1}{3}\ldots\left[0\,;0{,}333\right]$. **d)** $1{,}414\ldots\left]0\,;\sqrt{2}\right[$.

6 Valeur absolue

➔ Corrigé p. 19

1. Écrire les nombres suivants sans le symbole $|\quad|$.

a) $\left|1-\sqrt{2}\right|$. **b)** $\left|1+\sqrt{2}\right|$. **c)** $\left|6-2\pi\right|$.

2. Résoudre sur $\mathbb{R}$, les équations suivantes.

a) $|x-1|=2$. **b)** $|2-x|=1$. **c)** $|x-5|=-1$.

3. Écrire sous forme d'un intervalle l'ensemble des réels x vérifiant :

a) $|x-4|<5$; **b)** $|x-2|\leqslant 2$.

Exercices d'entraînement

7 Fraction associée à une écriture décimale

10 min

➔ Corrigé p. 20

1. Déterminer une fraction ayant pour écriture décimale :

a) 12,2 ; **b)** 0,0154 ; **c)** 1,645.

2. Déterminer une fraction ayant pour écriture décimale périodique illimité :

a) $12{,}\underbrace{48}48.....$; **b)** $12{,}57\underbrace{371}371.....$

8 Puissances

5 min

➔ Corrigé p. 21

1. Simplifier les écritures des nombres suivants.

a) $\left(\dfrac{1}{20}\right)^3\times\dfrac{\left(4\times10^{-1}\right)^2}{0{,}02}$. **b)** $\dfrac{2^5\times3^{-2}\times10^2}{15^3\times8^2}$.

2. a et b désignent des nombres réels non nuls, simplifier les écritures des nombres suivants

a) $\dfrac{(2ab)^2\left(2^3\right)^{-1}a^{-2}}{\left(b^{-2}\right)^{-1}}$. **b)** $\left(\dfrac{a^{-1}}{b^2}\right)^{-2}\times\dfrac{a^{-2}}{b^3}$.

9 Racine carrée

10 min ➔ Corrigé p. 22

1. Écrire les nombres suivants sous la forme $a\sqrt{b}$ où a est un entier naturel et b un entier le plus petit possible.

a) $\sqrt{98}$. **b)** $\sqrt{108}$.

2. Écrire les nombres suivants sous la forme $a\sqrt{b}$ où a est un entier naturel et b un entier le plus petit possible.

a) $\sqrt{180}+\sqrt{45}-\sqrt{245}$. **b)** $3\sqrt{44}+\sqrt{396}-\sqrt{275}$.

10 Valeur absolue

★ 10 min ➔ Corrigé p. 22

1. Écrire sans le symbole $|\quad|$, les expressions suivantes selon les valeurs du réel x.

a) $|-x|+|x-1|$. **b)** $|2-x|+|x-2|$.

2. Résoudre dans $\mathbb{R}$ l'équation suivante.

a) $|-x|=5$. **b)** $|4-x|=1$.

11 Valeur absolue et inéquation

★ 10 min ➔ Corrigé p. 23

1. a) Résoudre dans $\mathbb{R}$ l'inéquation suivante : $\left|x-\sqrt{2}\right|<4$.

b) En déduire l'ensemble des solutions dans $\mathbb{R}$ de l'inéquation $\left|x-\sqrt{2}\right|\geqslant 4$.

2. Résoudre dans $\mathbb{R}$ l'inéquation suivante : $|1-x|>4$.

12 Tableau de signes

★ 10 min ➔ Corrigé p. 23

1. En construisant un tableau de signes, étudier le signe de l'expression $(x-5)(x+1)$ suivant les valeurs de x.

2. Résoudre l'inéquation $(x-5)(x+1)>0$.

3. Résoudre dans $\mathbb{R}$ l'inéquation $(4-2x)(3x+6)\geq 0$.

4. Résoudre dans $\mathbb{R}$ l'inéquation $4-x^2+(x-2)(2x+1)<0$.

Problèmes

13 Une somme

★★ 15 min ➔ Corrigé p. 25

1. a) Montrer que pour $n=0$, $2^n=2^{n+1}-2^n$.

b) Montrer que pour tout entier naturel non nul n, $2^n=2^{n+1}-2^n$.

2. En déduire une expression plus simple S_n de la somme :

$$s_n = 1+2+2^2+2^3+...+2^n.$$

3. Application à Python

a) Écrire le script d'une fonction : somme(n) qui retourne s_n.

b) Écrire le script d'une fonction : Somme(n) qui retourne S_n en utilisant le résultat de la question 2.

c) Exécuter dans la console les deux fonctions précédentes pour la valeur de n égale à 20. Comparer les deux résultats obtenus.

14 Approximation de Leibniz

★★ 15 min Corrigé p. 26

Leibniz (1646-1716) mathématicien, philosophe démontre la formule :

$$\frac{\pi}{4} = 1 - \frac{1}{3} + \frac{1}{5} - \frac{1}{7} + ...$$

Remarque
La somme à droite est infinie et une somme infinie de rationnels peut-être un irrationnel.

Cette formule peut s'écrire $\pi = 4\left(1 - \frac{1}{3} + \frac{1}{5} - \frac{1}{7} + ...\right)$.

1. Montrer qu'un nombre impair est de la forme $2i+1$ avec i entier naturel.

2. Déterminer le signe qui précède le terme $\frac{1}{2i+1}$.

3. Écrire le script d'une fonction : Leibniz(n) qui retourne la somme des $n+1$ premiers termes.

4. a) Exécuter dans la console Leibniz(n) pour $n = 10$, 100, 1000, 10000, 100000, 1000000.

b) Comparer avec la valeur approchée de π : 3,141 592 653 589 793.

Exercice d'approfondissement

15 Algorithme de Héron

★★★ 20 min Corrigé p. 27

L'algorithme de Héron d'Alexandrie connu à Babylone 400 ans avant J.-C. permet de calculer une valeur approchée de la racine carrée d'un entier naturel n à p près.

En langage naturel, l'algorithme est le suivant :

Affecter à u la valeur n

Dans une boucle affecter p fois à u la valeur $\frac{1}{2}\left(u+\frac{n}{u}\right)$

Afficher u

1. a) Écrire le script d'une fonction Heron(n,p) qui traduit en Python l'algorithme précédent.

b) Exécuter dans la console la fonction Heron(2,10).

c) Comparer le résultat obtenu avec l'approximation de $\sqrt{2}$: 1,41421356237....

2. a) n un entier naturel, écrire le script d'une fonction Heron3(n,p) qui traduit en Python l'algorithme précédent où on affecte à u la valeur $\frac{1}{2}\left(u+\frac{n}{u^2}\right)$.

b) Exécuter dans la console la fonction avec les paramètres suivants :

Heron3(2,10), Heron3(2,100).

c) Calculer avec la calculatrice le cube du résultat obtenu avec Heron3(2,100).

d) Comparer avec la valeur de $\sqrt[3]{2}$ obtenue sur la calculatrice :

1,2599210498948734.

QCM et questions courtes

1 **1. Vrai** → -5 est un entier relatif ($-5 \in \mathbb{Z}$), $\mathbb{Z} \subset \mathbb{D}$ donc $-5 \in \mathbb{D}$.

2. Faux → $\mathbb{Q}$ est l'ensemble des rationnels, si $\frac{\sqrt{2}}{2}$ était un rationnel, il existerait $a \in \mathbb{Z}$ et $b \in \mathbb{N}^*$ tels que $\frac{\sqrt{2}}{2} = \frac{a}{b}$ donc tels que $\sqrt{2} = \frac{2a}{b}$. Le nombre $\sqrt{2}$ serait alors rationnel ce que l'on sait faux.

3. Faux → 1,66666666 est une valeur approchée de $\frac{5}{3}$.

4. Faux → Un nombre irrationnel est un nombre réel n'appartenant pas à $\mathbb{Q}$. N'appartenant pas à $\mathbb{Q}$, il ne peut appartenir à $\mathbb{Z}$ car $\mathbb{Z} \in \mathbb{Q}$.

5. Faux → Le nombre $\frac{1}{3}$ est le quotient de deux entiers et n'est pas un décimal, $\frac{1}{3}$ a une écriture décimale illimitée périodique

6. Faux → Le nombre 3 est un décimal et $\frac{1}{3}$ n'est pas un décimal.

2 **1. a)** -3 est un entier relatif donc $-3 \in \mathbb{Z}$.

b) $\frac{1}{4} = 0{,}25$ donc $\frac{1}{4} \in \mathbb{D}$.

c) $\frac{5}{8} = 0{,}625$ donc $\frac{5}{8} \in \mathbb{D}$.

d) $\frac{\pi}{3\pi} = \frac{1}{3} \in \mathbb{Q}$.

2. Pour tous réels a et b, $(a-b)(a+b) = a^2 - b^2$.

a) $(\sqrt{2}+1)(\sqrt{2}-1) = (\sqrt{2})^2 - 1^2 = 2 - 1 = 1 \in \mathbb{N}$.

b) $\frac{1}{3} - \frac{7}{3} = -\frac{6}{3} = -2 \in \mathbb{Z}$.

c) $(\pi-1)(\pi+1) - \pi^2 = \pi^2 - 1 - \pi^2 = -1 \in \mathbb{Z}$.

3 **1. Vrai** → Tout nombre strictement compris entre 4 et 5 est compris entre 2 et 6

2. Faux → Le nombre $3{,}5 \in \left]-\infty\,;4\right]$ et n'est pas inférieur ou égal à 3.

4 **1. a) Faux** → Le nombre 0 est strictement supérieur à -3 et n'appartient pas à $\left]-\infty;-3\right[$.

b) Vrai → L'ensemble des nombres réels x tels que $x > -3$ est $\left]-3\,;+\infty\right[$.

c) **Faux →** Le nombre $-2{,}998$ appartient à $]-2{,}999\,;+\infty[$ et n'est pas strictement supérieur à -3.

5 **1. a)** $I \cap J =]-1\,;2[$.

b) $I \cup J = [-5\,;7]$.

2. a) $I \cap J = J =]-1\,;7]$ et $I \cup J = I = [-5\,;+\infty[$.

b) $I \cap K = [-5\,;+3[$ et $I \cup K =]-\infty;+\infty[= \mathbb{R}$.

c) $J \cap K =]-1\,;+3[$ et $J \cup K =]-\infty\,;7]$.

3. a) $-5 \in [-6\,;0[$.

b) $10^{-1} \notin]-\infty\,;0]$.

c) $\dfrac{1}{3} \notin [0\,;0{,}333]$.

d) $1{,}414 \in]0\,;\sqrt{2}[$.

6 **1. a)** Le nombre $1-\sqrt{2}$ est strictement négatif donc $\left|1-\sqrt{2}\right| = -\left(1-\sqrt{2}\right) = \sqrt{2}-1$.

b) Le nombre $1+\sqrt{2}$ est strictement positif donc $\left|1+\sqrt{2}\right| = 1+\sqrt{2}$.

c) Le nombre $6-2\pi$ est strictement négatif car $2\pi \approx 6{,}2832$ donc $|6-2\pi| = -(6-2\pi) = 2\pi-6$.

2. a) Pour tout réel x, $|x-1| = 2$ si et seulement si $x-1=2$ ou $x-1=-2$ donc si et seulement si $x=3$ ou $x=-1$. L'ensemble des solutions est $\{-1\,;3\}$.

b) Pour tout réel x, $|2-x| = 1$ si et seulement si $2-x=1$ ou $2-x=-1$ donc si et seulement si $x=1$ ou $x=3$. L'ensemble des solutions est $\{1\,;3\}$.

c) Pour tout réel x, $|x-5| \geq 0$ donc l'équation $|x-5| = -1$ n'a pas de solution

3. a) Pour tout réel x,

$$\begin{aligned}|x-4|<5 &\Leftrightarrow -5<x-4<5\\ &\Leftrightarrow -5+4<x<5+4 \text{ en ajoutant 4 aux trois membres}\\ &\Leftrightarrow -1<x<9.\end{aligned}$$

Donc l'ensemble des réels x tels que $|x-4|<5$ est l'intervalle $]-1\,;9[$.

b) Pour tout réel x,

$$\begin{aligned}|x-2|\leq 2 &\Leftrightarrow -2\leq x-2\leq 2\\ &\Leftrightarrow -2+2\leq x\leq 2+2 \text{ en ajoutant 2 aux trois membres}\\ &\Leftrightarrow 0\leq x\leq 4.\end{aligned}$$

Donc l'ensemble des réels x tels que $|x-2|\leq 2$ est l'intervalle $[0\,;4]$.

CORRIGÉS

Exercices d'entraînement

7 **1. a)** Le nombre 12,2 est un décimal, c'est donc un rationnel, il peut s'écrire sous forme d'une fraction :

$$12{,}2=\frac{122}{10}=\frac{61}{5}.$$

b) Le nombre 0,0154 est un décimal, c'est donc un rationnel, il peut s'écrire sous forme d'une fraction :

$$0{,}0154=\frac{154}{10000}=\frac{77}{5000}.$$

c) Le nombre 1,645 est un décimal, c'est donc un rationnel, il peut s'écrire sous forme d'une fraction :

$$1{,}645=\frac{1645}{1000}=\frac{329}{200}.$$

Méthode

Soit a un nombre dont l'écriture décimale est illimitée et périodique. En multipliant a par deux puissances de 10, on écrit deux nombres a_1 et a_2 ayant la même partie décimale périodique de telle sorte que leur différence $a_2 - a_1$ soit un entier positif.

a) Le nombre $12{,}\underbrace{48}48.....$est une écriture décimale illimitée périodique, c'est donc un rationnel, il peut s'écrire sous forme d'une fraction.

Soit $a=12{,}\underbrace{48}48.....$, $100\times a=1248{,}\ \underbrace{48}48.....$

Les parties décimales de $100a$ et de a sont identiques donc

$100a-a=99a=1248-12=1236$

$99a=1236$ donc :

$$a=\frac{1236}{99}=\frac{412}{33}.$$

b) Le nombre $12{,}57\underbrace{371}371.....$ est une écriture décimale illimitée périodique, c'est donc un rationnel, il peut s'écrire sous forme d'une fraction.

Soit $a=12{,}57\underbrace{371}371.....$

Les deux nombres $100a=1257{,}\underbrace{371}371.....$ et $100000a=1257371{,}\ \underbrace{371}371.....$ ont la même partie décimale périodique illimitée donc

$100000a - 100a = 99900a = 1257371 - 1257$
$= 1256114$

$99900a = 1256114$ donc

$$a = \frac{1256114}{99900} = \frac{628057}{49950}.$$

8 **1. a)** Soit A le nombre $\left(\frac{1}{20}\right)^3 \times \frac{\left(4\times 10^{-1}\right)^2}{0{,}02}$.

$A = 20^{-3} \times 4^2 \times \left(10^{-1}\right)^2 \times \left(2\times 10^{-2}\right)^{-1}$

$A = (4\times 5)^{-3} \times \left(2^2\right)^2 \times (2)^{-1} \times \left(10^{-2}\right)^{-1} \times 10^{-2}$

$A = \left(2^2\right)^{-3} \times 5^{-3} \times 2^4 \times (2)^{-1} \times 10^{(-2)\times(-1)} \times 10^{-2}$

$A = 2^{-6} \times 2^4 \times (2)^{-1} \times 5^{-3} \times 10^2 \times 10^{-2}$

$A = 2^{-6+4-1} \times 5^{-3} = 2^{-3} \times 5^{-3}$

$$A = 10^{-3} = \frac{1}{10^3} = 0{,}001.$$

b) Soit B le nombre $\frac{2^5 \times 3^{-2} \times 10^2}{15^3 \times 8^2}$.

$B = \frac{2^5 \times 3^{-2} \times (2\times 5)^2}{(3\times 5)^3 \times \left(2^3\right)^2} = \frac{2^5 \times 3^{-2} \times 2^2 \times 5^2}{3^3 5^3 2^6}$

$B = 2^5 \times 2^2 \times 3^{-2} \times 5^2 \times 3^{-3} \times 2^{-6} \times 5^{-3}$

$B = 2^5 \times 2^2 \times 2^{-6} \times 3^{-2} \times 3^{-3} \times 5^2 \times 5^{-3}$

$B = 2 \times 3^{-5} \times 5^{-1}$

$$B = \frac{2}{3^5 \times 5}.$$

2. a et b désignent des nombres réels non nuls,

a) Soit C le nombre $\frac{(2ab)^2 \left(2^3\right)^{-1} a^{-2}}{\left(b^{-2}\right)^{-1}}$.

$C = \frac{2^2 a^2 b^2 2^{-3} a^{-2}}{b^2} = 2^2 2^{-3} a^2 a^{-2} b^2 b^{-2}$

$$C = 2^{-1} = \frac{1}{2}.$$

CORRIGÉS

b) Soit D le nombre $\left(\dfrac{a^{-1}}{b^2}\right)^{-2} \times \dfrac{a^{-2}}{b^3}$.

$$D = \frac{\left(a^{-1}\right)^{-2} \times a^{-2}}{\left(b^2\right)^{-2} \times b^3} = \frac{a^2 \times a^{-2}}{b^{-4} \times b^3} = \frac{a^0}{b^{-1}}.$$

$$\boxed{D = b.}$$

9 **1.** Il faut décomposer chaque nombre en un produit de facteurs en faisant apparaître un carré le plus grand possible

a) $\sqrt{98} = \sqrt{49 \times 2} = \sqrt{49}\sqrt{2} = 7\sqrt{2}$.

b) $\sqrt{108} = \sqrt{3 \times 36} = 6\sqrt{3}$.

2. a) $\sqrt{180} + \sqrt{45} - \sqrt{245} = \sqrt{20 \times 9} + \sqrt{5 \times 9}\% - \sqrt{49 \times 5} = \sqrt{5 \times 4 \times 9} + 3\sqrt{5} - 7\sqrt{5}$.

$\sqrt{180} + \sqrt{45} - \sqrt{245} = 6\sqrt{5} + 3\sqrt{5} - 7\sqrt{5} = 2\sqrt{5}$.

b) $3\sqrt{44} + \sqrt{396} - \sqrt{275} = 3\sqrt{4 \times 11} + \sqrt{11 \times 36} - \sqrt{11 \times 25} = 6\sqrt{11} + 6\sqrt{11} - 5\sqrt{11}$
$= 7\sqrt{11}$.

10 **1.** Il faut écrire les différentes termes en tenant compte du signe de l'expression à l'intérieur du symbole $|\quad|$.

a) Pour tout réel x positif ou nul, $-x$ est négatif donc $|-x| = -(-x) = x$.

Pour tout réel x strictement négatif, $-x$ est positif donc $|-x| = -x$.

Il faut déterminer le signe de $x - 1$ selon les valeurs de x, le coefficient de x est strictement positif donc

x	$-\infty$		1		$+\infty$
$x-1$		$-$	0	$+$	

Donc si $x < 1$, $x - 1 < 0$ donc $|x-1| = -(x-1) = -x+1$.

Si $x \geq 1$, $x - 1 \geq 0$ donc $|x-1| = x-1$

En résumé il faudra distinguer trois cas $x < 0$, $0 \leq x < 1$ et $x \geq 1$.

- Si $x < 0$ alors $|-x| = -x$ et $|x-1| = -x+1$
donc $|-x| + |x-1| = -x + (-x+1) = -2x+1$.
- Si $0 \leq x < 1$ alors $|-x| = x$ et $|x-1| = -x+1$
donc $|-x| + |x-1| = x + (-x+1) = 1$.
- Si $x \geq 1$ alors $|-x| = x$ et $|x-1| = x-1$
donc $|-x| + |x-1| = x + (x-1) = 2x-1$.

b) Pour tout réel x,

- Si $x < 2$ alors $2 - x > 0$ et $x - 2 < 0$ donc $|2-x| = 2-x$ et $|x-2| = -(x-2) = -x+2$.
- Si $x \geq 2$ alors $2 - x \leq 0$ et $x - 2 \geq 0$ donc $|2-x| = -(2-x) = x-2$ et $|x-2| = (x-2)$.

Donc :

- si $x < 2$ alors $|2-x| + |x-2| = 2 - x + (-x+2) = 4 - 2x$;
- si $x \geq 2$ alors $|2-x| + |x-2| = x - 2 + x - 2 = 2x - 4$.

2. a) Pour tout réel x, $|-x| = 5$ si et seulement si $-x = 5$ ou $-x = -5$ c'est-à-dire $x = -5$ ou $x = 5$, l'ensemble des solutions est $\{-5;5\}$.

b) Pour tout réel x, $|4-x| = 1$ si et seulement si $4 - x = 1$ ou $4 - x = -1$ c'est-à-dire $x = 3$ ou $x = 5$, l'ensemble des solutions est $\{3;5\}$.

11 **1. a)** En utilisant un résultat du cours, pour tout réel x, $\left|x-\sqrt{2}\right| < 4$ si et seulement si $-4 < x - \sqrt{2} < 4$ donc si et seulement si

$$\sqrt{2} - 4 < x < \sqrt{2} + 4.$$

donc si et seulement si $\boldsymbol{x \in \left]\sqrt{2}-4\,;\sqrt{2}+4\right[}$.

b) Pour tout réel x n'appartenant pas à $\left]\sqrt{2}-4\,;\sqrt{2}+4\right[$, la condition $\left|x-\sqrt{2}\right| < 4$ n'est pas vérifiée donc $\left|x-\sqrt{2}\right| \geq 4$ est vérifiée. L'ensemble des solutions de l'inéquation $\left|x-\sqrt{2}\right| \geq 4$ est $\left]-\infty\,;\sqrt{2}-4\right] \cup \left[\sqrt{2}+4\,;+\infty\right[$.

2. Pour résoudre dans $\mathbb{R}$ l'inéquation : $|1-x| > 4$, on peut utiliser la méthode précédente, on résout $|1-x| \leq 4$ puis on cherche l'ensemble complémentaire de l'ensemble des solutions de cette dernière inéquation.

- Pour tous réels a et b, on a $|a-b| = |b-a|$ donc l'inéquation $|1-x| \leq 4$ est équivalente à $|x-1| \leq 4$ dont l'ensemble des solutions d'après le cours est l'intervalle $[1-4\,;1+4] = [-3\,;5]$.
- L'ensemble des solutions de l'inéquation $|1-x| > 4$ est le complémentaire dans $\mathbb{R}$ de l'ensemble $[-3;5]$ donc l'ensemble des réels strictement inférieur à -3 ou strictement supérieur à 5. L'ensemble des solutions de l'équation $|1-x| > 4$ est donc $]-\infty;-3[\, \cup\,]5;+\infty[$.

12 **1.** Les expressions $x - 5$ et $x + 1$ changent de signe respectivement pour les valeurs 5 et -1. On construit un tableau précisant les signes de $x - 5$ et $x + 1$ et donc de $(x-5)(x+1)$ par application de la règle des signes :

x	$-\infty$		-1		5		$+\infty$
$x+1$		$-$	0	$+$		$+$	
$x-5$		$-$		$-$	0	$+$	
$(x-5)(x+1)$		$+$	0	$-$	0	$+$	

2. D'après le tableau précédent, l'ensemble des solutions de l'inéquation $(x-5)(x+1)>0$ est $\left]-\infty\,;-1\right[\cup\left]5\,;+\infty\right[$.

3. On applique la méthode précédente, on construit un tableau de signes de l'expression $(4-2x)(3x+6)$. Les expressions $4-2x$ et $3x+6$ changent de signe respectivement pour les valeurs 2 et –2. On construit un tableau précisant les signes de $4-2x$ (attention le coefficient de x est strictement négatif) et de $3x+6$ et donc de $(4-2x)(3x+6)$ par application de la règle des signes.

x	$-\infty$		-2		2		$+\infty$
$4-2x$		$+$		$+$	0	$-$	
$3x+6$		$-$	0	$+$		$+$	
$(4-2x)(3x+6)$		$-$	0	$+$	0	$-$	

D'après le tableau précédent, l'ensemble des solutions de l'inéquation $(4-2x)(3x+6)\geq 0$ est $[-2\,;2]$.

4. La méthode précédente ne peut s'appliquer que lorsque le premier membre de l'inéquation est un produit de facteurs.

Pour tout réel x,

$$\begin{aligned}4-x^2+(x-2)(2x+1)&=(2-x)(2+x)+(x-2)(2x+1)\\&=-(x-2)(2+x)+(x-2)(2x+1)\\&=(x-2)\left[-(2+x)+(2x+1)\right]\\&=(x-2)[-2-x+2x+1]\\&=(x-2)(x-1).\end{aligned}$$

L'inéquation proposée est donc équivalente à $(x-2)(x-1)<0$.

Les expressions $x-2$ et $x-1$ changent de signe respectivement pour les valeurs 2 et 1. On construit un tableau précisant les signes de $x-2$ et de $x+1$ et donc de $(x-2)(x-1)$ par application de la règle des signes.

x	$-\infty$		1		2		$+\infty$
$x-2$		$-$		$-$	0	$+$	
$x-1$		$-$	0	$+$		$+$	
$(x-2)(x-1)$		$+$	0	$-$	0	$+$	

D'après le tableau précédent, l'ensemble des solutions de l'inéquation $(x-2)(x-1)<0$ donc de l'inéquation $4-x^2+(x-2)(2x+1)<0$ est $]1\,;2[$.

CORRIGÉS

Problèmes

13 **1. a)** Si $n=0$, $2^n=2^0=1$ et $2^{n+1}-2^n=2^{0+1}-2^0=2^1-2^0=2-1=1$.

La propriété est démontrée.

b) Pour tout entier naturel non nul n, $2^{n+1}-2^n=2^n\times 2-2^n=2^n(2-1)=2^n$.

La propriété est démontrée.

2. Pour tout entier naturel n, on remplace 2^n par $2^{n+1}-2^n$,

$$s_n=1+2+2^2+2^3+\ldots+2^{n-1}+2^n$$
$$=\left(2^1-2^0\right)+\left(2^2-2^1\right)+\left(2^3-2^2\right)+\left(2^4-2^3\right)+\ldots+\left(2^n-2^{n-1}\right)+\left(2^{n+1}-2^n\right)$$

La dernière expression est parfois appelée une somme télescopique, tous les termes de la forme 2^k avec k compris entre 1 et n se simplifient car précédés une fois du signe + et une fois du signe –.

On obtient pour tout entier naturel n, $S_n=2^{n+1}-2^0=2^{n+1}-1$.

Pour tout entier naturel n, on désigne par S_n l'expression $2^{n+1}-1$.

3. Application à Python

a) Écriture du script d'une fonction: somme(n) qui retourne s_n.

```
from lycee import *
def somme(n):
    s=1
    for i in range (1,n+1):
        s=s+2**i
    return s
```

Remarque pour que la boucle soit exécutée pour i variant de 1 à n, il faut préciser « range(1,n+1) »

b) Écriture du script d'une fonction: Somme(n) qui retourne S_n.

```
from lycee import *
def Somme(n):
    S=2**(n+1)-1
    return S
```

c) Exécution dans la console des deux fonctions précédentes pour la valeur de n égale à 20.

```
*** Console de processus distant Réinitialisée ***
>>>
...module lycee actif....
>>> somme(20)
2097151
*** Console de processus distant Réinitialisée ***
>>>
...module lycee actif....
>>> Somme(20)
2097151
```

Comparaison des deux résultats obtenus : .les résultats pour $n=20$ sont bien égaux.

14 **1.** Tout nombre impair est de la forme $2i+1$ avec i entier naturel.

Un nombre impair n est le successeur d'un nombre pair donc d'un nombre multiple de 2 donc d'un nombre qui s'écrit $2i$. le nombre n successeur de $2i$ s'écrit $2i+1$.

2. Signe qui précède le terme $\dfrac{1}{2i+1}$.

La formule peut s'écrire :

$$\pi = 4\left(\frac{1}{2\times 0+1} - \frac{1}{2\times 1+1} + \frac{1}{2\times 2+1} - \frac{1}{2\times 3+1} + \frac{1}{2\times 4+1}.......\right).$$

Le signe qui précède $\dfrac{1}{2i+1}$ est + si i est pair et – si i est impair. On peut faire précéder le terme $\dfrac{1}{2i+1}$ de $(-1)^i$ qui sera égal à 1 si i est pair et à -1 si i est impair.

La formule de Leibniz s'écrit alors :

$$\pi = 4\left((-1)^0\frac{1}{2\times 0+1} + (-1)^1\frac{1}{2\times 1+1} + (-1)^2\frac{1}{2\times 2+1} + (-1)^3\frac{1}{2\times 3+1} + (-1)^4\frac{1}{2\times 4+1}.......\right).$$

3. Script d'une fonction: Leibniz(n) qui retourne la somme des $n+1$ premiers termes

```
from lycee import *
def Leibniz(n):
    s=4
    for i in range(1,n+1):
        s=s+4*((-1)**i)/(2*i+1)
    return(s)
```

4. a) Exécution dans la console de Leibniz(n) pour $n=10$, 100, 1 000 000, 10 000 000.

```
*** Console de processus distant Réinitialisée ***
>>>
...module lycee actif....
>>> Leibniz(10)
3.232315809405594
>>> Leibniz(100)
3.1514934010709914
>>> Leibniz(1000000)
3.1415936535887745
>>> Leibniz(10000000)
3.1415927535897814
```

b) Comparaison avec la valeur approchée de π : 3,141 592 653 589 793.

L'algorithme n'est pas très efficace car avec 10000001 termes on ne connaît que 6 décimales exactes.

Exercice d'approfondissement

15 **1. a)** Script d'une fonction Heron(n,p) qui traduit en Python l'algorithme proposé :

```
from lycee import *
def Heron(n,p):
u=n
for i in range(1,p+1):
u=(u+n/u)/2
return(u)
```

b) Exécution dans la console la fonction Heron(2,10).

```
*** Console de processus distant Réinitialisée ***
>>>
...module lycee actif....
>>> Heron(2,10)
1.414213562373095
```

c) Comparaison du résultat obtenu avec l'approximation de $\sqrt{2}$: 1,4142135623730950488.

On obtient avec seulement 10 termes successifs de u: 15 décimales exactes.

2. a) Script d'une fonction Heron3(n,p) qui traduit en Python l'algorithme proposé où on affecte à u la valeur $\frac{1}{2}\left(u+\frac{n}{u^2}\right)$.

```
from lycee import *
def Heron(n,p):
    u=n
    for i in range(1,p+1):
        u=(u+n/u**2)/2
    return(u)
```

b) Exécution dans la console la fonction avec les paramètres suivants : Heron3(2,10), Heron3(2,100).

```
*** Console de processus distant Réinitialisée ***
>>>
...module lycee actif....
>>> Heron3(2,10)
1.2599407293655878
>>> Heron3(2,100)
1.2599210498948734
```

c) Avec la calculatrice le résultat obtenu élevé à la puissance 3 est égal à 2, on dit que le nombre obtenu est la racine cubique de 2.

d) Comparaison avec la valeur de $\sqrt[3]{2}$ obtenue sur la calculatrice : 1,2599210498948734, le programme donne un résultat exact avec 16 décimales.

CHAPITRE 2

Arithmétique

COMPÉTENCES EXIGIBLES

- Connaître les notions de multiple, de diviseur, de nombre pair, de nombre impair, de nombre premier.
- Écrire un résultat fractionnaire sous forme irréductible.

1 Les nombres entiers

> **Remarque**
> Tout entier naturel est un entier relatif : $\mathbb{N} \subset \mathbb{Z}$.

1 Définitions

- $\mathbb{N}$ est l'ensemble des **entiers naturels** : $\mathbb{N} = \{0,1,2,3.4,\ldots\}$.
- $\mathbb{Z}$ est l'ensemble des **entiers relatifs** : $\mathbb{Z} = \{\ldots,-3,-2,-1,0,1,2,3.4,\ldots\}$.

2 Opérations

- La somme, le produit de deux entiers naturels est un entier naturel.

En revanche, la différence de deux entiers naturels n'est pas toujours un entier naturel.

- La somme, la différence, le produit de deux entiers relatifs est un entier relatif.
- En revanche, le quotient de deux entiers relatifs n'est pas toujours un entier relatif.

2 Multiple et diviseur d'un entier relatif

> **Remarque**
> « b divise a » s'écrit aussi : $b|a$.

1 Définitions

- Soient a et b deux entiers relatifs.

S'il existe un entier relatif q tel que $a = bq$ alors on dit que :

- a est **un multiple** de b ou encore que b est **un diviseur** de a.
- a est **divisible** par b ou encore que b **divise** a.

Important : Lorsque b est non nul, dire que b est un diviseur a (ou que b divise a) signifie que le quotient a / b est un entier relatif.

2 Propriétés

> **Remarque**
> Un entier relatif non nul possède un nombre fini de diviseurs.

- De l'égalité : $0 = 0 \times a$ on déduit que : 0 est un multiple de tous les entiers relatifs ou encore que : tout entier relatif non nul est un diviseur de 0.
- Des égalités : $a = 1 \times a = (-1) \times (-a)$ on déduit que :

1 et -1 sont diviseurs de tout entier relatif $\boldsymbol{a}$.

- Si d divise a, alors d divise aussi $-a$.

De même, $-d$ divise aussi a et $-a$.

> **Remarque**
> Un entier relatif non nul possède une infinité de multiples.

3 Multiples d'un entier naturel

- Soit a un entier naturel et $\mathcal{M}_a$ l'ensemble de ses multiples.

Alors :

- Si $a=0$, $\mathcal{M}_a=\mathcal{M}_0=\{0\}$,
- Si $a\neq 0$, $\mathcal{M}_a=\{\ldots,-3a,-2a,-a,0,a,2a,3a,4a,\ldots\}$.

Bien comprendre

Soient a, b et d des entiers relatifs. Si d divise a et b alors d divise $a+b$ et $a-b$ et plus généralement d divise $au+bv$ (u et v entiers relatifs quelconques).

3 Entiers premiers entre eux – Fraction irréductible

Définition

On dit que deux entiers relatifs a et b sont **premiers entre eux** lorsque le seul diviseur commun positif de a et de b est 1.

À savoir

Toute fraction rationnelle $r=\frac{a}{b}$ (a et b entiers relatifs avec b non nul) possède une unique écriture de la forme $r=\frac{p}{q}$ avec :

$$\begin{cases} p \text{ entier relatif,} \\ q \text{ entier naturel non nul et} \\ p \text{ et } q \text{ premiers entre eux.} \end{cases}$$

On l'appelle **la forme irréductible** de la fraction r.

4 Nombres premiers

Remarque

On ne confondra pas nombre premier et nombres premiers entre eux.

1 Définition

On dit qu'un entier naturel p est un nombre premier s'il admet dans $\mathbb{N}$ exactement deux diviseurs : 1 et lui même.

2 Remarques

- 0 admet tous les entiers naturels pour diviseur, et donc : **0 n'est pas premier**.
- 1 admet dans $\mathbb{N}$ un unique diviseur, à savoir lui-même, et donc : **1 n'est pas premier**.

Remarque
Le plus petit nombre premier est 2.
Tous les nombres premiers autres que 2 sont impairs.

3 Le crible d'Eratosthène

Pour déterminer les nombres premiers inférieurs ou égaux à un entier N, on commence par écrire la liste de tous les entiers naturels non nuls inférieurs à ou égaux à N, puis on procède de la façon suivante :

- On barre 1 car 1 n'est pas premier.
- On entoure 2, qui est premier, puis on barre tous les multiples de 2 (c'est-à-dire les nombres pairs autres que 2).
- On entoure le premier nombre non barré qui suit 2 (ici 3), on raye ensuite tous les multiples de 3.
- On réitère l'opération précédente, jusqu'au moment où tous les nombres sont barrés ou entourés.

Avec $N = \mathbf{50}$ on obtient :

~~1~~	2	3	~~4~~	5	~~6~~	7	~~8~~	~~9~~	~~10~~	11	~~12~~	13	~~14~~	~~15~~	~~16~~	17	~~18~~	19	~~20~~
~~21~~	~~22~~	23	~~24~~	~~25~~	~~26~~	~~27~~	~~28~~	29	~~30~~	31	~~32~~	~~33~~	~~34~~	~~35~~	~~36~~	37	~~38~~	~~39~~	~~40~~
41	~~42~~	43	~~44~~	~~45~~	~~46~~	47	~~48~~	~~49~~	~~50~~										

Ainsi, l'ensemble des nombres premiers inférieurs ou égaux à 50 est :
{2, 3, 5, 7, 11, 13, 17, 19, 23, 29, 31, 37, 41, 43, 47}.

4 Propriétés

- Tout entier naturel supérieur ou égal a 2 admet au moins un diviseur premier.
- L'ensemble des nombres premiers est infini.

5 Critère de primalité

Tout entier naturel n non premier, distinct de 0 et de 1, admet au moins un diviseur premier p tel que $p^2 \leq n$. Et donc :

À savoir

Si un entier naturel n au moins égal à 2 n'est divisible par aucun nombre premier inférieur ou égal à $\sqrt{n}$ alors cet entier naturel est premier.

5 Décomposition en facteurs premiers

Tout entier naturel supérieur ou égal à 2 peut s'écrire comme produit de nombres premiers. Cette décomposition est unique à l'ordre des facteurs près. Si l'on ordonne par ordre croissant les nombres premiers figurant dans cette décomposition et si on regroupe les termes égaux, on obtient la forme suivante :

À savoir

Tout entier naturel n supérieur ou égal à 2 se décompose de manière unique sous la forme :

$$n = p_1^{m_1} p_2^{m_2} \ldots p_r^{m_r}$$

où r, m_1, m_2,...m_r sont des entiers naturels non nuls et p_1, p_2,...,p_r des nombres premiers tels que $1 < p_1 < p_2 < \ldots < p_r$.

Application : multiple et diviseur

Soit n un entier naturel décomposé en facteurs premiers : $n = p_1^{m_1} p_2^{m_2} \ldots p_r^{m_r}$.
Soit m un multiple de n : il existe donc un entier a tel que $m = na$.
Il résulte de l'unicité de la décomposition en facteurs premiers que chaque facteur premier figurant dans n figure aussi dans m et ce avec un exposant au moins égal à celui qu'il avait dans n. Et donc :

À savoir

Pour savoir si un entier m est un multiple de l'entier n décomposé en facteurs premiers de m il conviendra de s'assurer :

que p_1, p_2,...,p_r sont bien tous des facteurs premiers de m et

que p_1 figure dans la décomposition de m avec un exposant **au moins égal** à m_1, p_2 avec un exposant **au moins égal** à m_2, ..., p_r avec un exposant **au moins égal** à m_r.

Soit d un diviseur de n: il existe donc un entier b tel que $n = db$.
Il résulte de l'unicité de la décomposition en facteurs premiers que les facteurs premiers de d sont à prendre parmi ceux de n et que chacun de ceux-ci figurent dans d avec un exposant **au plus égal** à celui qu'il avait dans n.

À savoir

Ainsi les diviseurs de n sont les entiers qui s'écrivent sous la forme : $d = p_1^{k_1} p_2^{k_2} \ldots p_r^{k_r}$, où k_1 est un entier compris entre 0 et m_1, k_2 un entier compris entre 0 et m_2..., k_r un entier compris entre 0 et m_r.

QCM et questions courtes

1 Vrai ou Faux ?

Corrigé p. 40

On démontrera les résultats vrais et on donnera un contre-exemple lorsque c'est faux.

a) -3 et 12 sont des entiers naturels. ☐ Vrai ☐ Faux

b) Tous les entiers naturels sont des entiers relatifs. ☐ Vrai ☐ Faux

c) $\left\{-2, -\sqrt{9}, 5\right\} \subset \mathbb{Z}$. ☐ Vrai ☐ Faux

d) Si a est un entier pair alors a^2 est pair. ☐ Vrai ☐ Faux

e) $2^3 \times 5^4$ divise $2^2 \times 5^4 \times 7^3$. ☐ Vrai ☐ Faux

f) $2^2 \times 5^4 \times 7^4$ est un multiple de $2^2 \times 5^4 \times 7^3$. ☐ Vrai ☐ Faux

2 Vrai ou Faux ?

Corrigé p. 40

On démontrera les résultats vrais et on donnera un contre-exemple lorsque c'est faux.

Soient a, b et c des entiers relatifs.

a) Si $a|c$ et si $b|c$ alors $ab|c$. ☐ Vrai ☐ Faux

b) Si $a|c$ et si $b|c$ alors $(a+b)|c$. ☐ Vrai ☐ Faux

c) Si $a|b$ et si $b|c$ alors $a|c$. ☐ Vrai ☐ Faux

3 Multiples et diviseurs

Corrigé p. 40

Compléter en utilisant les mots ou les nombres qui conviennent :

a) Sachant que $105 = 15 \times 7$, 105 est un … de 15 et 7 est un … de 105.

b) Sachant que $\dfrac{238}{17} = 14$, alors 17 est un diviseur de … et 14 un … de 238.

4 Résolution d'une équation du second degré dans $\mathbb{N}$

Corrigé p. 40

1. Décomposer 24 de toutes les façons possibles en produit de deux facteurs.

2. Écrire tous les diviseurs de 24.

3. Déterminer tous les entiers naturels n, tels que $n^2 - 2n = 24$.

5 Entier ou non ?

Corrigé p. 41

Dire, pour chacun des nombres suivants, si c'est un entier naturel, un entier relatif ou si ce n'est pas un entier :

a) $\sqrt{289}$.

b) $(-3)\times\left(-\frac{1}{2}\right)\times\left(-\frac{2}{3}\right)^2$.

c) $\frac{14^3\times15^2}{3^2\times(-21)^2\times49}$.

d) $\frac{(-0{,}03)^{-1}\times(0{,}4)^2}{12}$.

e) $\frac{-0{,}08\times9^2}{0{,}3\times(-1{,}2)}$.

f) $\left(\frac{1+\sqrt{5}}{2}\right)^2+\left(\frac{1-\sqrt{5}}{2}\right)^2$.

g) $\frac{\sqrt{3}-1}{\sqrt{3}+1}+\sqrt{3}$.

6 Premier ou non ?

➔ Corrigé p. 41

Déterminer si les entiers suivants sont des entiers premiers :

a) 659 ;

b) 713 ;

c) 1091.

7 Fraction irréductible

➔ Corrigé p. 42

Soit a et b les deux entiers $a = 252$ et $b = 5112$.

1. Déterminer la décomposition en facteurs premiers de a et b.
2. Écrire la fraction irréductible égale à $\frac{a}{b}$.

8 Multiple de 4

➔ Corrigé p. 42

Démontrer que quels que soient les entiers a et b, $(a+b)^2-(a-b)^2$ est un multiple de 4.

9 Nombres premiers entre eux

➔ Corrigé p. 42

On donne les quatre entiers naturels suivants :
$a=792, b=1225, c=945$ et $d=1232$.

1. Décomposer a, b, c et d en facteurs premiers.
2. a et b sont-ils premiers entre eux ? Si non, donner tous leurs diviseurs communs.
3. Même question avec a et c, puis avec a et d, puis avec b et c, puis avec b et d et enfin avec c et d.
4. Déterminer la forme irréductible des fractions suivantes : $\frac{a}{b}$, $\frac{a}{c}$, $\frac{a}{d}$, $\frac{b}{c}$, $\frac{b}{d}$ et $\frac{c}{d}$.

Exercices d'entraînement

10 Parité et carré

5 min Corrigé p. 43

Soit a un entier relatif.

1. Montrer que si a est pair alors a^2 est pair.

2. Montrer que si a est impair alors a^2 est impair.

3. En déduire que si a^2 est pair alors a est pair.

11 Parité et produit

5 min Corrigé p. 43

Soit n un entier naturel, étudier la parité de l'entier $q=(n+4)(n^2+1)$.

12 Parité et produit

5 min Corrigé p. 43

Montrer que quel que soit l'entier naturel n, l'entier $p=n^3+5n+7$ est impair.

13 Démontrer les résultats suivants du cours

10 min Corrigé p. 44

Soient a, b et d des entiers relatifs. Si d divise a et b alors d divise $a+b$ et $a-b$ et plus généralement d divise $au+bv$ (u et v entiers relatifs quelconques).

14 Multiples et diviseurs

10 min Corrigé p. 44

Soit a un entier relatif. Écrire mathématiquement les énoncés suivants :

1. a est un multiple de 12.

2. a est un diviseur de 48.

3. a divise 55.

15 Ensemble des diviseurs d'un nombre

★ 10 min Corrigé p. 44

Soit a l'entier égal à 72.

1. Écrire la décomposition en facteurs premiers de a.

2. Utiliser un arbre pour écrire l'ensemble des diviseurs de a.

3. Combien y-a-t-il de diviseurs de 1 400 ?

16 Python

★ 10 min Corrigé p. 45

On considère le programme suivant

```
from sympy import *
from math import *
n=int(input("entrer un entier supérieur ou égal à 2"))
d=int(sqrt(n))
for i in range(1,d):
if n//i==n/i:
print(i)
print(n//i)
```

Que fait ce programme ?

17 Diviseurs

★ 10 min Corrigé p. 45

Soient a et b deux entiers relatifs.

1. Montrer que si a divise b, alors a divise tout multiple de b.

2. Montrer que si a divise b, alors tout diviseur de a divise b.

18 Critères de divisibilité

★★ 10 min Corrigé p. 45

On connaît les résultats suivants :

a) Critère de divisibilité par 2 : Un entier est divisible par 2 si et seulement si son chiffre des unités est 0, 2, 4, 6 ou 8.

b) Critère de divisibilité par 4 : Un entier est divisible par 4 si et seulement si le nombre constitué des deux derniers chiffres de cet entier est divisible par 4.

c) Critère de divisibilité par 5 : Un entier est divisible par 5 si et seulement si son chiffre des unités est 0 ou 5.

d) Critère de divisibilité par 10 : Un entier est divisible par 10 si et seulement si son chiffre des unités est 0.

Le but de l'exercice est de démontrer ces 4 résultats.

Soit N un entier naturel à 4 chiffres : $N = \overline{mcdu}$ où u est le chiffre des unités, d celui des dizaines, c celui des centaines et m celui des mille.

Exemple : si $N = 3\ 708$ alors $u = 8$, $d = 0$, $c = 7$ et $m = 3$.

Rappel

- Un chiffre est un entier naturel compris entre 0 et 9.
- Dire que l'entier $N = \overline{mcdu}$ est à 4 chiffres signifie que m est non nul.

1. Quels sont les chiffres divisibles par 2 ? Par 4 ? Par 5 ? Par 10 ?

2. On suppose que $N-u$ est divisible par un entier a. Montrer que N est divisible par a si et seulement si u est divisible par a.

3. Montrer que $N = 10^3 m + 10^2 c + 10d + u$.

4. En déduire que $N-u$ est divisible par 10, par 5 et par 2.

5. Déduire des questions précédentes les critères de divisibilité par 2, 5 et 10.

6. Montrer que $N-(10d+u)$ est divisible par 100.

7. En déduire le critère de divisibilité par 4.

19 Entiers mutuellement divisibles

★★ 20 min ➔ Corrigé p. 46

Soient a et b deux entiers relatifs tels que a divise b et que b divise a.

Le but de l'exercice est de démontrer que $a = b$ ou $a = -b$.

1. Quels sont les entiers relatifs diviseurs de 1 ?

2. Montrer l'existence de deux entiers relatifs k et k' tels que $b = ka$ et $a = k'b$.

3. On suppose que $a = 0$. Montrer qu'alors $b = 0$.

4. On suppose à présent $a \neq 0$. Montrer qu'alors $kk' = 1$.

5. Conclure.

Exercices d'approfondissement

20 Décomposition en facteurs premiers

20 min ➔ Corrigé p. 46

1. Décomposer 5 040 en facteurs premiers.

2. Soit n un diviseur de 5 040. Montrer que n ne peut avoir d'autre diviseur premier que 2, 3, 5 ou 7. En déduire que n est nécessairement du type $n = 2^a \times 3^b \times 5^c \times 7^d$ où a, b, c et d sont des entiers naturels.

3. À quelles conditions sur a, b, c, d, l'entier $2^a \times 3^b \times 5^c \times 7^d$ est-il un diviseur de 5 040 ? En déduire que 5 040 possède 60 diviseurs.

4. Faire la liste des 12 diviseurs impairs de 5 040 et indiquer comment on obtient tous les autres.

5. Pour chaque chiffre 0, 1, 2, 3, 4, 5, 6, 7, 8 et 9, trouver un diviseur de 5 040 dont ce chiffre soit le chiffre des unités.

21 Nombres parfaits

★★★ 30 min ➔ Corrigé p. 48

Tous les entiers de ce problème sont des entiers naturels.

On dit qu'un entier est parfait s'il est égal à la somme de ses diviseurs propres, c'est-à-dire à la somme de tous ses diviseurs entiers naturels autres que lui-même.

Préliminaire

Pour n entier naturel, on pose $S_n = 1 + 2 + 2^2 + \ldots + 2^n$.

Montrer que $1 + 2S_n = S_n + 2^{n+1}$.

En déduire que $S_n = 2^{n+1} - 1$.

1. a) Vérifier que 6 et 28 sont parfaits.

b) Vérifier que ces deux nombres peuvent s'écrire sous la forme $2^n\left(2^{n+1} - 1\right)$ où $2^{n+1} - 1$ est premier.

2. Nous allons montrer que tout nombre de cette forme est un nombre parfait.

a) Soit p un nombre premier et a le nombre $a = 2^n p$.

Quels sont les diviseurs premiers de a? Quels sont ses diviseurs propres ? Montrer que leur somme est égale à $2^{n+1} - 1 + p\left(2^n - 1\right)$.

b) Supposons de plus que $p = 2^{n+1} - 1$

Exprimer la somme des diviseurs propres de $a = 2^n\left(2^{n+1} - 1\right)$ en fonction de n.

c) En déduire que a est parfait.

3. Énoncer le résultat démontré et donner deux autres nombres parfaits.

QCM et questions courtes

1 **a) Faux →** 12 est bien un entier naturel, mais −3 est strictement négatif, donc ce n'est pas un entier naturel.

b) Vrai → Tous les entiers naturels sont des entiers relatifs : $\mathbb{N} \subset \mathbb{Z}$.

c) Vrai → $-2 \in \mathbb{Z}$, $-\sqrt{9} = -3$, donc $-\sqrt{9} \in \mathbb{Z}$ et $5 \in \mathbb{Z}$, donc : $\left\{-2, -\sqrt{9}, 5\right\} \subset \mathbb{Z}$.

d) Vrai → Si a est un entier pair alors a s'écrit $a = 2k$, où $k \in \mathbb{Z}$, donc $a^2 = 4k^2 = 2k'$ en posant $k' = 2k^2$, donc a^2, qui est de la forme $2k'$, est bien pair.

e) Faux → $2^2 \times 5^4 \times 7^3$ est divisible par 2, par 2^2 mais pas par 2^3, donc $2^3 \times 5^4$ ne divise pas $2^2 \times 5^4 \times 7^3$.

f) Vrai → Pour que $2^a \times 5^b \times 7^c$ soit un multiple de $2^2 \times 5^4 \times 7^3$ il faut que $a \geq 2$, $b \geq 4$ et $c \geq 3$. C'est le cas ici puisque $a = 2$, $b = 4$ et $c = 4$, donc $2^2 \times 5^4 \times 7^4$ est un multiple de $2^2 \times 5^4 \times 7^3$.

2 **a) Faux →** Il suffit de donner un contre-exemple : 2 divise 12, 4 divise 12 mais 8 ne divise pas 12.

b) Faux → Contre-exemple : 2 divise 6 et 3 divise 6 mais 5 ne divise pas 6.

c) Vrai → $a|b$ donc il existe un entier q tel que $b = aq$. On sait que $b|c$ donc il existe un entier q' tel que $c = bq'$. On a donc : $c = bq' = (aq)q' = aq''$ en posant $q'' = qq'$. Le produit de deux entiers est un entier donc q'' est un entier. L'égalité $c = aq''$ prouve que a divise c.

3 **a)** $105 = 15 \times 7$, donc 105 est un multiple de 15 et 7 est un diviseur de 105.

b) $\dfrac{238}{17} = 14$, donc $238 = 17 \times 14$ et 17 et 14 sont des diviseurs de 238.

4 On commence par décomposer 24 en facteurs premiers : $24 = 8 \times 3 = 2^3 \times 3$.

1. $24 = 1 \times 24 = 2 \times 12 = 3 \times 8 = 4 \times 6$, soit 4 décompositions possibles en produit de 2 facteurs.
Remarque : Si on se place dans $\mathbb{Z}$ on a 4 décompositions supplémentaires : $24 = (-1) \times (-24) = (-2) \times (-12) = \ldots$

2. On en déduit les **8 diviseurs de 24 dans $\mathbb{N}$: 1, 2, 3, 4, 6, 8, 12 et 24.**

3. $n^2 - 2n = 24$ s'écrit aussi $n(n-2) = 24$: n est donc un diviseur de 24, ce ne peut donc être que 1, 2, 3, 4, 6, 8, 12 ou 24. On calcule alors les 8 produits $n(n-2)$ possibles :

n	1	2	3	4	6	8	12	24
$n-2$	−1	0	1	2	4	6	10	22
$n(n-2)$	−1	0	3	8	**24**	48	120	528

Et on s'aperçoit que seule la valeur $n=6$ permet d'obtenir $n(n-2)=24$. Conclusion : $n=6$ est l'unique solution du problème dans $\mathbb{N}$.

Remarque : Si l'on recherche les solutions de ce problème dans $\mathbb{Z}$, il faut considérer les 16 diviseurs de 24 dans $\mathbb{Z}$, à savoir : $-24, -12, -8, -6, -4, -3, -2, -1, 1, 2, 3, 4, 6, 8, 12$ et 24 et là on s'aperçoit que **le problème admet deux solutions : $n=6$ et $n=-4$.**

5 **a)** $289=17^2$, donc $\sqrt{289}=17$: $\sqrt{289}\in\mathbb{N}$ (donc $\sqrt{289}\in\mathbb{Z}$).

b) $B=(-3)\times\left(-\frac{1}{2}\right)\times\left(-\frac{2}{3}\right)^2=\mathbf{\frac{2}{3}}$ **: $B\notin\mathbb{Z}$ (donc $B\notin\mathbb{N}$).**

c) $C=\dfrac{14^3\times15^2}{3^2\times(-21)^2\times49}=\dfrac{(2^37^3)(3^25^2)}{3^2(3^27^2)7^2}=\dfrac{2^35^2}{3^27}=\mathbf{\dfrac{200}{63}}$ **: C n'est pas un entier.**

d) $D=\dfrac{(-0{,}03)^{-1}\times(0{,}4)^2}{12}=\dfrac{(-3\times10^{-2})^{-1}\times(4\times10^{-1})^2}{3\times4}=\dfrac{\left(-100/3\right)\times\left(16/100\right)}{3\times4}=-\mathbf{\dfrac{4}{9}}$:
***D* n'est pas un entier.**

e) $E=\dfrac{-0{,}08\times9^2}{0{,}3\times(-1{,}2)}=\dfrac{-8\times9^2}{100}\times\dfrac{10}{3}\times\dfrac{10}{-12}=\dfrac{2^3\times3^4}{2^2\times3^2}=\mathbf{18}$:
***E* est un entier naturel (donc un entier relatif).**

f) $F=\left(\dfrac{1+\sqrt{5}}{2}\right)^2+\left(\dfrac{1-\sqrt{5}}{2}\right)^2=\dfrac{1+2\sqrt{5}+5}{4}+\dfrac{1-2\sqrt{5}+5}{4}=\dfrac{12}{4}=\mathbf{3}$:
***F* est un entier naturel.**

g) $G=\dfrac{\sqrt{3}-1}{\sqrt{3}+1}+\sqrt{3}=\dfrac{(\sqrt{3}-1)^2}{(\sqrt{3}+1)(\sqrt{3}-1)}+\sqrt{3}=\dfrac{4-2\sqrt{3}}{2}+\sqrt{3}=\mathbf{2}$:
***G* est un entier naturel.**

6 Un entier naturel est premier s'il admet exactement deux diviseurs positifs : 1 et lui-même.

a) 659 est un nombre premier si tout entier premier p inférieur ou égal à $\sqrt{659}\approx25{,}67$ ne divise pas 659.

Les nombres premiers inférieurs à 25 sont : 2, 3, 5, 7, 11, 13, 17, 19 et 23, à l'aide des critères de divisibilité, on vérifie que 659 n'est pas divisible par 2, 3 et 5, on vérifie à l'aide de la calculatrice pour les autres donc 659 est un nombre premier.

b) On a $\sqrt{713}\approx26{,}7$, le nombre 713 n'est divisible ni par 2, ni par 3, ni par 5, ni par 7, on vérifie à l'aide de la calculatrice que 713 n'est pas divisible par 11, 13, 17 et 19 mais il est divisible par 23 car $713=23\times31$. Le nombre 713 n'est pas premier.

c) On a $\sqrt{1091} \approx 33{,}03$, le nombre 1 091 n'est divisible ni par 2, ni par 3, ni par 5, ni par 7, on vérifie à l'aide de la calculatrice que 1091 n'est pas divisible par 11, 13, 17, 19, 23, 29 et 31. **Le nombre 1 091 est premier.**

7 **1.** $a = 2^2 \times 3^2 \times 7$ et $b = 2^3 \times 3^2 \times 71$.

Remarque : Pour savoir si 71 est premier, on teste la divisibilité de 71 par 2, 3, 5, ... jusqu'au plus grand entier premier **inférieur ou égal à $\sqrt{71} \approx 8{,}4$ c'est-à-dire 7.**

2. On a $\frac{a}{b} = \frac{2^2 \times 3^2 \times 7}{2^3 \times 3^2 \times 71} = \frac{7}{2 \times 71} = \frac{7}{142}$.

La fraction irréductible égale à $\frac{a}{b}$ est $\frac{7}{142}$.

8 $N = (a+b)^2 - (a-b)^2 = (a^2 + 2ab + b^2) - (a^2 - 2ab + b^2) = 4ab$:

***N* est un entier divisible par 4, donc il est pair.**

9 **1.** Pour aller vite dans les décompositions en facteurs premiers on utilise les critères de divisibilité : 792 est divisible par 2 et par 9, donc par 18.

On trouve : $792 = 18 \times 44$. Il ne reste plus qu'à décomposer 18 et 44, ce qui est très simple : $792 = 2 \times 9 \times 11 \times 4 = 2^3 \times 3^2 \times 11$.

De même : $1225 = 35^2 = 5^2 \times 7^2$.

945 étant divisible par 9 et par 5, il l'est par 45 : $945 = 45 \times 21$.

D'où : $945 = 9 \times 5 \times 7 \times 3 = 3^3 \times 5 \times 7$.

1 232 est divisible par 4 : $1\,232 = 4 \times 308$
et 308 également : $308 = 4 \times 77$.

Donc $\boxed{1232 = 2^4 \times 7 \times 11.}$

Conclusion.

$\boldsymbol{a = 2^3 \times 3^2 \times 11\,;\ b = 5^2 \times 7^2\,;\ c = 3^3 \times 5 \times 7;\ d = 2^4 \times 7 \times 11.}$

2. ***a* et *b*** n'ont aucun facteur premier commun : ils sont **premiers entre eux.**

3. ***a* et *c*** ont 3 comme facteur premier commun donc ils **ne sont pas premiers entre eux.** Les diviseurs communs et *a* et *c* sont : 1, 3, et 9.

a* et *d ont 2 et 11 comme facteurs premiers communs donc ils **ne sont pas premiers entre eux.** Les diviseurs communs de *a* et *d* sont de la forme $2^\alpha \times 11^\beta$ avec $\alpha = 0$, 1, 2 ou 3 et $\beta = 0$ ou 1.

Soit 4 choix pour α et 2 choix pour β, donc 8 diviseurs communs en tout :

1, 2, 4, 8, 11, 22, 44, 88.

b et *c* ont 5 et 7 comme facteurs premiers communs donc ils ne sont pas premiers entre eux. Les diviseurs communs de *b* et *c* sont de la forme $5^\alpha \times 7^\beta$ avec $\alpha = 0$ ou 1 et $\beta = 0$ ou 1, soit 4 diviseurs communs : 1, 5, 7 et 35.

Les diviseurs communs de *b* et *d* sont 1 et 7, de même que pour *c* et *d*.

4. $\dfrac{a}{b}=\dfrac{792}{1225}$ (forme irréductible).

Pour les autres formes irréductibles, on obtient :

$\dfrac{\boldsymbol{a}}{\boldsymbol{c}}=\dfrac{2^3\times 11}{3\times 5\times 7}=\dfrac{\mathbf{88}}{\mathbf{105}}$; $\dfrac{\boldsymbol{a}}{\boldsymbol{d}}=\dfrac{3^2}{2\times 7}=\dfrac{\mathbf{9}}{\mathbf{14}}$;

$\dfrac{\boldsymbol{b}}{\boldsymbol{c}}=\dfrac{5\times 7}{3^3}=\dfrac{\mathbf{35}}{\mathbf{27}}$; $\dfrac{\boldsymbol{b}}{\boldsymbol{d}}=\dfrac{5^2\times 7}{2^4\times 11}=\dfrac{\mathbf{175}}{\mathbf{176}}$; $\dfrac{\boldsymbol{c}}{\boldsymbol{d}}=\dfrac{3^3\times 5}{2^4\times 11}=\dfrac{\mathbf{135}}{\mathbf{176}}$.

10 **1.** Si a est un entier pair alors a s'écrit $a=2k$, où k est un entier relatif, donc $a^2=4k^2$ et donc a^2 est non seulement pair mais aussi divisible par 4.

2. Si a est un entier impair alors a s'écrit $a=2k+1$, où k est un entier relatif, donc $a^2=4k^2+4k+1=2k'+1$, en posant $k'=2k^2+2k$. Or k est un entier relatif, donc k' également et a^2, qui est de la forme $2k'+1$, est impair.

3. Supposons a^2 pair et raisonnons par l'absurde pour montrer que a est pair. Si a était impair alors a^2 serait impair (voir question précédente) : contradiction avec l'hypothèse. Donc a est pair.

11 Le produit de deux nombres impairs n et n' est impair. Les nombres entiers n et n' étant impairs, il existe deux entiers k et k' tels que $n=2k+1$, et $n'=2k'+1$. Le nombre entier nn' tel que $nn'=(2k+1)(2k'+1)=2(2kk'+k+k')+1$, le nombre $2kk'+k+k'$ est un entier donc $nn'=2K+1$ avec $K=2kk'+k+k'$. La nombre nn' est un nombre impair.

Rappel
Le produit d'un nombre pair n par un nombre entier quelconque n' est pair. Le nombre entier n étant pair, il existe un entier k tel que $n=2k$, donc le nombre entier nn' est égal à $nn'=2kn'=2(kn')$, le nombre kn' est un entier donc nn' est un nombre pair.

• Il faut raisonner par disjonction des cas.

– Si n est un entier pair, l'entier $n+4$ est pair donc d'après le rappel le produit d'un nombre entier pair par un nombre entier quelconque est pair donc $(n+4)(n^2+1)$ est pair.

– Si n est impair, d'après l'exercice précédent n^2 est impair donc n^2+1 est pair et donc par un raisonnement identique au cas précédent le nombre $(n+4)(n^2+1)$ est pair.

Donc pour tout entier naturel n, le nombre entier $(n+4)(n^2+1)$ est pair.

12 On raisonne par disjonction des cas.

– Si n est un entier pair, l'entier n^3 est pair ainsi que l'entier $5n$ donc n^3+5n est pair (somme de deux entiers pairs) donc n^3+5n+7 est impair.

– Si n est un entier impair, l'entier n^3 est impair (produit de deux nombres impairs n et n^2) ainsi que l'entier $5n$ (produit de deux nombres impairs). Donc l'entier n^3+5n somme de deux nombres impairs est pair donc n^3+5n+7 est impair car somme d'un entier pair et d'un entier impair.

Donc pour tout entier naturel n, l'entier n^3+5n+7 est impair.

13 Supposons que d divise a et b : il existe donc deux entiers q et q' tels que $a=dq$ et $b=dq$'. On a alors $a+b=d(q+q')$. Comme $q+q$' est un entier, cela prouve que d divise $a+b$.

On a de même $a-b=d(q-q')$ et $au+bv=d(qu+q'v)$.

Comme $q-q'$ et $qu+q'v$ sont deux entiers cela prouve que d divise $a-b$ et plus généralement $au+bv$, pour $u,v\in\mathbb{Z}$.

14 **1.** « a est un multiple de 12 » s'écrit : il existe un entier relatif q tel que $a=12q$.

2. « a est un diviseur de 48 » s'écrit : il existe un entier relatif q tel que $48=aq$.

3. « a divise 55 » s'écrit : il existe un entier relatif q tel que $55=aq$.

15 **1.** Le nombre 72 s'écrit successivement

$$72=2\times 36=2\times 2\times 18=2\times 2\times 2\times 9=2^3\times 3^2$$

2. Un diviseur d de 72 est tel qu'il existe un entier k tel que $72=kd$. Par unicité de la décomposition de 72 en facteurs premiers, tout facteur premier de d est un facteur premier de 72. Tout diviseur d de 72 s'écrit $d=2^a\times 3^b$ où a et b sont des entiers tels que $0\le a\le 3$ et $0\le b\le 2$.

On obtient les diviseurs de 72 à l'aide d'un arbre.

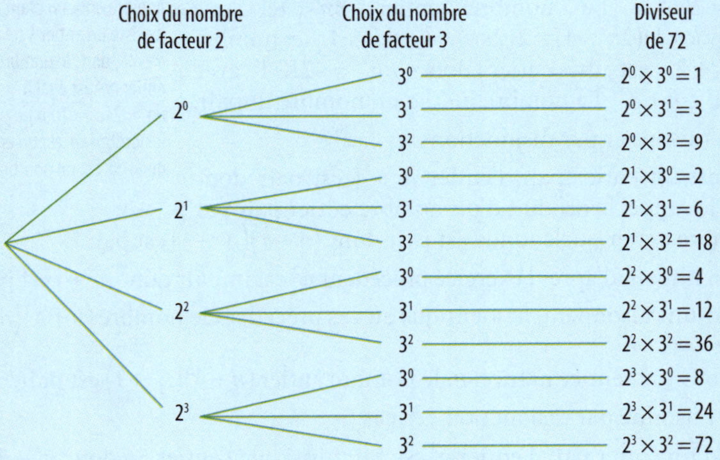

On a $1\,400=14\times 100=2\times 7\times 4\times 25=2\times 4\times 7\times 5^2=2^3\times 5^2\times 7$

Un diviseur d de 1 400 s'écrit $d=2^a\times 5^b\times 7^c$ où a, b et c sont des entiers vérifiant $0\le a\le 3$, $0\le b\le 2$ et $0\le c\le 1$.

En reprenant la méthode précédente, l'arbre donnant les diviseurs de 1400 comprend 4 branches pour le choix de la valeur de a, 3 branches pour le choix de la valeur de b et 2 branches pour le choix de la valeur de **3.** L'arbre possède donc 24 extrémités. Il y a 24 diviseurs de 1400.

Remarque : D'une manière générale, si un entier a admet une décomposition en facteurs premiers qui s'écrit $a = p_1^{k_1} p_2^{k_2} \dots p_r^{k_r}$, le nombre de diviseurs de a est égal à $\boxed{(k_1+1)(k_2+1)\dots(k_r+1)}$.

16 On obtient la liste des diviseurs de n. On teste successivement tous les entiers d inférieurs ou égaux à $\sqrt{n}$ en comparant le quotient de n par d en utilisant la division euclidienne, avec le quotient de n par d en utilisant la division des décimaux. S'il y a égalité entre les deux quotients d et $\frac{n}{d}$ sont des diviseurs de n.

17 **1.** Supposons que a divise b : il existe donc un entier q tel que $b = aq$.

Soit alors c un multiple quelconque de b: il existe donc un entier k tel que $c = bk$.

On a alors $c = bk = (aq)k = a(qk)$. Comme qk est également un entier, l'égalité $c = a(qk)$ prouve que a divise c.

2. Supposons que a divise b: il existe donc un entier q tel que $b = aq$.

Soit alors c un diviseur quelconque de a: il existe donc un entier k tel que $a = ck$.

On a alors $b = aq = (ck)q = c(kq)$. **Comme kq est également un entier, l'égalité $b = c(kq)$ prouve que c divise b.**

18 **1.** Les chiffres divisibles par 2 sont : 0, 2, 4, 6, 8. Les chiffres divisibles par 4 sont : 0, 4, 8. Les chiffres divisibles par 5 sont : 0 et 5. Seul le chiffre 0 est divisible par 10.

2. On peut utiliser ici les résultats de l'**exercice 9** :

Si a divise $N-u$ et u, alors il divise N puisque $N = (N-u)+u$.

De même si a divise $N-u$ et N, alors il divise u puisque $u = N-(N-u)$.

3. C'est la convention de l'écriture chiffrée : dire que l'entier N s'écrit $N = \overline{mcdu}$ signifie précisément que $N = 1000m + 100c + 10d + u$, autrement dit que :

$$\boxed{N = 10^3 m + 10^2 c + 10d + u.}$$

4. $N - u = 10^3 m + 10^2 c + 10d = 10(10^2 m + 10c + d)$, ce qui prouve que $N-u$ est divisible par 10. 10 étant divisible par 2 et 5, il en résulte (voir ex 11, 2) que $N-u$ l'est également.

5. $N-u$ étant divisible par 2, 5 et 10, on peut appliquer alors le résultat de la **question 2.** en prenant successivement $a = 2$, $a = 5$, $a = 10$. Avec $a = 2$: N est divisible par 2 si et seulement si u est divisible par 2 donc si et seulement si $u = 0, 2, 4, 6$ ou 8 (voir question **1.**).

CORRIGÉS

Avec $a = 5$: N est divisible par 5 si et seulement si u est divisible par 5 donc si et seulement si $u = 0$ ou 5 (voir question **1.**).

Avec $a = 10$: N est divisible par 10 si et seulement si u est divisible par 10 donc si et seulement si $u = 0$ (voir question **1.**).

6. $N - (10d + u) = 10^3 m + 10^2 c = 100(10m + c)$, ce qui prouve que $N - (10d + u)$ est divisible par 100.

7. 100 étant divisible par 4 : $100 = 4 \times 25$, il en résulte que $N - (10d + u)$ est divisible par 4 : $N - (10d + u) = 4(250m + 25u)$.

Posons $A = N - (10d + u)$ et $B = 10d + u$. On sait qu'ici 4 divise A et que $A + B = N$. On utilise alors les résultats de l'**exercice 9** :

si 4 divise B, alors 4 divise $A + B$, c'est-à dire N.

De même, si 4 divise N, alors 4 divise $N - A$, c'est-à-dire B.

Et donc : N est divisible par 4 si et seulement si $10d + u$ est divisible par 4, ce qui est bien le critère de divisibilité par 4.

19 **1.** Les entiers relatifs diviseurs de 1 sont 1 et -1.

2. a divise b donc il existe un entier relatif k tels que $b = ka$. b divise a donc il existe un entier relatif k' tels que $a = k'b$.

3. Si $a = 0$, on déduit de l'égalité $b = ka$ que $b = 0$.

4. Dans l'égalité $a = k'b$ on remplace b par ka: $a = k'b = k'(ka) = (kk')a$. On a donc : $a = (kk')a$. Comme a est non nul, on peut simplifier par a, on obtient :

$$\boxed{kk' = 1.}$$

5. Si $a = 0$ on a vu dans la question **3.** qu'alors $b = 0$. On a donc bien $a = b$ dans ce cas.

Si $a \neq 0$ on vient de voir à la question **4.** qu'alors $kk' = 1$, donc que k' est un diviseur de 1.

D'après la question 1 les seules possibilités sont $k' = 1$ ou $k' = -1$. Par ailleurs on sait que $a = k'b$.

Si $k' = 1$, alors $a = b$, si $k' = -1$, alors $a = -b$.

Conclusion : dans tous les cas on a $\boxed{a = b \text{ ou } a = -b.}$

20 **1.** Pour aller vite dans la décomposition en facteurs premiers on cherche des facteurs les plus grands possibles : $5\,040 = 504 \times 10$. 504 est divisible par 4 et par 9, donc par 36 (4 et 9 sont premiers entre eux) : $504 = 36 \times 14$.

On regroupe ces résultats :

$5\,040 = 504 \times 10 = 36 \times 14 \times 10 = (3^2 \times 2^2) \times (2 \times 7) \times (2 \times 5) = 2^4 \times 3^2 \times 5 \times 7$.

$$\boxed{5\,040 = 2^4 \times 3^2 \times 5 \times 7}$$

2. Tout diviseur de n est un diviseur de 5 040. En particulier tout entier premier faisant partie de la décomposition de n est un diviseur de 5 040.
Ce ne peut donc être que 2, 3, 5 ou 7. Donc n est du type : $2^a \times 3^b \times 5^c \times 7^d$ où a, b, c et d sont des entiers naturels.

3. 5 040 est divisible par 2^4 mais pas par 2^5 donc l'entier naturel a doit être inférieur ou égal à 4. Le même raisonnement s'applique à b, c et d:

$$2^a \times 3^b \times 5^c \times 7^d \text{ est un diviseur de 5 040 si et seulement si : } \begin{cases} 0 \leq a \leq 4 \\ 0 \leq b \leq 2 \\ 0 \leq c \leq 1 \\ 0 \leq d \leq 1 \end{cases}.$$

Il y a 5 choix possibles pour a (a = 0, 1, 2, 3 ou 4), 3 choix possibles pour b(0, 1, 2), 2 choix possibles pour c (0 ou 1) et 2 choix possibles pour d (0 ou 1).

Ce qui fait, selon le principe de multiplication : $5 \times 3 \times 2 \times 2 = 60$ possibilités pour fixer (a, b, c, d) et donc **60 diviseurs possibles pour 5 040.**

4. Les diviseurs impairs sont ceux ne contenant pas le facteur 2, c'est-à-dire ceux correspondant à $a = 0$. Sachant qu'il y a 3 possibilités pour b, 2 pour c et 2 pour d, cela fait $3 \times 2 \times 2 = 12$ triplets (b,c,d) possibles :

$(b,c,d)=(0,0,0)$ ce qui donne $n=1$	$(b,c,d)=(1,1,0)$: $n=15$
$(b,c,d)=(0,0,1)$ ce qui donne $n=7$	$(b,c,d)=(1,1,1)$: $n=105$
$(b,c,d)=(0,1,0)$ ce qui donne $n=5$	$(b,c,d)=(2,0,0)$: $n=9$
$(b,c,d)=(0,1,1)$ ce qui donne $n=35$	$(b,c,d)=(2,0,1)$: $n=63$
$(b,c,d)=(1,0,0)$ ce qui donne $n=3$	$(b,c,d)=(2,1,0)$: $n=45$
$(b,c,d)=(1,0,1)$ ce qui donne $n=21$	$(b,c,d)=(2,1,1)$: $n=315$

Et en réordonnant par ordre croissant :

Les 12 diviseurs impairs de 5040 sont : 1, 3, 5, 7, 9, 15, 21, 35, 45, 63, 105, 315.

On obtient les 60 diviseurs de 5040 en multipliant ces nombres par 2^a où a = 0, 1, 2, 3 ou 4, donc en multipliant ces 12 nombres successivement par 1, par 2, par 4, par 8 et enfin par 16.

5. 5 040 est divisible par 10 (nombre qui se termine par un 0), par 1, par 2, par 3, par 4, par 5, par 6, par 7, par 8 et par 9.

21

Préliminaire

$S_n = 1 + 2 + 2^2 + \ldots + 2^n$, donc $2S_n = 2 + 4 + 2^3 + \ldots + 2^n + 2^{n+1}$ et
$1 + 2S_n = 1 + 2 + 2^2 + \ldots + 2^n + 2^{n+1} = S_n + 2^{n+1}$.

On en déduit : $1 + 2S_n - S_n = 2^{n+1}$ ou encore : $S_n = 2^{n+1} - 1$.

1. a) Les diviseurs propres de 6 sont 1, 2 et 3.

$1 + 2 + 3 = 6$ donc 6 est parfait.

$28 = 2^2 \times 7$. Les diviseurs propres de 28 sont donc : 1, 2, 4, 7 et 14.
$1 + 2 + 4 + 7 + 14 = 28$ donc 28 est parfait.

b) $6 = 2^n\left(2^{n+1} - 1\right)$ pour $n = 1$. De plus $2^{n+1} - 1 = 3$, qui est bien un entier premier.
$28 = 2^n\left(2^{n+1} - 1\right)$ pour $n = 2$. De plus $2^{n+1} - 1 = 7$, qui est bien un entier premier.

2. a) Les diviseurs premiers de a sont 2 et p.

Les diviseurs propres de a sont de 2 types :

- ceux qui ne sont pas divisibles par p : 1, 2, 2^2, …, 2^n
- ceux qui sont divisibles par p : p, $2p$, $2^2 p$, …, $2^{n-1} p$.

La somme de ceux non divisibles par p est : $1 + 2 + 2^2 + \ldots + 2^n = S_n = 2^{n+1} - 1$.

La somme de ceux divisibles par p est : $p\left(1 + 2 + 2^2 + \ldots + 2^{n-1}\right) = pS_{n-1} = p(2^n - 1)$.

La somme de tous les diviseurs propres de a est donc : $\boxed{P_a = 2^{n+1} - 1 + p\left(2^n - 1\right)}$.

b) Si de plus $p = 2^{n+1} - 1$, on obtient :

$$P_a = 2^{n+1} - 1 + (2^{n+1} - 1)\left(2^n - 1\right) = (2^{n+1} - 1)\left(1 + 2^n - 1\right) = (2^{n+1} - 1)2^n = a$$

c) Dans ce cas, la somme de tous les diviseurs propres de a est égale à a donc a est parfait.

3. On vient donc de démontrer le résultat suivant :

Tout entier de la forme $2^n\left(2^{n+1} - 1\right)$ où $2^{n+1} - 1$ est premier est parfait.

Avec $n = 3$ cela ne fonctionne pas car $2^{n+1} - 1 = 15$ n'est pas premier.

Pour $n = 4$, $2^{n+1} - 1 = 31$ est premier, donc $2^4\left(2^5 - 1\right) = 16 \times 31 = 496$ est parfait.

Pour $n = 5$, $2^{n+1} - 1 = 63$ n'est pas premier.

Pour $n = 6$, $2^{n+1} - 1 = 127$ est premier, donc $2^6\left(2^7 - 1\right) = 64 \times 127 = 8\,128$ est parfait.

CHAPITRE 3

Calcul littéral

COMPÉTENCES EXIGIBLES

- Maîtriser les calculs numériques ou littéraux mettant en jeu des puissances, des racines carrées, des écritures fractionnaires.
- Construire des relations entre variables. Cas d'une relation du premier degré $ax + by = c$.
- Comparer deux quantités.
- Résoudre une inéquation du premier degré.

COURS

1 Développement et factorisation

❶ Distributivité

Quels que soient les réels a, b et c :

$$a(b+c)=ab+ac$$

$$a(b-c)=ab-ac$$

Bien comprendre

Une égalité se lit dans les deux sens :
❶ Lorsqu'on transforme la somme $ab+ac$ en le produit $a(b+c)$, **on dit qu'on la factorise** (par a).
❷ À l'inverse, lorsqu'on transforme le produit : $a(b+c)$ en la somme : $ab+ac$ **on dit qu'on le développe** (ou qu'on distribue).

❷ Double distributivité

Quels que soient les réels a, b, c et d :

$$(a+b)(c+d)=ac+ad+bc+bd.$$

2 Identités remarquables

a et b sont deux réels quelconques.

❶ Carré d'une somme

$$(a+b)^2=a^2+2ab+b^2.$$

❷ Carré d'une différence

$$(a-b)^2=a^2-2ab+b^2.$$

Remarque
Ces trois identités sont à connaître parfaitement, tant dans le sens du développement que dans celui de la factorisation.

❸ Différence de deux carrés

$$a^2-b^2=(a+b)(a-b).$$

3 Puissances

1 Définition

- Pour n entier naturel non nul on pose :

$$a^n = \underbrace{a \times a \times \ldots \times a}_{n \text{ facteurs}}$$

- Lorsque $n = 0$ on convient de poser : $a^0 = 1$.
- Pour n un entier naturel et a réel non nul, on pose $a^{-n} = \dfrac{1}{a^n}$.

Remarque
Ainsi a^{-n} est l'inverse de a^n

2 Propriétés algébriques

Soient a et b deux réels non nuls, m et n deux entiers relatifs. Alors :

$$(ab)^n = a^n b^n \quad \left(\frac{a}{b}\right)^n = \frac{a^n}{b^n} \; ; \quad a^m a^n = a^{m+n} \; ; \quad \frac{a^m}{a^n} = a^{m-n} \; ; \quad (a^m)^n = a^{mn}.$$

4 Racines carrées

1 Définition

Lorsque a est un réel strictement positif, il existe deux réels dont le carré est a : l'un est positif, l'autre négatif.

Celui qui est positif se note $\sqrt{a}$ et s'appelle la racine carrée de a.

Si $a = 0$, seul 0 a pour carré a, et l'on écrit encore $\sqrt{0} = 0$.

On a donc par définition, pour tout réel a positif ou nul :

$$\begin{cases} \sqrt{a} \geq 0 \\ \text{et} \\ \left(\sqrt{a}\right)^2 = a \end{cases}.$$

2 Racine carrée d'un carré

> **Remarque**
> $(-a)^2 = (-1)^2 a^2 = a^2$.

- Soit a un réel quelconque. Les deux réels dont le carré est a^2 sont a et $-a$. Celui des deux qui est positif sera la racine carrée de a^2 :

$$\sqrt{a^2} = \begin{cases} a \text{ si } a \geq 0, \\ -a \text{ si } a \leq 0. \end{cases}$$

- Le nombre réel égal à a si a est positif et à $-a$ si a est négatif s'appelle **la valeur absolue de *a*** et se note $|a|$. On a donc, pour tout réel a :

$$\boxed{\sqrt{a^2} = |a|}$$

3 Propriétés algébriques de la racine carrée

Pour tous réels a et b positifs ou nuls :

$$\boxed{\sqrt{ab} = \sqrt{a}\sqrt{b}}$$

Pour tout réel a positif ou nul et b strictement positif.

$$\boxed{\sqrt{\frac{a}{b}} = \frac{\sqrt{a}}{\sqrt{b}} \quad (b > 0)}$$

En particulier : $\sqrt{\frac{1}{b}} = \frac{1}{\sqrt{b}}$.

4 Dénominateur irrationnel

> **Remarque**
> $\frac{1}{\sqrt{2}} = \frac{\sqrt{2}}{2}$

Dans une expression du type $\frac{A}{\sqrt{b}}$ on peut rendre le dénominateur rationnel :

$$\frac{A}{\sqrt{b}} = \frac{A\sqrt{b}}{\left(\sqrt{b}\right)^2} = \frac{A\sqrt{b}}{b}.$$

5 Quantité conjuguée

a et b étant deux entiers relatifs, n est un entier naturel non nul, **la quantité conjuguée** de $a + b\sqrt{n}$ est $a - b\sqrt{n}$.
Grâce à la troisième identité remarquable, le produit des deux vaut :

$$\left(a + b\sqrt{n}\right)\left(a - b\sqrt{n}\right) = a^2 - 2b^2$$

La quantité conjuguée permet de faire disparaître le radical du dénominateur dans une expression du type $\frac{A}{a+b\sqrt{2}}$. On multiplie pour cela le numérateur et le dénominateur par la quantité conjuguée pour obtenir :

$$\frac{A}{a+b\sqrt{2}}=\frac{A\left(a-b\sqrt{2}\right)}{a^2-2b^2}.$$

5 Équations

1 Équation du premier degré à une inconnue

Une équation est dite du premier degré à une inconnue x lorsqu'elle peut s'écrire sous la forme $ax+b=0$, où a et b sont des réels fixés.
On notera S l'ensemble de ses solutions.
Lorsque $a \neq 0$, une telle équation admet une solution unique :

$$x=-\frac{b}{a}.$$

Remarque
On écrit alors :
$$S=\left\{-\frac{b}{a}\right\}$$

Cas particuliers

Lorsque a est nul, l'équation se réduit à $0.x+b=0$ où b est un réel fixé. Donc :
- si $b\neq 0$, l'équation n'a pas de solution : $S=\varnothing$;
- si $b=0$, tout réel x est solution : $S=\mathbb{R}$.

2 Produit nul

Soient A et B deux réels quelconques.
- Si $A=0$ ou $B=0$, alors $AB=0$
- Réciproquement, si $AB=0$ alors $A=0$ ou $B=0$.

On énonce ceci en disant :
Un produit de facteurs est nul si, et seulement si, au moins l'un des facteurs est nul.

Remarque
« $A=0$ ou $B=0$ » signifie : « au moins un des deux est nul » (les deux peuvent l'être).

Équation « produit nul »
C'est une équation du type : $(ax+b)(cx+d)=0$, où a, b, c et d sont des réels.
D'après ce qui précède, cette égalité est réalisée si, et seulement si $ax+b=0$ ou $cx+d=0$.
On est ainsi ramené à résoudre deux équations du premier degré.

6 Inéquations

1 Ordre et addition

Soient a, b, c des réels quelconques.

$$\text{Si } a \leq b \text{ alors } a + c \leq b + c$$

Soient a, b, a', b' des réels quelconques.

$$\text{Si } \begin{cases} a \leq b \\ \text{et} \\ a' \leq b' \end{cases} \text{alors } a + a' \leq b + b'$$

Ce qui se traduit par :
On peut ajouter membre à membre deux inégalités de même sens.

2 Ordre et multiplication

$$\text{Si } \begin{cases} a \leq b \\ \text{et} \\ c \geq 0 \end{cases} \text{alors } ac \leq bc$$

$$\text{Si } \begin{cases} a \leq b \\ \text{et} \\ c \leq 0 \end{cases} \text{alors } ac \geq bc.$$

Ce qui se traduit par :
Lorsqu'on multiplie les deux membres d'une inégalité par un même nombre :
- **on garde le sens de l'inégalité si ce nombre est positif ou nul,**
- **on change le sens de l'inégalité si ce nombre est négatif ou nul.**

$$\text{Si } \begin{cases} 0 \leq a \leq b \\ \text{et} \\ 0 \leq a' \leq b' \end{cases} \text{alors } aa' \leq bb'.$$

On peut multiplier membre à membre des inégalités de même sens lorsque tous les termes sont positifs ou nuls.

3 Inéquations

Pour résoudre l'inéquation $ax+b \geq 0$ **on s'intéresse tout d'abord au signe de a.** Puis la résolution se fait en général en trois étapes :

- **Si $a > 0$.**

Première étape

Résolution algébrique : les solutions sont les réels x tels que $x \geq -\frac{b}{a}$.

Deuxième étape

On écrit l'ensemble des solutions, ici : $S = \left[-\frac{b}{a} ; +\infty\right[$.

Troisième étape

Enfin on représente cet ensemble sur la droite réelle :

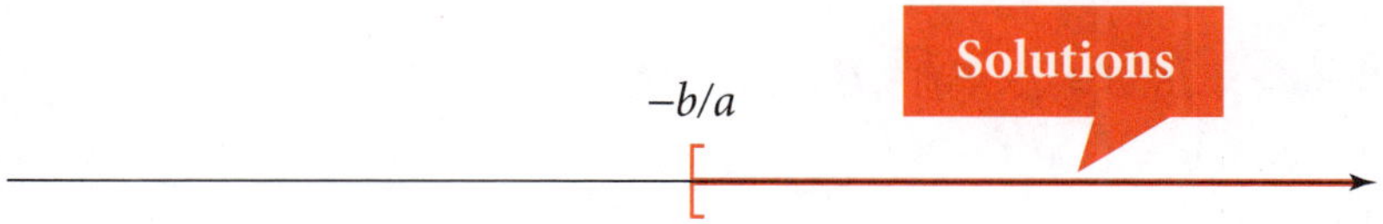

- **Si $a < 0$.**

Première étape

Les solutions sont tous les réels x tels que $x \leq -\frac{b}{a}$.

Deuxième étape

L'ensemble des solutions est donc l'ensemble $S = \left]-\infty ; -\frac{b}{a}\right]$.

Troisième étape

Représentation des solutions sur la droite réelle :

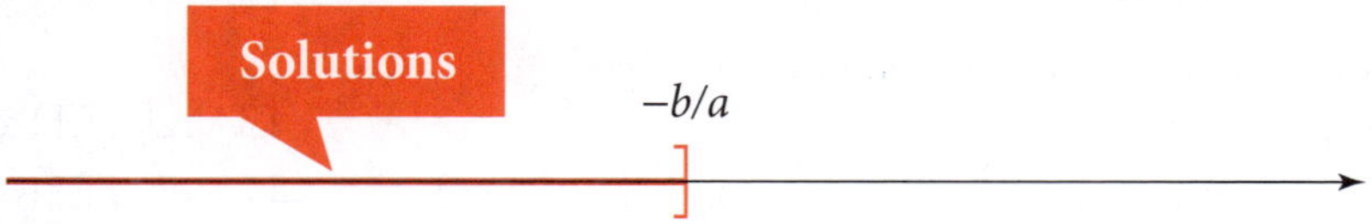

QCM et questions courtes

1 S'entraîner

Corrigé p. 63

1. Comparer les nombres.

a) $A = 3\sqrt{175}$ et $B = 5\sqrt{63}$.

b) $A = 5\sqrt{98}$ et $B = 7\sqrt{50}$.

c) $A = 16\sqrt{3}$ et $B = 7\sqrt{15}$.

d) $A = \dfrac{2\sqrt{3}}{\sqrt{98}}$ et $B = \dfrac{\sqrt{12}}{7\sqrt{2}}$.

2. Mettre les nombres suivants sous la forme $a\sqrt{b}$ (a et b entiers, b le plus petit possible).

a) $A = \sqrt{2} \times \sqrt{6}$, $B = \sqrt{5} \times \sqrt{15}$, $C = \sqrt{7} \times \sqrt{21}$.

b) $A = \sqrt{63}$, $B = \sqrt{300}$, $C = 5\sqrt{48}$.

c) $A = \sqrt{343}$, $B = 5\sqrt{112}$, $C = 10\sqrt{0,63}$.

3. Vrai ou faux ?

Dire si l'affirmation est vraie ou fausse et expliquer pourquoi.

a) $\sqrt{0,9}$ est égal à 0,3. ☐ Vrai ☐ Faux

b) La moitié de $\sqrt{36}$ est $\sqrt{18}$. ☐ Vrai ☐ Faux

c) Le triple de $\sqrt{20}$ est $\sqrt{180}$. ☐ Vrai ☐ Faux

d) $\dfrac{7}{\sqrt{7}}$ est égal à $\sqrt{7}$. ☐ Vrai ☐ Faux

e) $\sqrt{45} + \sqrt{20} - \sqrt{65}$ est égal à 0. ☐ Vrai ☐ Faux

f) Un nombre est toujours supérieur ou égal à sa racine carrée. ☐ Vrai ☐ Faux

g) $\sqrt{5} - 1$ est une solution de l'équation $t^2 + 2t - 4 = 0$. ☐ Vrai ☐ Faux

h) L'inverse de $2 + \sqrt{3}$ est $2 - \sqrt{3}$ ☐ Vrai ☐ Faux

4. QCM (plusieurs réponses exactes, parfois)

	a	b	c
a) Un nanomètre (nm) vaut 0,000 000 001 m. Un m vaut :	10^9nm	10^6nm	10^{-9}nm
b) $3^2 \times 3^4$ est égal à …	9^8	3^8	3^6
c) Quel que soit l'entier n, le nombre $(n+1)^2+n^2+1$ est un multiple de …	2	3	5
d) $3x^2+6x$ peut s'écrire …	$3x(x+3)+3)$	$3x(x+2)$	$x(3x+6)$
e) $\left(\sqrt{7}-\sqrt{5}\right)^2$ est un nombre …	entier	rationnel	irrationnel
f) $\sqrt{\left(\sqrt{2}-3\right)^2}$ est égal à …	$3-\sqrt{2}$	$\sqrt{2}-3$	$3+\sqrt{2}$
g) $(x-1)^2+2x$ peut s'écrire …	$(x+1)^2$	x^2+1	$(x+1)^2-2x-2x$
h) $\dfrac{7}{\sqrt{5}-2}-\dfrac{7}{\sqrt{5}+2}$ est un nombre …	entier	rationnel	irrationnel
i) Une solution de $3x^2-5x+2=0$ est …	-1	$\dfrac{2}{3}$	$\dfrac{7}{3}$
j) $(x-1)(x+3)-\left(x-\dfrac{1}{2}\right)(x+1)$ est égal à …	x^2-3x+9	$x^2+\dfrac{3}{2}x+\dfrac{5}{2}$	$\dfrac{3}{2}x-\dfrac{5}{2}$
k) La factorisation de $25x^2-16$ est…	$(5x-4)^2$	$(5x-4)(5x+4)$	$(5x+4)^2$

2 Avec la calculatrice

Corrigé p. 64

1. Avec la touche ^ ou x^y ou … taper chacun des nombres ci-dessous à l'écran d'une calculatrice et expliquer ce que signifie l'affichage obtenu :

$$2^{100}\ ; \qquad 2^{500}.$$

2. Quelle est la plus grande puissance de 2 dont la calculatrice affiche une valeur approchée ?

3. Quel est le plus petit exposant négatif d'une puissance de 2 dont la calculatrice affiche une valeur approchée ?

3 Sans radical

Corrigé p. 65

Écrire les expressions suivantes sans radical au dénominateur :

$$a=\frac{2\sqrt{2}+6}{\sqrt{2}+3}\ ; \qquad b=\frac{1-\sqrt{2}}{\sqrt{2}-1}\ ; \qquad c=\frac{\sqrt{6}+\sqrt{2}}{\sqrt{2}}.$$

EXERCICES

4 Résolutions d'équations

➔ Corrigé p. 65

Résoudre les équations suivantes :

a) $x^2 = -\sqrt{3}$; **b)** $x^2\sqrt{13} = \sqrt{65}$.

5 Comparaison de nombres

➔ Corrigé p. 65

1. On donne $A = 2 + \sqrt{3}$ et $B = \sqrt{7 + 4\sqrt{3}}$.

a) Calculer A^2 et B^2.

b) Comparer A et B.

2. On donne $A = 1 - 2\sqrt{2}$ et $B = \sqrt{9 - 4\sqrt{2}}$.

a) Calculer A^2 et B^2.

b) Comparer A et B.

3. Dans le tableau suivant quels sont les nombres égaux à $\dfrac{1-\sqrt{2}}{1+\sqrt{2}}$?

1	$-3+2\sqrt{2}$	$-\left(1-\sqrt{2}\right)^2$	$\dfrac{\left(1-\sqrt{2}\right)^2}{\left(1+\sqrt{2}\right)^2}$	$-\sqrt{2}$

6 Contrôle de maths

➔ Corrigé p. 66

Le professeur de maths rend le dernier contrôle.

Gabriel a obtenu : $\dfrac{\sqrt{7}+\sqrt{5}}{\sqrt{7}-\sqrt{5}} + \dfrac{\sqrt{7}-\sqrt{5}}{\sqrt{7}+\sqrt{5}}$ sur 20.

Charlotte a obtenu : $\dfrac{\sqrt{10}+\sqrt{5}}{\sqrt{10}-\sqrt{5}} + \dfrac{\sqrt{10}-\sqrt{5}}{\sqrt{10}+\sqrt{5}}$ sur 20.

Qui a eu la meilleure note ?

7 Factorisation

➔ Corrigé p. 66

1. Factoriser $A = 4x^2 + 4x\sqrt{2} + 2$, puis résoudre l'équation $A = 0$.

2. Idem avec $B = x^2 - 5$.

8 $\sqrt{2}$ est un irrationnel

10 min ➔ Corrigé p. 66

On suppose que $\sqrt{2}$ est un nombre rationnel, c'est-à-dire que l'on peut l'écrire sous la forme $\sqrt{2} = \dfrac{a}{b}$ où a et b sont deux entiers **premiers entre eux** (forme irréductible).

1. Montrer qu'alors $a^2 = 2b^2$.

2. Démontrer que le carré d'un nombre impair est un nombre impair. En déduire que a est pair. On pose alors $a = 2k$.

3. Démontrer qu'alors $b^2 = 2k^2$ et en déduire que b est pair.

4. Expliquer pourquoi cela est impossible. Conclure.

9 Calcul mental

★ 10 min ➲ Corrigé p. 67

1. Sans calculatrice et sans poser d'opération, calculer :

a) 98^2. **b)** 52×48. **c)** 501^2. **d)** 98×102.

2. Développer et réduire $(2x+1)^2 - (2x-1)^2$. En déduire **mentalement** :

$$200\,001^2 - 199\,999^2.$$

3. Développer et réduire $x^2 - (x+1)(x-1)$. En déduire **mentalement** :

$$1\,234\,567^2 - 1\,234\,568 \times 1\,234\,566.$$

4. On note $N = (7x+3)^2 - (7x-3)^2$.

a) Exprimer plus simplement N en fonction de x.

b) Calculer **mentalement** $73^2 - 67^2$.

c) ABC est un triangle rectangle en A tel que $BC = 7x+3$ et $AC = 7x-3$ avec $x \geq 1$. Calculer AB lorsque $x = 21$.

10 Échange de terrains

★★ 10 min ➲ Corrigé p. 67

Le terrain de Jean empiète sur le tracé d'une future autoroute. La commune lui propose de modifier son terrain carré de la façon suivante :

« … on vous donne une bande de 4 m de plus sur un côté et on vous diminue un autre côté de 4 m, ainsi on ne change pas la surface de votre terrain … ».

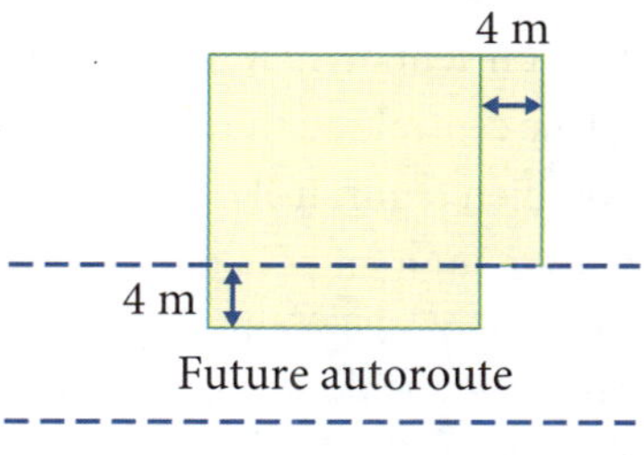

1. Jean a de bonnes raisons de se méfier. Pourquoi ?

2. La commune doit lui retirer une bande de 4 m de large à cause du passage de l'autoroute.

a) Quelle la largeur de bande devrait-on lui proposer en échange sur le côté pour qu'il ne soit pas lésé ? On donnera la réponse en fonction de x, en notant x le côté du carré du terrain initial.

b) Application : on suppose que le terrain carré initial mesure 50 m de côté.

Problèmes

11 Avec l'ordinateur

★★ 20 min ➔ Corrigé p. 68

n désigne un entier naturel.

On considère les expressions :

$$M = n^2 + n \qquad \text{et} \qquad N = (n+1)^2 - (n+1).$$

1. Conjecture

a) Entrer les entiers de 0 à 50 dans la plage A1 : A51 d'un tableur.

Dans la cellule B1 entrer la formule : `= A1^2 + A1`.

Dans la cellule C1 taper : `= A1 + 1` et dans la cellule D1 : `= C1^2 - C1`.

b) Recopier la plage B1 : D1 jusqu'à la ligne 51.

Quelle relation peut-on conjecturer entre M et N ?

2. Démontrer la formule sur M et N que l'on vient de conjecturer.

12 Éoliennes

★★★ 20 min ➔ Corrigé p. 68

Lorsqu'elles sont poussées par un vent de vitesse v (en m/s), les pales d'une éolienne de rayon R (en m) fournissent une puissance électrique P (en W, watt) donnée par la formule : $P = 1{,}18 \times R^2 \times v^3$.

1. Une éolienne d'un diamètre de 40,334 m a été installée à La Cotinière (région du Sud-Ouest).

Avec un vent de 10 m/s, quelle puissance fournit-elle ? On arrondira au millier.

2. Une centrale atomique fournit une puissance électrique de 1 GW (10^9 watts).

Combien faudrait-il d'éoliennes pour remplacer cette centrale atomique ?

3. Pour augmenter la puissance d'une éolienne, on peut augmenter la longueur de ses pales.

Une éolienne de rayon R est remplacée par une éolienne dont les pales mesurent 2 m de plus.

a) Exprimer en fonction de R l'énergie supplémentaire fournie par cette éolienne avec un vent de 10 m/s.

b) Application

On remplace l'éolienne de La Cotinière par une éolienne de 44,334 m de diamètre.

Quelle est la puissance supplémentaire fournie par cette éolienne ? On arrondira à l'unité.

13 Boîte

★★ 10 min Corrigé p. 68

Soit x un nombre réel supérieur à 2.

Une boîte parallélépipédique a les dimensions suivantes (en cm) :

longueur : $x+3$, largeur : $x-2$, hauteur : x.

Pour quelle valeur de x l'aire totale des 6 faces est-elle égale à l'aire des faces d'un cube de côté x?

Exercices d'approfondissement

14 Cycliste

★★ 15 min Corrigé p. 69

Un cycliste parcourt les 25 km qui séparent un point A d'un point B en une heure. Il revient ensuite à son point de départ par la même route.

Combien de temps doit-il mettre au retour pour que sa vitesse moyenne sur son parcours (aller et retour) soit d'au moins 30 km/h ?

15 Inéquations

★★ 20 min Corrigé p. 69

1. Factoriser les expressions suivantes :

$A=(x+7)^2-36$; $B=4x^2+8x+4$; $C=(x+13)(x+1)-4(x+1)^2$.

2. Résoudre les inéquations : $A>0$; $B\leq 0$; $C\geq 0$.

16 Le nombre d'or

★★★ 30 min Corrigé p. 70

1. Le théâtre d'Épidaure

Dans le théâtre d'Épidaure, construit en Grèce au IVe siècle avant J.-C., on a cherché à éviter la monotonie en répartissant les gradins en deux blocs : l'un de 34 gradins, l'autre de 21.

Calculer, à 0,001 près, les rapports : $\dfrac{34}{21}$ et $\dfrac{34+21}{34}$.

Que remarque-t-on ?

2. Calcul du nombre d'or

Les Anciens ont cherché s'il existait des nombres réels a et b tels que :

$$\frac{a}{b}=\frac{a+b}{a}. \qquad (1)$$

a) Montrer qu'en posant $x=\frac{a}{b}$, l'équation (1) peut s'écrire :

$$x^2=x+1. \qquad (2)$$

b) Montrer que cette dernière équation peut aussi s'écrire sous la forme :

$$\left(x-\frac{1}{2}\right)^2-\frac{5}{4}=0.$$

c) Factoriser $\left(x-\frac{1}{2}\right)^2-\frac{5}{4}$ et résoudre l'équation (2).

Montrer en particulier qu'une des deux solutions est le réel $\varphi=\frac{1+\sqrt{5}}{2}$.

Ce nombre est appelé **le nombre d'or**.

d) Calculer la valeur décimale approchée par défaut à 0,01 près du nombre d'or.

e) Montrer que l'autre racine φ' de l'équation (2) vérifie : $\varphi'=-\frac{1}{\varphi}$.

3. Rectangle d'or

Un rectangle dont les côtés ℓ et L sont dans la proportion du nombre d'or, c'est-à-dire vérifient $\frac{L}{\ell}=\varphi$, s'appelle **un rectangle d'or**.

En 1876, le physiologiste allemand, Gustav Fechner observait que 75 % des personnes à qui on demandait de dessiner un rectangle le faisaient dans la proportion du nombre d'or.

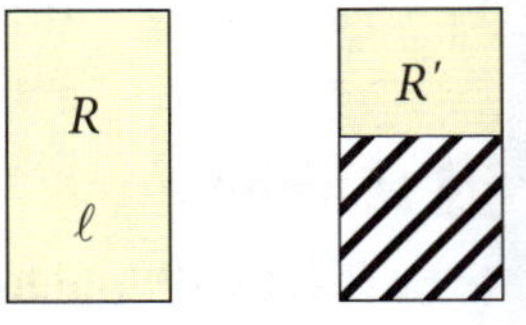

Soit R un rectangle d'or de largeur ℓ. On retire à ce rectangle un carré de côté ℓ (voir figure). Montrer que le rectangle restant R' est un rectangle d'or.

4. Construction d'un rectangle d'or

Tracer un triangle ABO rectangle en A et tel que $\mathrm{AO}=\frac{1}{2}\mathrm{AB}$.

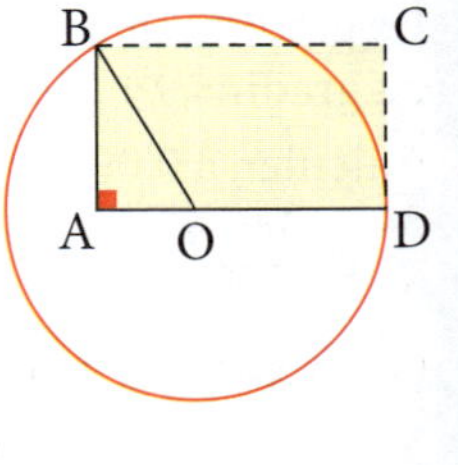

Le cercle de centre O et de rayon OB coupe la demi-droite $[\mathrm{AO})$ en D.

Compléter la figure pour que ABCD soit un rectangle.

Montrer que le rectangle ABCD est un rectangle d'or.

QCM et questions courtes

1 **1. a)** $A = 3\sqrt{175} = 3\sqrt{25\times 7} = 3\sqrt{25}\sqrt{7} = 3\times 5\times\sqrt{7} = 15\sqrt{7}$.

$B = 5\sqrt{63} = 5\sqrt{9\times 7} = 5\times 3\times\sqrt{7} = 15\sqrt{7}$: $\boxed{A = B.}$

b) $98 = 49\times 2$, donc $A = 5\times 7\sqrt{2} = 35\sqrt{2}$.

$50 = 25\times 2$, donc $B = 5\times 7\sqrt{2} = 35\sqrt{2}$: $\boxed{A = B.}$

c) $A^2 = 16^2\times 3 = 768$ et $B^2 = 7^2\times 15 = 738$. Deux réels **positifs** sont classés dans le même ordre que leurs carrés, donc . $\boxed{A > B}$

d) $98 = 49\times 2$ donc $\sqrt{98} = 7\sqrt{2}$ et $A = \dfrac{2\sqrt{3}}{\sqrt{98}} = \dfrac{2\sqrt{3}}{7\sqrt{2}} = \dfrac{\sqrt{2}\sqrt{3}}{7} = \dfrac{\sqrt{6}}{7}$. $\boxed{A = B.}$

$B = \dfrac{\sqrt{12}}{7\sqrt{2}} = \dfrac{\sqrt{4\times 3}}{7\sqrt{2}} = \dfrac{2\sqrt{3}}{7\sqrt{2}} = \dfrac{\sqrt{2}\sqrt{3}}{7} = \dfrac{\sqrt{6}}{7}$:

2. a) $A = \sqrt{2}\times\sqrt{6} = \sqrt{2}\times\sqrt{2}\times\sqrt{3} = 2\sqrt{3}$. $\boxed{A = 2\sqrt{3}.}$

$B = \sqrt{5}\times\sqrt{15} = \sqrt{5}\times\sqrt{5}\times\sqrt{3} = 5\sqrt{3}$. $\boxed{B = 5\sqrt{3}.}$

$C = \sqrt{7}\times\sqrt{21} = \sqrt{7}\times\sqrt{7}\times\sqrt{3} = 7\sqrt{3}$. $\boxed{C = 7\sqrt{3}.}$

b) $A = \sqrt{63} = \sqrt{9\times 7} = 3\sqrt{7}$: $\boxed{A = 3\sqrt{7}.}$

$B = \sqrt{300} = \sqrt{100\times 3} = 10\sqrt{3}$: $\boxed{B = 10\sqrt{3}.}$

$C = 5\sqrt{48} = 5\sqrt{16\times 3} = 5\times 4\sqrt{3}$: $\boxed{C = 20\sqrt{3}.}$

c) $A = \sqrt{343} = \sqrt{49\times 7}$: $\boxed{A = 7\sqrt{7}.}$

$B = 5\sqrt{112} = 5\sqrt{16\times 7} = 5\times 4\sqrt{7}$: $\boxed{B = 20\sqrt{7}.}$

$C = 10\sqrt{0{,}63} = 10\sqrt{10^{-2}\times 9\times 7}$: $\boxed{C = 3\sqrt{7}.}$

3. a) Faux → $\sqrt{0{,}9} = 3\sqrt{10^{-1}}$ alors que $0{,}3 = 3\times 10^{-1}$.

b) Faux → $\dfrac{\sqrt{36}}{2} = \sqrt{\dfrac{36}{4}} = \sqrt{9} = 3$ alors que $\sqrt{18} = \sqrt{9\times 2} = 3\sqrt{2}$.

c) Vrai → $3\sqrt{20} = \sqrt{9\times 20} = \sqrt{180}$.

d) Vrai → Car $7 = \sqrt{7}\times\sqrt{7}$.

e) Faux → $\sqrt{45} + \sqrt{20} - \sqrt{65} = 3\sqrt{5} + 2\sqrt{5} - \sqrt{13}\sqrt{5} = \left(5 - \sqrt{13}\right)\sqrt{5}$. Comme $5 - \sqrt{13}$ n'est pas nul, $\sqrt{45} + \sqrt{20} - \sqrt{65}$ ne l'est pas non plus.

f) Faux → $\sqrt{0{,}25} = 0{,}5$: la racine carrée de 0,25 est plus grande que 0,25. D'une façon générale tous les réels de l'intervalle $\left[0\,;1\right]$ sont inférieurs ou égaux à leur racine carrée.

g) Vrai → Il suffit de remplacer t par $\sqrt{5}-1$:

$$\left(\sqrt{5}-1\right)^2+2\left(\sqrt{5}-1\right)-4=5-2\sqrt{5}+1+2\sqrt{5}-2-4=0.$$

h) Vrai → $\dfrac{1}{2+\sqrt{3}}=\dfrac{2-\sqrt{3}}{\left(2+\sqrt{3}\right)\left(2-\sqrt{3}\right)}=\dfrac{2-\sqrt{3}}{4-3}=2-\sqrt{3}.$

4. a) Réponse **a.**

b) Réponse **c.**

c) Réponse **a.** $(n+1)^2+n^2+1=(n^2+2n+1)+n^2+1=2(n^2+n+1).$

d) Réponse **b.** ou **c.**

e) Réponse **c.** $\left(\sqrt{7}-\sqrt{5}\right)^2=12-2\sqrt{35}$. Si $12-2\sqrt{35}$ était un nombre rationnel on l'écrirait sous la forme : $12-2\sqrt{35}=\dfrac{p}{q}$ où p et q sont deux entiers, ce qui donnerait :

$\sqrt{35}=\dfrac{1}{2}\left(12-\dfrac{p}{q}\right)$ et donc $\sqrt{35}$ serait un rationnel ce qui est faux puisque 35 n'est pas un carré parfait. Donc $\left(\sqrt{7}-\sqrt{5}\right)^2$ n'est pas un rationnel, et donc a fortiori pas un entier.

f) Réponse **a.** Lorsque a est négatif, alors $\sqrt{a^2}=-a$. C'est bien le cas ici : $\sqrt{2}-3<0$, donc $\sqrt{\left(\sqrt{2}-3\right)^2}=3-\sqrt{2}.$

g) Réponse **b.**

h) Réponse **a.** et donc **b.** (un entier est un rationnel).

$$\frac{7}{\sqrt{5}-2}-\frac{7}{\sqrt{5}+2}=\frac{7\left(\sqrt{5}+2\right)-7\left(\sqrt{5}-2\right)}{\left(\sqrt{5}-2\right)\left(\sqrt{5}+2\right)}=28.$$

i) Réponse **b.**

j) Réponse **c.** On voit bien que les termes en x^2 s'éliminent, donc il ne reste que la **c.**

k) Réponse **b.**

2 **1.** On obtient : $2^{100}=1{,}2676506\times10^{30}$: notation scientifique.

Pour 2^{500} on obtient : ERROR. Le nombre est trop grand, il dépasse la capacité de la machine. Pour se représenter ce nombre, on peut partir de $2^{10}=1024\approx10^3$. Alors $2^{500}=\left(2^{10}\right)^{50}\approx\left(10^3\right)^{50}=10^{150}$: 2^{500} est de l'ordre de grandeur du nombre composé d'un 1 suivi de 150 zéros.

2. C'est 2^{332} ; 2^{333} affiche ERROR.

3. On obtient : $2^{-328}\approx1{,}828779826\times10^{-99}$, et à partir de $a=329$ on obtient $2^{-a}=0$.

Remarque
Ne pas se précipiter sur la quantité conjuguée pour réduire une expression.

CORRIGÉS

3 $a=\dfrac{2\sqrt{2}+6}{\sqrt{2}+3}=\dfrac{2\left(\sqrt{2}+3\right)}{\sqrt{2}+3}$: $\boxed{a=2.}$

$b=\dfrac{1-\sqrt{2}}{\sqrt{2}-1}=\dfrac{-\left(\sqrt{2}-1\right)}{\sqrt{2}-1}$: $\boxed{b=-1.}$

$c=\dfrac{\sqrt{6}+\sqrt{2}}{\sqrt{2}}=\dfrac{\sqrt{2}\left(\sqrt{3}+1\right)}{\sqrt{2}}$: $\boxed{c=\sqrt{3}+1.}$

4 **a)** $-\sqrt{3}$ est un nombre strictement négatif. Comme un carré est toujours positif ou nul, l'équation $x^2=-\sqrt{3}$ n'a pas de solution. On écrit : $\boxed{S=\varnothing}$.

b) $x^2\sqrt{13}=\sqrt{65}$ est équivalent à $x^2=\sqrt{5}$, car $\sqrt{65}=\sqrt{13\times5}=\sqrt{13}\times\sqrt{5}$.

$\sqrt{5}$ étant strictement positif, l'équation a deux solutions : $\sqrt{\sqrt{5}}$ et $-\sqrt{\sqrt{5}}$, ce qu'on écrit :

$$\boxed{S=\left\{\sqrt{\sqrt{5}}\;;-\sqrt{\sqrt{5}}\right\}}$$

5 **1. a)** $A^2=\left(2+\sqrt{3}\right)^2=4+4\sqrt{3}+3=7+4\sqrt{3}$; $B^2=\left(\sqrt{7+4\sqrt{3}}\right)^2=7+4\sqrt{3}$.

b) Les deux nombres sont positifs et ont même carré : ils sont donc égaux : $\boxed{A=B}$.

2. a) $A^2=\left(1-2\sqrt{2}\right)^2=1-4\sqrt{2}+8=9-4\sqrt{2}$; $B^2=\left(\sqrt{9-4\sqrt{2}}\right)^2=9-4\sqrt{2}$.

b) Ici encore : $A^2=B^2$, mais cette fois on a $A<0$ et $B>0$, donc $\boxed{A=-B}$.

3. • On a certainement $\sqrt{2}\neq0$, donc $1-\sqrt{2}\neq1+\sqrt{2}$, donc $\dfrac{1-\sqrt{2}}{1+\sqrt{2}}\neq1$.

• La quantité conjuguée permet d'écrire :

$$\frac{1-\sqrt{2}}{1+\sqrt{2}}=\frac{\left(1-\sqrt{2}\right)^2}{\left(1+\sqrt{2}\right)\left(1-\sqrt{2}\right)}=\frac{\left(1-\sqrt{2}\right)^2}{1-2}=-\left(1-\sqrt{2}\right)^2.$$

• De plus : $\left(1-\sqrt{2}\right)^2=1-2\sqrt{2}+2=3-2\sqrt{2}$, donc $\dfrac{1-\sqrt{2}}{1+\sqrt{2}}=-3+2\sqrt{2}$.

• Soit x un réel ; $x=x^2$ si et seulement si $x-x^2=0$, c'est-à-dire $x\left(1-x\right)=0$, donc seulement si $x=0$ ou $x=1$. Or $\dfrac{1-\sqrt{2}}{1+\sqrt{2}}\neq0$ (car $\sqrt{2}\neq1$) et $\dfrac{1-\sqrt{2}}{1+\sqrt{2}}\neq1$ (vu précédemment), donc $\dfrac{1-\sqrt{2}}{1+\sqrt{2}}\neq\dfrac{\left(1-\sqrt{2}\right)^2}{\left(1+\sqrt{2}\right)^2}$.

• Si on avait $\frac{1-\sqrt{2}}{1+\sqrt{2}}=-\sqrt{2}$, on aurait $-3+2\sqrt{2}=-\sqrt{2}$, soit $-3=\sqrt{2}$, ce qui n'est pas, donc $\frac{1-\sqrt{2}}{1+\sqrt{2}}\neq-\sqrt{2}$.

Conclusion : les seules égalités avec les nombres du tableau sont

$$\frac{1-\sqrt{2}}{1+\sqrt{2}}=-\left(1-\sqrt{2}\right)^2=-3+2\sqrt{2}.$$

Exercices d'entraînement

6 Gabriel a obtenu :

$$\frac{\sqrt{7}+\sqrt{5}}{\sqrt{7}-\sqrt{5}}+\frac{\sqrt{7}-\sqrt{5}}{\sqrt{7}+\sqrt{5}}=\frac{\left(\sqrt{7}+\sqrt{5}\right)^2+\left(\sqrt{7}-\sqrt{5}\right)^2}{7-5}$$

$$=\frac{\left(7+2\sqrt{35}+5\right)+\left(7-2\sqrt{35}+5\right)}{2}=\frac{24}{2}=12.$$

Charlotte a obtenu : $\frac{\sqrt{10}+\sqrt{5}}{\sqrt{10}-\sqrt{5}}+\frac{\sqrt{10}-\sqrt{5}}{\sqrt{10}+\sqrt{5}}=\frac{\left(\sqrt{10}+\sqrt{5}\right)^2+\left(\sqrt{10}-\sqrt{5}\right)^2}{10-5}=\frac{30}{5}=6.$

Conclusion : Gabriel a eu la meilleure note.

7 **1.** $A=\left(2x+\sqrt{2}\right)^2$.
$A=0$ si et seulement si $2x+\sqrt{2}=0$, donc si et seulement si $x=-\frac{\sqrt{2}}{2}$: $S=\left\{-\frac{\sqrt{2}}{2}\right\}$.
2. $B=x^2-5=\left(x-\sqrt{5}\right)\left(x+\sqrt{5}\right)$.

$B=0$ si et seulement si $x-\sqrt{5}=0$ ou $x+\sqrt{5}=0$ donc si et seulement si $x=\sqrt{5}$ ou $x=-\sqrt{5}$: $S=\left\{-\sqrt{5}\ ;\sqrt{5}\right\}$.

8 **1.** Si $\sqrt{2}=\frac{a}{b}$ alors $a=b\sqrt{2}$ et en élevant au carré les deux membres : $a^2=2b^2$.
2. Soit n un entier impair : il existe donc un entier k tel que $n=2k+1$. On obtient alors : $n^2=\left(2k+1\right)^2=4k^2+4k+1=2\left(2k^2+2k\right)+1=2k'+1$ en posant $k'=\left(2k^2+2k\right)$. Le nombre k' est un entier et $n^2=2k'+1$, donc n^2 est impair :

Le carré d'un nombre impair est un nombre impair.

On a ici $a^2=2b^2$, donc a^2 est pair. Si a était impair, a^2 serait impair. **Donc *a* est pair.**

3. On a $a=2k$ donc $a^2=4k^2$ et l'égalité $a^2=2b^2$ devient : $4k^2=2b^2$. On simplifie alors par 2 et on obtient : $b^2=2k^2$.

b^2 est donc un nombre pair et selon le même raisonnement que pour a, **b est un entier pair**.

4. Selon la question **2.** a est pair et selon la **3.** b est pair aussi. Donc a et b sont tous deux divisibles par 2. **C'est impossible puisque que a et b sont premiers entre eux.** Il y a contradiction, donc l'hypothèse de départ ($\sqrt{2}$ est un nombre rationnel) est fausse.

Conclusion : $\sqrt{2}$ est un irrationnel.

9 **1. a)** Le principe est d'utiliser (mentalement) l'une des trois identités remarquables. Par exemple avec $a=100$ et $b=2$, l'identité : $(a-b)^2=a^2-2ab+b^2$ donne : $98^2=10000-400+4=9604$: $\boxed{98^2=9604.}$

b) $52\times 48=(50-2)(50+2)=50^2-2^2=2500-4$: $\boxed{52\times 48=2496.}$

c) $501^2=250000+2\times 500+1$: $\boxed{501^2=251001.}$

d) $98\times 102=100^2-2^2$: $\boxed{98\times 102=9996.}$

2. $(2x+1)^2-(2x-1)^2=(4x)\times(2)=8x$.

Avec $x=100000$: $\boxed{200001^2-199999^2=800000.}$

3. $x^2-(x+1)(x-1)=x^2-(x^2-1)=1$.

Avec $x=1234567$: $\boxed{1234567^2-1234568\times 1234566=1.}$

4. a) $N=(7x+3)^2-(7x-3)^2=[(7x+3)-(7x-3)][(7x+3)+(7x-3)]$
$=6(14x)$: $\boxed{N=84x.}$

b) Avec $x=10$: $\boxed{73^2-67^2=840.}$

c) [BC] est l'hypoténuse du triangle ABC, [AB] et [BC] les deux côtés de l'angle droit. Donc $AB^2=BC^2-AC^2$: $AB^2=(7x+3)^2-(7x-3)^2=84x$.

Avec $x=21$: $AB^2=84\times 21=(21\times 4)\times 21$ et $AB=\sqrt{21^2\times 2^2}=21\times 2$: $\boxed{AB=42.}$

10 **1.** Soit x le côté du carré représentant le terrain de Jean. La bande de terrain pris par la commune est un rectangle de largeur 4 m sur tout le côté du carré. La surface de cette bande est donc $S=4x$ m². La bande de terrain que propose la commune en échange fait également 4 m de large mais sur une longueur de $(x-4)$ m. La surface de cette bande est donc $S'=4(x-4)=4x-16=(S-16)$ m². Elle fait donc 16 m² de moins que celle que celle qu'on lui retire.

Jean a donc de bonnes raisons de se méfier : dans l'échange, il perd 16 m².

2. a) Soit y la largeur de la bande que doit lui proposer la commune pour qu'il ne soit pas lésé. Cette bande de terrain est donc un rectangle de largeur y et de longueur $x-4$.

Sa surface est donc $S" = y(x-4)$ m². La condition pour que Jean ne soit pas lésé est : $S = S"$, soit $4x = y(x-4)$. On suppose ici que le côté du terrain de Jean fait plus de 4 m ($x - 4 > 0$), on obtient alors : $y = \dfrac{4x}{x-4}$:

Conclusion. La largeur de la bande que doit proposer la commune pour que Jean ne soit pas lésé doit mesurer $\dfrac{4x}{x-4}$ m de large.

b) Si $x = 50$, $\dfrac{4x}{x-4} = 4{,}35$ à 10^{-2} près :

La bande de terrain donnée par la commune doit faire 4,35 m de large.

11 **1. a)** et **b)** Dans la plage B1 : B50 on entre les valeurs de M pour n compris entre 0 et 50.

Dans la plage C1 : C50 on entre les valeurs de $n+1$ et dans la plage D1 : D50 on entre les valeurs de N, pour n compris entre 0 et 50.

On constate que les deux colonnes B1 : B50 et D1 : D50 sont égales.

On peut donc conjecturer que $M = N$.

2. $N = (n+1)^2 - (n+1) = (n^2 + 2n + 1) - (n+1) = n^2 + n = M$: $\boxed{M = N.}$

12 **1.** Ici $D = 40{,}334$, donc $R = \dfrac{D}{2} = 20{,}167$ et $P = 1{,}18 \times 20{,}167^2 \times 10^3 = 479915$:

$\boxed{P = 480000\,W}$ (arrondi au millier).

2. $\dfrac{10^9}{480\,000} = 2083{,}33$: **il faut 2084 éoliennes pour remplacer une centrale atomique.**

3. a) Soit $R' = R + 2$ le rayon des pales de la nouvelle éolienne et P' la puissance fournie par cette éolienne avec un vent de 10 m/s.

$P' = 1{,}18 \times R'^2 \times 10^3 = 1180 \times (R+2)^2 = 1180 \times (R^2 + 4R + 4) = 1180R^2 + 4720(R+1)$

Or $P = 1{,}18 \times R^2 \times 10^3 = 1180R^2$.

Conclusion.

L'énergie supplémentaire est : $P' - P = 4\ 720 \times (R+1)$.

b) Le diamètre a été augmenté de 4 m, donc le rayon de 2 m. Ici $R = 20{,}167$, donc $P' - P = 4\ 720 \times 20{,}167 = 95\ 188{,}24$.

La nouvelle éolienne fournit 95 188 W de plus.

13 Sur les six faces de cette boîte :

– deux ont pour aire $A_1 = (x+3)(x-2) = x^2 + x - 6$;

– deux ont pour aire $A_2 = (x+3)x = x^2 + 3x$;

– et deux ont pour aire $A_3 = x(x-2) = x^2 - 2x$.

L'aire totale des faces de la boîte est : $A = 2(A_1 + A_2 + A_3)$, donc :

$$A = 2\left[\left(x^2 + x - 6\right) + (x^2 + 3x) + (x^2 - 2x)\right] = 2\left(3x^2 + 2x - 6\right) = 6x^2 + 4x - 12.$$

Chacune des faces d'un cube de côté x a pour surface x^2 donc l'aire totale des faces de ce cube est $A' = 6x^2$.

On a donc $A = A'$ si et seulement si $6x^2 + 4x - 12 = 6x^2$ c'est-à-dire si et seulement si $4x - 12 = 0$, donc si et seulement si $x = \dfrac{12}{4}$.

L'aire des 6 faces de la boîte est égale à l'aire des 6 faces du cube pour $x = 3$.

Exercices d'approfondissement

14 Soit t le temps (en heures) que met le cycliste au retour. Sur l'ensemble du parcours A→B→A le cycliste aura parcouru 50 km en un temps $t+1$ (1 h à l'aller et t au retour). Sa vitesse sera donc : $V = \dfrac{50}{t+1}$.

On aura donc $V \geq 30$ si et seulement si $\dfrac{50}{t+1} \geq 30$, c'est-à-dire si et seulement si $t + 1 \leq \dfrac{50}{30}$ donc si et seulement si $t \leq \dfrac{5}{3} - 1$ ou encore $t \leq \dfrac{2}{3}$.

Or $\dfrac{1}{3}$ d'heure représente 20 mn, donc :

Le cycliste ne doit pas mettre plus de 40 minutes au retour.

15 **1.** • $A = (x+7)^2 - 36 = (x+7-6)(x+7+6) = (x+1)(x+13)$.

• $B = 4x^2 + 8x + 4 = (2x+2)^2 = \left(2(x+1)\right)^2 = 4(x+1)^2$.

• $C = (x+13)(x+1) - 4(x+1)^2 = (x+1)\left[(x+13) - 4(x+1)\right]$
$= (x+1)(x+13-4x-4) = (x+1)(-3x+9) = -3(x+1)(x-3)$.

2. • Résoudre l'inéquation $A > 0$ revient à connaître le signe de A. Or A est le produit de deux facteurs : $x+1$ et $x+13$. Pour connaître le signe de A il faut commencer par déterminer le signe de chacun des deux facteurs :

$x + 1 > 0$ si et seulement si $x > -1$.

$x + 13 > 0$ si et seulement si $x > -13$.

On fait alors un tableau dans lequel on indique le signe de $x+1$, celui de $x+13$ et qui permet d'en déduire celui de A. Un tel tableau s'appelle **un tableau de signes** :

x	$-\infty$		-13		-1		$+\infty$
$x+13$		$-$	0	$+$	|	$+$	
$x+1$		$-$	|	$-$	0	$+$	
A		$+$	0	$-$	0	$+$	

Remarque
Le signe de A s'obtient grâce à la règle des signes : si les deux facteurs sont de même signe, le produit est positif, …

On voit grâce à ce tableau que :

$$A>0 \textbf{ si et seulement si } x\in\left]-\infty;-13\right[\cup\left]-1;+\infty\right[.$$

● $(x+1)^2$ est un carré donc $B=4(x+1)^2$ est toujours positif ou nul. Donc l'inégalité $B\leq 0$ ne peut se produire que si $B=0$.
Or $B=0$ si et seulement si $x+1=0$ donc si et seulement si $x=-1$:

$$B\leq 0 \textbf{ si et seulement si } x=-1.$$

● $C=-3(x+1)(x-3)$: le signe de C se déduit simplement des signes de -3, $x+1$ et $x-3$.
Or : $x+1\geq 0$ si et seulement si $x\geq -1$ et $x-3\geq 0$ si et seulement si $x\geq 3$.
D'où le tableau de signes :

x	$-\infty$		-1		3		$+\infty$
$x+1$		$-$	0	$+$	|	$+$	
$x-3$		$-$	|	$-$	0	$+$	
-3		$-$	|	$-$	|	$-$	
A		$-$	0	$+$	0	$-$	

On voit grâce à ce tableau que l'on a :

$$C\geq 0 \textbf{ si et seulement si } x\in[-1;3].$$

16 **1.** $\boxed{\frac{34}{21}=1{,}619}$; $\boxed{\frac{34+21}{34}=1{,}618}$ à 0,001 près.

On remarque que ces deux rapports sont presque égaux.

2. a) L'égalité $\frac{a}{b}=\frac{a+b}{a}$ s'écrit aussi : $\frac{a}{b}=1+\frac{b}{a}$. Si l'on pose $x=\frac{a}{b}$ alors $\frac{b}{a}=\frac{1}{x}$ et l'égalité devient : $x=1+\frac{1}{x}$ ou encore : $x=\frac{x+1}{x}$ et, en multipliant les deux membres de cette égalité par x : $\boxed{x^2=x+1}$.

b) On a $x^2 = x+1$ si et seulement si : $x^2 - x - 1 = 0$.

Par ailleurs $\left(x-\frac{1}{2}\right)^2 = x^2 - x + \frac{1}{4}$ ce qui permet d'écrire : $x^2 - x = \left(x-\frac{1}{2}\right)^2 - \frac{1}{4}$.

Il en résulte que l'équation (2) est équivalente à : $\left(x-\frac{1}{2}\right)^2 - \frac{1}{4} - 1 = 0$:

L'équation $x^2 = x+1$ peut s'écrire sous la forme : $\left(x-\frac{1}{2}\right)^2 - \frac{5}{4} = 0$.

c) $\left(x-\frac{1}{2}\right)^2 - \frac{5}{4} = \left(x-\frac{1}{2}-\frac{\sqrt{5}}{2}\right)\left(x-\frac{1}{2}+\frac{\sqrt{5}}{2}\right) = \left(x-\frac{1+\sqrt{5}}{2}\right)\left(x-\frac{1-\sqrt{5}}{2}\right)$.

Un produit de facteurs est nul si et seulement si l'un des facteurs est nul, donc les solutions de l'équation (2) sont : $\varphi = \frac{1+\sqrt{5}}{2}$ et $\varphi' = \frac{1-\sqrt{5}}{2}$.

d) On trouve : $\boxed{\varphi = 1{,}62}$ à 0,01 près.

e) $\varphi\varphi' = \left(\frac{1+\sqrt{5}}{2}\right)\left(\frac{1-\sqrt{5}}{2}\right) = \frac{1-5}{4} = -1$, donc $\boxed{\varphi' = -\frac{1}{\varphi}}$.

3. Le rectangle R' a pour longueur $L' = l$ et pour largeur $l' = L - l$.

$\frac{L'}{\ell'} = \frac{\ell}{L-\ell} = \frac{\ell}{l\left(\frac{L}{\ell}-1\right)} = \frac{1}{\varphi - 1}$ puisque $\frac{L}{\ell} = \varphi$.

Mais φ est solution de (2) donc vérifie : $\varphi^2 = \varphi + 1$, ou encore $\varphi^2 - \varphi = 1$, c'est-à-dire $\varphi(\varphi - 1) = 1$. Donc on a : $\varphi = \frac{1}{\varphi - 1}$, et donc, effectivement : $\frac{L'}{l'} = \varphi$:

Le rectangle *R'* est un rectangle d'or.

4. Posons $L = \text{AD}$, $\ell = \text{AB}$ et $R = \text{OB} = \text{OD}$. Il s'agit de montrer $\frac{L}{\ell} = \varphi$.

Le triangle ABO est rectangle en A donc $\text{OB}^2 = \text{AB}^2 + \text{AO}^2$. Mais $\text{AO} = \frac{1}{2}\text{AB}$, donc

$\text{OB}^2 = \text{AB}^2 + \frac{1}{4}\text{AB}^2 = \frac{5}{4}\text{AB}^2 = \frac{5}{4}\ell^2$. Et $R = \text{OB} = \text{OD} = \frac{\sqrt{5}}{2}\ell$.

Il en résulte : $L = \text{AO} + \text{OD} = \frac{1}{2}\text{AB} + \frac{\sqrt{5}}{2}\ell = \frac{1}{2}\ell + \frac{\sqrt{5}}{2}\ell = \frac{1+\sqrt{5}}{2}\ell = \varphi\ell$.

Et donc : $\frac{L}{\ell} = \varphi$:

Le rectangle *ABCD* est un rectangle d'or.

CHAPITRE 4

Vecteurs du plan

COMPÉTENCES EXIGIBLES

- Représenter des vecteurs, la somme de deux vecteurs ; produit d'un vecteur par un nombre réel.
- Calculer les coordonnées d'un vecteur, du milieu d'un segment.
- Calculer la distance entre deux points.
- Démontrer l'alignement de points et le parallélisme de droites.

COURS

1 Translation

1 Définition

Soit A et B deux points du plan, on appelle **translation** qui transforme A en B, l'application qui à tout point M du plan associe un point M′ du plan, et un seul, appelé image de M telle que les segments [AM′] et [BM] aient le même milieu.

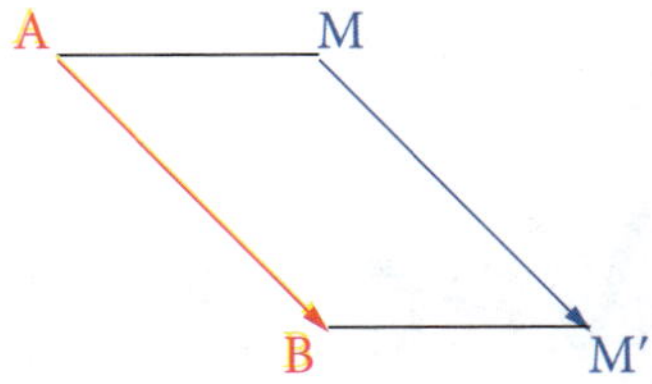

2 Remarques

- Si A = B alors la translation transforme tout point M du plan en lui-même.
- Si A, B et M sont trois points non alignés, le quadrilatère AMM′B est un parallélogramme.
- Si A, B et M sont trois points alignés, le quadrilatère AMM′B est un parallélogramme aplati.

2 Vecteur

La translation qui transforme A en B est appelée la translation de vecteur $\overrightarrow{AB}$.

- Soit A et B deux points distincts du plan.

Le vecteur $\overrightarrow{AB}$ associé à la translation qui transforme A en B est caractérisé par :
- sa direction : celle de la droite (AB) ;
- son sens : de A vers B;
- sa longueur : AB, appelée norme du vecteur $\overrightarrow{AB}$ et notée $\|\overrightarrow{AB}\|$.

Le point A est **l'origine** du vecteur $\overrightarrow{AB}$ et B son **extrémité.**

- Si les points A et B sont confondus, le vecteur $\overrightarrow{AA}$ associé à la translation qui transforme A en A est appelé le **vecteur nul.** Il est **noté $\vec{0}$**. La translation de vecteur nul transforme tout point M du plan en lui-même.
- Le vecteur nul n'a ni direction, ni sens. Sa longueur est 0, on a $\|\vec{0}\| = 0$.

- **Vecteurs égaux**

Deux vecteurs non nuls sont égaux lorsqu'ils ont même direction, même sens et même norme (longueur). Ainsi $\overrightarrow{AB} = \overrightarrow{CD}$ si et seulement si
- $(AB)//(CD)$;
- $\overrightarrow{AB}$ et $\overrightarrow{CD}$ ont même sens ;
- AB = CD.

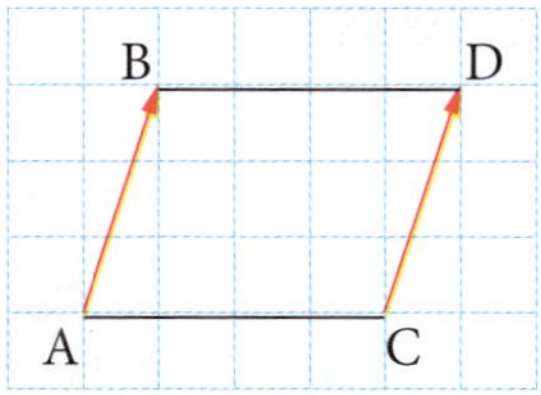

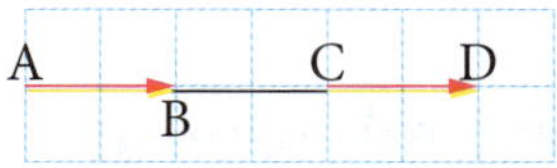

On dit alors que $\overrightarrow{AB}$ **et** $\overrightarrow{CD}$ **sont deux représentants d'un même vecteur** $\vec{u}$. On note $\vec{u} = \overrightarrow{AB} = \overrightarrow{CD}$. Un vecteur $\vec{u}$ a une infinité de représentants.

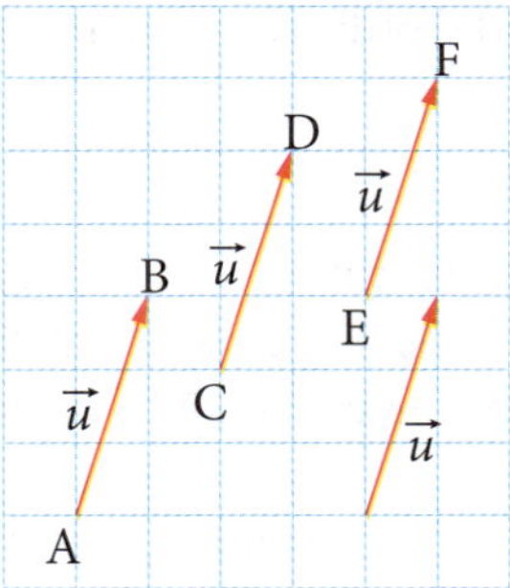

- Soient O un point du plan et $\vec{u}$ un vecteur. Il existe un unique point M tel que $\vec{u} = \overrightarrow{OM}$.

En particulier : si $\vec{u} = \overrightarrow{AB}$ alors M est le point tel que OABM soit un parallélogramme.

- **Opposé d'un vecteur**

Soient A et B deux points du plan. L'opposé du vecteur $\overrightarrow{AB}$, noté $-\overrightarrow{AB}$, est le vecteur associé à la translation qui transforme B en A.

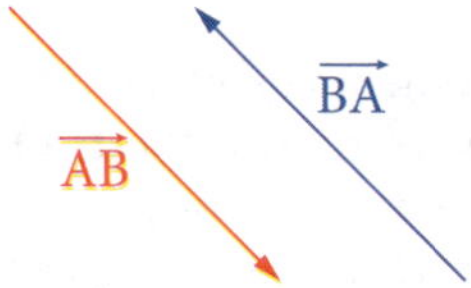

- **Remarques**

• Si le vecteur $\overrightarrow{AB}$ n'est pas le vecteur nul, les vecteurs $\overrightarrow{AB}$ et $\overrightarrow{BA}$ ont la même direction et la même norme mais sont de sens contraires.
• L'opposé du vecteur nul est le vecteur nul.
• Si un vecteur est noté $\vec{u}$ son opposé est noté $-\vec{u}$.

COURS

3 Somme et différence de vecteurs

1 Somme de vecteurs

Quels que soient les vecteurs $\vec{u}$ et $\vec{v}$, la somme des vecteurs $\vec{u}$ et $\vec{v}$ est le vecteur associé à la translation résultant de l'enchaînement des translations de vecteur $\vec{u}$ et de vecteur $\vec{v}$. On note $\vec{u}+\vec{v}$ ce vecteur.

2 Remarque

Le résultat est indépendant de l'ordre des vecteurs présents dans la somme donc $\vec{u}+\vec{v}=\vec{v}+\vec{u}$.

3 Construction 1

Pour construire géométriquement la somme de deux vecteurs $\vec{u}$ et $\vec{v}$, on construit un représentant quelconque par exemple $\overrightarrow{AB}$ du vecteur $\vec{u}$, puis en choisissant B comme origine, on construit l'unique représentant du vecteur $\vec{v}$ d'origine B, soit $\vec{v}=\overrightarrow{BC}$.

Dans ces conditions le vecteur $\overrightarrow{AC}$ est un représentant du vecteur $\vec{u}+\vec{v}$.

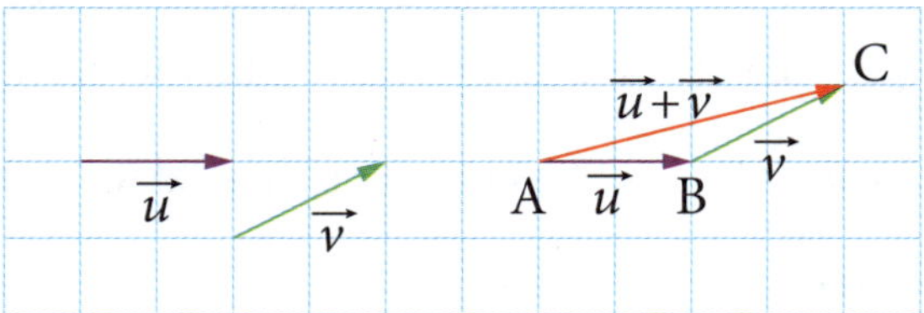

4 Construction 2

Pour construire géométriquement la somme de deux vecteurs $\vec{u}$ et $\vec{v}$, on choisit deux représentants $\overrightarrow{OA}$ et $\overrightarrow{OB}$ des deux vecteurs $\vec{u}$ et $\vec{v}$ de même origine O. Le vecteur $\overrightarrow{OC}$ où C est le 4e sommet du parallélogramme OACB est un représentant du vecteur $\vec{u}+\vec{v}$.

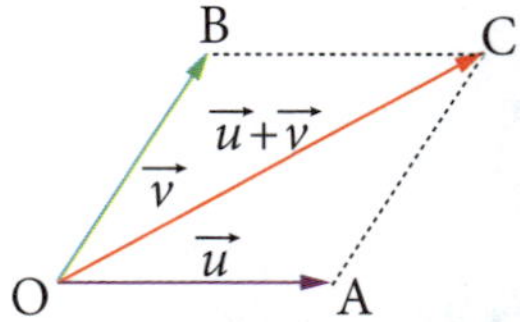

5 Relation de Chasles

Quels que soient les points A, B et C du plan :

$\overrightarrow{AB}+\overrightarrow{BC}=\overrightarrow{AC}$.

Quels que soient les points A et B, d'après la relation de Chasles :

$\overrightarrow{AB}+(-\overrightarrow{AB})=\overrightarrow{AB}+\overrightarrow{BA}=\overrightarrow{AA}=\vec{0}$.

6 Différence de deux vecteurs

La différence des vecteurs $\vec{u}$ et $\vec{v}$ est le vecteur noté $\vec{u}-\vec{v}$ défini par : $\vec{u}-\vec{v}=\vec{u}+\left(-\vec{v}\right)$.

7 Propriétés

Quels que soient les vecteurs $\vec{u}$, $\vec{v}$ et $\vec{w}$ du plan,
$\vec{u}+\vec{v}=\vec{v}+\vec{u}$;
$\vec{u}+\left(\vec{v}+\vec{w}\right)=\left(\vec{u}+\vec{v}\right)+\vec{w}$;
$\vec{u}+\vec{0}=\vec{0}+\vec{u}=\vec{u}$;
et $\vec{u}+\left(-\vec{u}\right)=\vec{0}$.

4 Produit d'un vecteur par un réel, colinéarité

1 Produit d'un vecteur par un réel

Soit k un réel non nul et $\vec{u}$ un vecteur non nul du plan, alors le vecteur $k\vec{u}$ est le vecteur ayant :
- même direction que $\vec{u}$;
- même sens que $\vec{u}$ si $k>0$, de sens contraire si $k<0$;
- pour norme $\|k\vec{u}\|=|k|\times\|\vec{u}\|$.

Si $k=0$ ou $\vec{u}=\vec{0}$ alors $k\vec{u}=\vec{0}$.

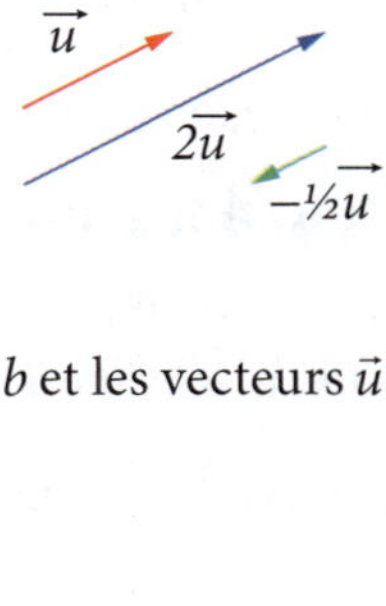

- **Propriétés**

Quels que soient les réels a et b et les vecteurs $\vec{u}$ et $\vec{v}$, on a :
- $\left(a+b\right)\vec{u}=a\vec{u}+b\vec{u}$;
- $a\left(\vec{u}+\vec{v}\right)=a\vec{u}+a\vec{v}$;
- $a\left(b\vec{u}\right)=\left(ab\right)\vec{u}$;
- $a\vec{u}=\vec{0}$ si et seulement si $a=0$ ou $\vec{u}=\vec{0}$.

2 Colinéarité

On dit que deux vecteurs non nuls du plan **sont colinéaires s'ils ont la même direction**. Par convention le vecteur nul est colinéaire à tous les vecteurs du plan.

- **Propriétés**

• Deux vecteurs non nuls $\vec{u}$ et $\vec{v}$ sont colinéaires si et seulement si il existe un réel k tel que $\vec{u} = k\vec{v}$.
• Trois points A, B et C sont alignés si et seulement si les vecteurs $\overrightarrow{AB}$ et $\overrightarrow{AC}$ sont colinéaires.
• Deux droites (AB) et (CD) sont parallèles si et seulement si les vecteurs $\overrightarrow{AB}$ et $\overrightarrow{CD}$ sont colinéaires et non nuls.

3 Milieu d'un segment

Soient A et B deux points du plan, le point I est le milieu du segment $[AB]$ si et seulement si $\overrightarrow{AI} = \frac{1}{2}\overrightarrow{AB}$ ou encore si $\overrightarrow{IA} + \overrightarrow{IB} = \vec{0}$.

5 Coordonnées d'un vecteur

1 Base des vecteurs du plan

On dit que deux vecteurs $\vec{i}$ et $\vec{j}$ forment une base de l'ensemble des vecteurs du plan s'ils ne sont pas colinéaires.

- **Propriétés**

• Les deux bases $(\vec{i}, \vec{j})$ et $(\vec{j}, \vec{i})$ sont distinctes.
• Si $\|\vec{i}\| = \|\vec{j}\| = 1$ on dit que la base est normée.
• Si les vecteurs $\vec{i}$ et $\vec{j}$ ont des directions orthogonales on dit que la base est orthogonale.
• Si la base est normée et orthogonale, on dit que la base est orthonormée.

2 Coordonnées d'un vecteur dans une base donnée

Soit $(\vec{i}, \vec{j})$ une base des vecteurs du plan. Quel que soit le vecteur $\vec{u}$ du plan, il existe un unique couple de réels (x, y) tels que $\vec{u} = x\vec{i} + y\vec{j}$. Ce couple forme les coordonnées du vecteur $\vec{u}$ dans la base $(\vec{i}, \vec{j})$. On note $\vec{u}\begin{pmatrix} x \\ y \end{pmatrix}$ et on lit « $\vec{u}$ a pour coordonnées x et y ».
Le réel x s'appelle l'abscisse du vecteur $\vec{u}$ et y l'ordonnée du vecteur $\vec{u}$.
Le vecteur nul a, dans toute base des vecteurs du plan, pour coordonnées, $\vec{0}\begin{pmatrix} 0 \\ 0 \end{pmatrix}$.

- **Propriétés**

Soit $(\vec{i}, \vec{j})$ une base des vecteurs du plan, quels que soient les vecteurs $\vec{u}$ et $\vec{v}$ de coordonnées respectives $\vec{u}\begin{pmatrix} x \\ y \end{pmatrix}$ et $\vec{v}\begin{pmatrix} x' \\ y' \end{pmatrix}$ dans la base $(\vec{i}, \vec{j})$:

• $\vec{u} = \vec{v}$ si et seulement si $\begin{cases} x = x' \\ y = y' \end{cases}$.

• Le vecteur $\vec{u} + \vec{v}$ a pour coordonnées $\begin{pmatrix} x + x' \\ y + y' \end{pmatrix}$ dans la base $(\vec{i}, \vec{j})$.

• Pour tout réel k, le vecteur $k\vec{u}$ a pour coordonnées $\begin{pmatrix} kx \\ ky \end{pmatrix}$ dans la base $(\vec{i}, \vec{j})$.

• Si la base $(\vec{i}, \vec{j})$ est une base orthonormée, alors $\|\vec{u}\| = \sqrt{x^2 + y^2}$.

COURS

3 Déterminant de deux vecteurs

Soit $(\vec{i}, \vec{j})$ une base des vecteurs du plan, soient $\vec{u}$ et $\vec{v}$ deux vecteurs de coordonnées respectives $\vec{u}\begin{pmatrix} x \\ y \end{pmatrix}$ et $\vec{v}\begin{pmatrix} x' \\ y' \end{pmatrix}$, on appelle déterminant des vecteurs $\vec{u}$ et $\vec{v}$ le réel $\det(\vec{u}, \vec{v}) = xy' - x'y$.

• Notation.

$\det(\vec{u}, \vec{v})$ s'écrit aussi $\begin{vmatrix} x & x' \\ y & y' \end{vmatrix}$, ainsi on a $\det(\vec{u}, \vec{v}) = \begin{vmatrix} x & x' \\ y & y' \end{vmatrix} = xy' - x'y$.

• Propriétés

• Deux vecteurs sont colinéaires si et seulement si leur déterminant est nul

• Trois points A, B et C sont alignés si et seulement si $\det(\overrightarrow{AB}, \overrightarrow{AC}) = 0$.

6 Coordonnées d'un point

1 Repère du plan

Soit O un point du plan, $(\vec{i}, \vec{j})$ une base des vecteurs du plan et I et J deux points du plan tels que $\overrightarrow{OI} = \vec{i}$ et $\overrightarrow{OJ} = \vec{j}$. On dit que le triplet $(O, \vec{i}, \vec{j})$ ou le triplet (O, I, J) est un repère du plan.

Le point O est appelé l'origine du repère, la droite passant par O et ayant la direction du vecteur $\vec{i}$ (droite (OI)) est appelée l'axe des abscisses, la droite passant par O et ayant la direction du vecteur $\vec{j}$ (droite (OJ)) est appelée l'axe des ordonnées.

• Si $\|\vec{i}\| = \|\vec{j}\| = 1$ on dit que le repère est normé.

• Si les vecteurs $\vec{i}$ et $\vec{j}$ ont des directions orthogonales on dit que le repère est orthogonal.

• Si la base est normée et orthogonale, on dit que le repère est orthonormé.

② Coordonnées d'un point

Soit $(O, \vec{i}, \vec{j})$ un repère du plan et A un point quelconque du plan. Les coordonnées du point A dans le repère $(O, \vec{i}, \vec{j})$ sont les coordonnées du vecteur $\overrightarrow{OA}$ dans la base $(\vec{i}, \vec{j})$.

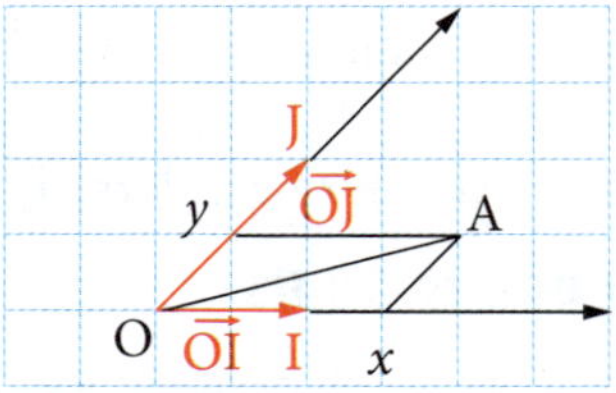

③ Coordonnées d'un vecteur défini par deux points

Soit $(O, \vec{i}, \vec{j})$ un repère du plan et A et B deux points quelconques du plan de coordonnées $A(x_A, y_A)$ et $B(x_B, y_B)$ alors le vecteur $\overrightarrow{AB}$ a pour coordonnées $\overrightarrow{AB}\begin{pmatrix} x_B - x_A \\ y_B - y_A \end{pmatrix}$ dans la base $(\vec{i}, \vec{j})$.

④ Coordonnées du milieu d'un segment

Soit $(O, \vec{i}, \vec{j})$ un repère du plan et A et B deux points quelconques du plan de coordonnées $A(x_A, y_A)$ et $B(x_B, y_B)$ alors les coordonnées du point $I(x_I, y_I)$ milieu de [AB] vérifient $\begin{cases} x_I = \dfrac{x_A + x_B}{2} \\ y_I = \dfrac{y_A + y_B}{2} \end{cases}$.

⑤ Distance de deux points

Soit $(O, \vec{i}, \vec{j})$ un repère orthonormé du plan et A et B deux points quelconques du plan de coordonnées $A(x_A, y_A)$ et $B(x_B, y_B)$ alors $AB = \|\overrightarrow{AB}\| = \sqrt{(x_B - x_A)^2 + (y_B - y_A)^2}$.

QCM et questions courtes

1 Somme de deux vecteurs

➔ Corrigé p. 87

Choisir la ou les bonnes réponses.

1. Le vecteur $\vec{w}$ est égal à :

a) $\vec{u}+\vec{v}$;

b) $\vec{v}-\vec{u}$;

c) $\vec{u}-\vec{v}$.

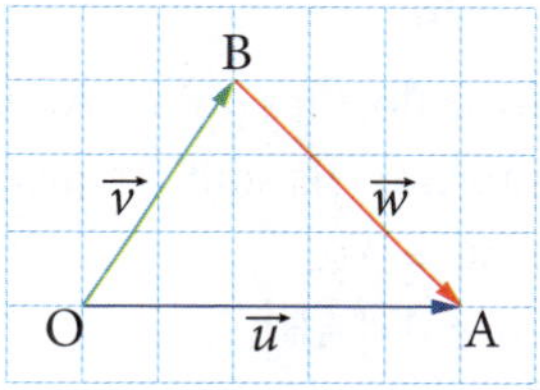

2. Dans le carré ABCD de centre O :

a) $\overrightarrow{OB}+\overrightarrow{OC}=\overrightarrow{AB}$;

b) $\overrightarrow{AB}+\overrightarrow{CD}=\vec{0}$;

c) $\overrightarrow{OB}=\overrightarrow{OC}$.

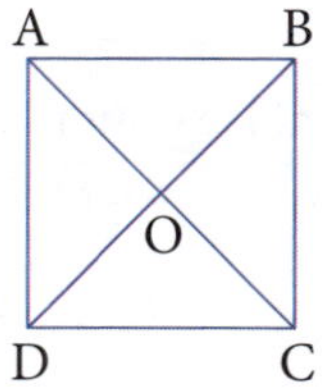

2 Coordonnées d'un vecteur

➔ Corrigé p. 87

Choisir la ou les bonnes réponses.

Dans le repère $\left(O\,;\vec{i},\vec{j}\right)$ du plan.

1. Les coordonnées du vecteur $\vec{u}$ sont :

a) $\begin{pmatrix}-3\\4\end{pmatrix}$;

b) $\begin{pmatrix}4,5\\3\end{pmatrix}$;

c) $\begin{pmatrix}-4,5\\3\end{pmatrix}$.

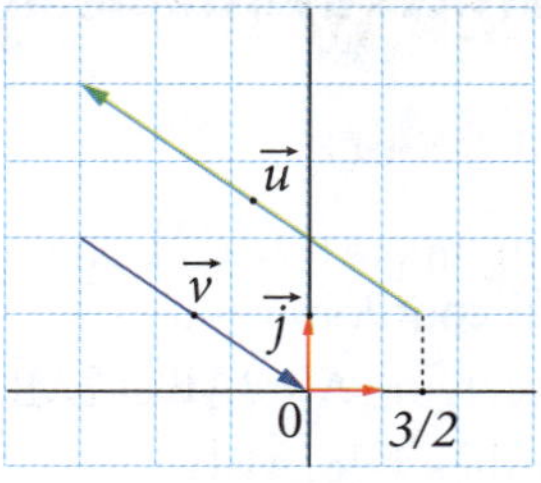

2. Entre $\vec{u}$ et $\vec{v}$ on a les relations:

a) $\vec{u}=-\dfrac{3}{2}\vec{v}$; **b)** $2\vec{u}+3\vec{v}=\vec{0}$; **c)** $\vec{v}=-\dfrac{2}{3}\vec{u}$.

3 Milieu d'un segment

➔ Corrigé p. 87

Choisir la ou les bonnes réponses

A et B deux points distincts, *I* est le milieu du segment $[AB]$ si et seulement si :

1. $\overrightarrow{AB} = 2\overrightarrow{AI}$. **2.** $AI + IB = 0$. **3.** $\overrightarrow{AI} + \overrightarrow{IB} = \vec{0}$. **4.** $\overrightarrow{IA} + \overrightarrow{IB} = \vec{0}$.

4 Vrai ou faux ?

➔ Corrigé p. 88

1. Si $\overrightarrow{AB}$ et $\overrightarrow{CD}$ sont colinéaires, alors les points A, B, C et D sont alignés.

2. Si deux vecteurs sont égaux alors ils sont colinéaires.

3. $\overrightarrow{AB} + \overrightarrow{BC} = \overrightarrow{AC}$ donc $AB + BC = AC$.

4. Si $IA = IB$ alors I est le milieu de $[AB]$.

5. Si $\overrightarrow{AB} = -2\overrightarrow{BC}$ alors les points A, B et C sont alignés.

5 Relation de Chasles

➔ Corrigé p. 88

Compléter les égalités en utilisant la relation de Chasles.

1. $\overrightarrow{A\cdot} = \overrightarrow{AD} + \overrightarrow{\cdot C}$. **2.** $\overrightarrow{EF} + \overrightarrow{\cdot K} = \overrightarrow{\cdot\ \cdot}$. **3.** $\overrightarrow{MN} = \overrightarrow{MG} + \overrightarrow{\cdot\ \cdot}$. **4.** $\overrightarrow{A\cdot} = \overrightarrow{\cdot B} + \overrightarrow{\cdot\ \cdot} + \overrightarrow{EF}$.

6 Construction géométrique

5 min ➔ Corrigé p. 88

On donne deux points distincts A et B.

Construire le point M tel que $2\overrightarrow{MA} + 3\overrightarrow{MB} = \vec{0}$.

Exercices d'entraînement

7 Coordonnées

5 min ➔ Corrigé p. 89

Dans un repère $(O\,;\vec{i},\vec{j})$, on donne les points $A(1\,;2)$, $B(-2\,;4)$, $C(2\,;-3)$. Calculer les coordonnées :

1. des vecteurs $\overrightarrow{AB}$, $2\overrightarrow{AB}$ et $2\overrightarrow{AB} - 3\overrightarrow{BC}$ dans la base $(\vec{i},\vec{j})$;

2. du milieu I de $[AB]$;

3. du point D tel que ABCD soit un parallélogramme ;

4. du point M tel que $\overrightarrow{AM} + \overrightarrow{BM} + \overrightarrow{CM} = \vec{0}$;

5. du point N tel que $2\overrightarrow{AN} = \overrightarrow{BC}$.

8 Translation

★ 10 min Corrigé p. 90

ABCD est un parallélogramme de centre O.

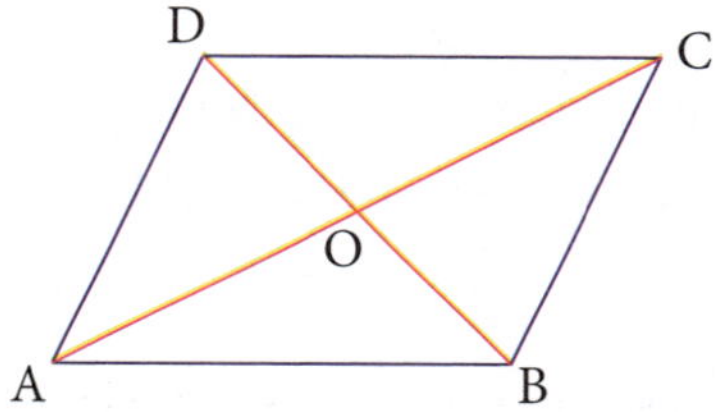

Donner les coordonnées des points A, B, C, D et O dans les repères:

1. a) $\left(A\,;\overrightarrow{AB},\overrightarrow{AD}\right)$; **b)** $\left(O\,;\overrightarrow{OB},\overrightarrow{OC}\right)$.

2. a) Construire l'image de ABCD par la translation t de vecteur $\overrightarrow{AD}$, puis justifier que cette image est un parallélogramme. On appellera O′ son centre.

b) Montrer que $O' = t(O)$.

9 Colinéarité et alignement

★ 10 min Corrigé p. 92

1. Soit $\left(O\,;\vec{i},\vec{j}\right)$ un repère du plan. Pour chacun des cas suivants, les vecteurs $\vec{u}$ et $\vec{v}$ sont-ils colinéaires ? Si oui, trouver le nombre réel k tel que $\vec{u} = k\vec{v}$.

a) $\vec{u} = \begin{pmatrix} 2 \\ -3 \end{pmatrix}$ et $\vec{v} = \begin{pmatrix} \frac{4}{3} \\ -2 \end{pmatrix}$. **b)** $\vec{u} = \frac{1}{2}\vec{i} - \vec{j}$ et $\vec{v} = \vec{i} + 2\vec{j}$.

c) $\vec{u} = \begin{pmatrix} 1+\sqrt{3} \\ 1 \end{pmatrix}$ et $\vec{v} = \begin{pmatrix} -2 \\ 1-\sqrt{3} \end{pmatrix}$.

2. Soit $\left(O\,;\vec{i},\vec{j}\right)$ un repère du plan. Les points A, B et C sont-ils alignés

a) $A(2\,;1)$, $B\left(3\,;\frac{9}{4}\right)$, $C\left(5\,;\frac{13}{3}\right)$. **b)** $A(1\,;-2)$, $B(-3\,;1)$, $C(-23\,;16)$.

10 Relation de Chasles

★ 10 min Corrigé p. 93

Soit A, B, C, D et M cinq point du plan $\mathcal{P}$.

1. Montrer que le vecteur $\overrightarrow{AM} + \overrightarrow{MB} + \overrightarrow{MC} - \overrightarrow{MD}$ ne dépend pas du point M.

2. Montrer que le vecteur $2\overrightarrow{AM} + \overrightarrow{MC} + \overrightarrow{MD}$ ne dépend pas du point M.

Indication

$\overrightarrow{AM} + \overrightarrow{MB} = \overrightarrow{AB}$.

$\overrightarrow{MC} - \overrightarrow{MD} = \overrightarrow{DM} + \overrightarrow{MC} = \ldots$

EXERCICES

11 Milieux et quadrilatères

★ 10 min ➔ Corrigé p. 94

Soit A, B, C, D quatre points du plan, M, P, Q, R les milieux respectifs de $[AB]$, $[BC]$, $[CD]$ et $[DA]$.

1. Comparer $\overrightarrow{MR}$ et $\overrightarrow{BD}$ puis $\overrightarrow{PQ}$ et $\overrightarrow{BD}$. Conclure.

2. Que peut-on dire des milieux de $[MQ]$ et de $[PR]$?

12 Équation

★ 10 min ➔ Corrigé p. 94

Soit $\vec{u}$, $\vec{v}$ et $\vec{w}$ trois vecteurs d'un plan $\mathcal{P}$. Résoudre l'équation d'inconnue $\vec{x}$.

$$2(\vec{x}-\vec{u})+\vec{v}-3(\vec{w}-\vec{x})=\vec{u}+2\vec{x}-\vec{v}.$$

13 Relation de Chasles et parallélogramme

★ 10 min ➔ Corrigé p. 94

ABCD est un parallélogramme. Soit I le milieu de $[CD]$ et J le point vérifiant $\overrightarrow{AJ}=\frac{1}{3}\overrightarrow{AD}$.

1. Exprimer $\overrightarrow{AI}$ en fonction de $\overrightarrow{AB}$ et $\overrightarrow{AD}$.

2. Exprimer $\overrightarrow{IJ}$ en fonction de $\overrightarrow{AB}$ et $\overrightarrow{AD}$.

14 Colinéarité et alignement

★ 10 min ➔ Corrigé p. 95

Le plan $\mathcal{P}$ étant rapporté à un repère, on donne les points $A(1;6)$, $B(-2;3)$ et $C(3;8)$.

Montrer que les vecteurs $\overrightarrow{AB}$ et $\overrightarrow{AC}$ sont colinéaires.

Que peut-on dire des points A, B et C ?

15 Points d'une droite

★ 10 min ➔ Corrigé p. 95

Le plan étant rapporté à un repère, on donne $A(1;1)$, $B(-1;5)$ et $C(2;-1)$.

1. Montrer que les points A, B et C sont alignés.

2. Déterminer le réel x pour que le point $D(x;2)$ appartienne à la droite (AB).

➔ Méthode

Utiliser la colinéarité.

16 Centre de gravité

★ 10 min ➔ Corrigé p. 95

Le plan étant rapporté à un repère, déterminer le centre de gravité du triangle de sommets $A(1;2)$, $B(-2;3)$ et $C(4;-1)$.

Méthode

Le centre de gravité d'un triangle se situe sur chacune des médianes, il est situé au 2/3 de chacune en partant du sommet, le centre de gravité est le point de concours des médianes.

17 Quadrilatère

★ 10 min Corrigé p. 96

Le plan étant rapporté à un repère, on donne les points: $A(-1;3)$, $B(\sqrt{2};2)$, $C(4;1)$ et $D(3;\sqrt{2})$.

1. Démontrer que le quadrilatère ABCD est un trapèze de bases $[AB]$ et $[CD]$.

Méthode

Le quadrilatère ABCD est un trapèze de bases $[AB]$ et $[CD]$ si et seulement si les vecteurs $\overrightarrow{AB}$ et $\overrightarrow{CD}$ sont colinéaires.

2. Est-ce un parallélogramme

18 Milieu et script Python

★ 15 min Corrigé p. 97

Soit $(O;\vec{i},\vec{j})$ un repère du plan, on donne les points $A(6;4)$ et $B(2;0)$.

Compléter la fonction suivante pour qu'elle retourne les coordonnées du milieu du segment $[AB]$.

```
def milieu(xa,ya,xb,yb):
xi=(_____)/2
yi=(_____)/2
return{xi,yi}
```

Déterminer par le calcul les coordonnées du milieu du segment $[AB]$. Retrouver le résultat précédent en utilisant le script de la fonction milieu dans la console Python.

19 Nature d'un quadrilatère

★ 10 min Corrigé p. 97

Dans le plan rapporté à un repère $(O;\vec{i},\vec{j})$, on donne les points $A(-3;3)$, $B(2;-2)$, $C(7;3)$ et $D(2;8)$.

1. Déterminer la nature du quadrilatère ABCD.

2. Écrire un script en Python définissant une fonction calculant le carré de la longueur d'un segment dont on connait les coordonnées des extrémités.

EXERCICES

Problèmes

20 Symétrie centrale

★★ 20 min Corrigé p. 98

Dans le plan rapporté à un repère orthonormé $(O\,;\vec{i},\vec{j})$, on donne les points $A(-1\,;1)$, $B(-2\,;9)$ et $C(8\,;7)$.

1. Déterminer les coordonnées du point D tel que BODA soit un parallélogramme.

2. Soit H le point de coordonnées $(5\,;x)$. Déterminer x pour que les points A, C et H soient alignés.

3. Soit L le symétrique du point B par rapport au milieu I de $[AH]$. Calculer les coordonnées de L.

4. Quelle est la nature du quadrilatère ABHL ?

5. Quelle est la nature du triangle ICL ?

Exercice d'approfondissement

21 Droite d'Euler dans un triangle

★★★ 30 min Corrigé p. 100

Dans le plan rapporté à un repère orthonormé $(O\,;\vec{i},\vec{j})$, on donne les points $A(2\,;-3)$, $B(-3\,;2)$ et $C(3\,;2)$.

1. a) Calculer les coordonnées du point A′ milieu de $[BC]$.

b) Calculer les coordonnées du point G tel que $\overrightarrow{GA'}=\frac{1}{3}\overrightarrow{AA'}$.

Que représente le point G, pour le triangle ABC.

c) Vérifier que $\overrightarrow{GA}+\overrightarrow{GB}+\overrightarrow{GC}=\vec{0}$.

2. Calculer les longueurs OA, OB et OC.

Que représente le point O pour le triangle ABC ?

3. a) Calculer les coordonnées du point H tel que $\overrightarrow{OH}=\overrightarrow{OA}+\overrightarrow{OB}+\overrightarrow{OC}$.

b) Montrer que $\overrightarrow{AH}=2\overrightarrow{OA'}$.

En déduire que les droites (AH) et (BC) sont perpendiculaires.

c) Démontrer de même que les droites (BH) et (AC) sont perpendiculaires.

d) Que représente le point H pour le triangle ABC ?

4. Démontrer que les points O, G et H sont alignés.

Quel est le nombre k tel que $\overrightarrow{OH}=k\overrightarrow{OG}$?

QCM et questions courtes

1 **1. Réponse c.** $\vec{u}=\vec{v}+\vec{w}$, donc $\vec{w}=\vec{u}-\vec{v}$.

2. Réponse a. et b. $\overrightarrow{OC}=\overrightarrow{AO}$ donc $\overrightarrow{OB}+\overrightarrow{OC}=\overrightarrow{OB}+\overrightarrow{AO}=\overrightarrow{AO}+\overrightarrow{OB}$.

En appliquant la relation de Chasles, $\overrightarrow{AO}+\overrightarrow{OB}=\overrightarrow{AB}$.

On en déduit que $\overrightarrow{OB}+\overrightarrow{OC}=\overrightarrow{AB}$.

$\overrightarrow{AB}$ et $\overrightarrow{CD}$ sont des vecteurs opposés donc $\overrightarrow{AB}=-\overrightarrow{CD}$. Donc $\overrightarrow{AB}+\overrightarrow{CD}=\vec{0}$.

La réponse c. est fausse car les vecteurs $\overrightarrow{OB}$ et $\overrightarrow{OC}$ n'ont pas la même direction. Ils ont seulement la même longueur.

Remarque
Dans la construction du vecteur somme, l'origine du 2e vecteur doit coïncider avec l'extrémité du premier.

2 **1. Réponse c.** Les extrémités du vecteur $\vec{u}$ représenté sont les points de coordonnées $(1{,}5\,;1)$ et $(-3\,;4)$ dans le repère $(O\,;\vec{i},\vec{j})$, donc les coordonnées du vecteur $\vec{u}$ dans la base $(\vec{i},\vec{j})$ sont $\begin{pmatrix}-3-1{,}5\\4-1\end{pmatrix}$ ou encore $\begin{pmatrix}-4{,}5\\3\end{pmatrix}$.

2. Réponses a., b. et c. Les extrémités du vecteur $\vec{v}$ représenté sont les points de coordonnées $(0\,;0)$ et $(-3\,;2)$ dans le repère $(O\,;\vec{i},\vec{j})$, donc les coordonnées du vecteur $\vec{v}$ sont dans la base $(\vec{i},\vec{j})$, $\begin{pmatrix}0-(-3)\\0-2\end{pmatrix}$ ou encore $\begin{pmatrix}3\\-2\end{pmatrix}$. Les coordonnées de $-\dfrac{3}{2}\vec{v}$ sont donc $\begin{pmatrix}-\dfrac{3}{2}\times 3\\-\dfrac{3}{2}\times(-2)\end{pmatrix}$ ou encore $\begin{pmatrix}-\dfrac{9}{2}\\3\end{pmatrix}$. Les coordonnées de $-\dfrac{3}{2}\vec{v}$ sont égales aux coordonnées de $\vec{u}$ donc $\vec{u}=-\dfrac{3}{2}\vec{v}$. On en déduit en multipliant les deux membres par 2 que $2\vec{u}=-3\vec{v}$ c'est-à-dire $2\vec{u}+3\vec{v}=\vec{0}$ et donc $\vec{v}=-\dfrac{2}{3}\vec{u}$.

Conseil
L'utilisation des coordonnées des vecteurs permet des démonstrations aisées.

3 **Réponses 1. et 4.** Ce sont les relations du cours.

AI et IB représentent des longueurs. Ce sont des nombres positifs ou nuls, donc si A et B sont distincts on ne peut avoir AI = –IB.

D'après la relation de Chasles $\overrightarrow{AI}+\overrightarrow{IB}=\overrightarrow{AB}$ qui est un vecteur non nul car $A\neq B$.

4 **1. Faux →** Si $\overrightarrow{AB}$ et $\overrightarrow{CD}$ sont colinéaires, alors on peut seulement en déduire que les droites (AB) et (CD), si elles existent, sont parallèles.

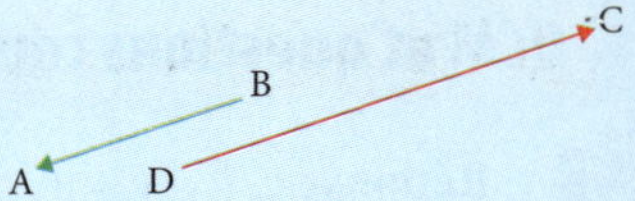

2. Vrai → Deux vecteurs égaux non nuls ont la même direction, donc ils sont colinéaires. Le vecteur nul est colinéaire à lui-même.

3. Faux → Exemple $AB+BC>AC$.

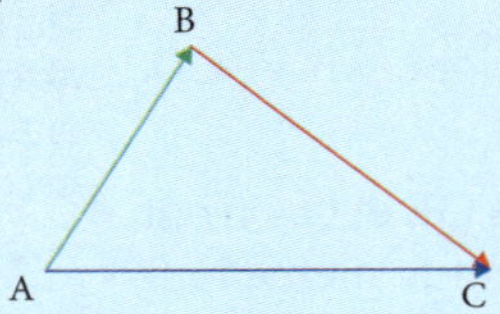

> **Conseil**
> Il faut faire attention aux notations : $\overrightarrow{AB}$ désigne un vecteur et AB désigne une longueur donc un réel positif.

4. Faux → Si $IA=IB$ alors I appartient seulement à la médiatrice du segment $[AB]$ qui est l'ensemble des points équidistants de A et B donc à la même distance de A et de B.

5. Vrai → Si $\overrightarrow{AB}=-2\overrightarrow{BC}$ alors les vecteurs $\overrightarrow{AB}$ et $\overrightarrow{BC}$ sont colinéaires donc les droites (AB) et (BC) si elles existent ont la même direction donc sont parallèles, ayant un point commun B, elles sont confondues donc les points A, B et C sont alignés. Si deux points A et B ou A et C sont confondus, on ne peut définir qu'une seule droite ou aucune droite dans le cas où les trois points sont confondus, on peut dire encore que les trois points sont alignés.

5 **1.** $\overrightarrow{AC}=\overrightarrow{AD}+\overrightarrow{DC}$.

2. $\overrightarrow{EF}+\overrightarrow{FK}=\overrightarrow{EK}$.

3. $\overrightarrow{MN}=\overrightarrow{MG}+\overrightarrow{GN}$.

4. $\overrightarrow{AF}=\overrightarrow{AB}+\overrightarrow{BE}+\overrightarrow{EF}$.

6 On exprime par exemple le vecteur $\overrightarrow{AM}$ en fonction de $\overrightarrow{AB}$.

Pour tout point M du plan,

$$2\overrightarrow{MA}+3\overrightarrow{MB}=2\overrightarrow{MA}+3\left(\overrightarrow{MA}+\overrightarrow{AB}\right)=5\overrightarrow{MA}+3\overrightarrow{AB}.$$

Pour tout point M du plan,

$$\begin{aligned}2\overrightarrow{MA}+3\overrightarrow{MB}=\vec{0} &\Leftrightarrow 5\overrightarrow{MA}+3\overrightarrow{AB}=\vec{0}\\ &\Leftrightarrow 3\overrightarrow{AB}=-\left(5\overrightarrow{MA}\right)\Leftrightarrow 3\overrightarrow{AB}=5\left(-\overrightarrow{MA}\right)\\ &\Leftrightarrow 5\overrightarrow{AM}=3\overrightarrow{AB}\quad \text{car } -\overrightarrow{MA}=\overrightarrow{AM}\\ &\Leftrightarrow \overrightarrow{AM}=\frac{3}{5}\overrightarrow{AB}.\end{aligned}$$

Le vecteur $\overrightarrow{AB}$ est non nul, le vecteur $\overrightarrow{AM}$ l'est aussi, d'après l'égalité vectorielle précédente ils sont colinéaires, ayant la même origine, les points A, M et B sont alignés.

Exercices d'entraînement

7 **1.** Les coordonnées dans la base $(\vec{i},\vec{j})$ du vecteur $\overrightarrow{AB}$ sont $\begin{pmatrix}-2-1\\4-2\end{pmatrix}$ ou encore $\begin{pmatrix}-3\\2\end{pmatrix}$ donc les coordonnées de $2\overrightarrow{AB}$ sont $\begin{pmatrix}-6\\4\end{pmatrix}$.

Les coordonnées dans la base $(\vec{i},\vec{j})$ du vecteur $\overrightarrow{BC}$ sont $\begin{pmatrix}2-(-2)\\-3-4\end{pmatrix}$ ou encore $\begin{pmatrix}4\\-7\end{pmatrix}$ donc les coordonnées de $-3\overrightarrow{BC}$ sont $\begin{pmatrix}-12\\21\end{pmatrix}$ donc les coordonnées de $2\overrightarrow{AB}-3\overrightarrow{BC}$ sont $\begin{pmatrix}-6\\4\end{pmatrix}+\begin{pmatrix}-12\\21\end{pmatrix}$ donc sont $\begin{pmatrix}-18\\25\end{pmatrix}$ dans la base $(\vec{i},\vec{j})$.

2. Les coordonnées du milieu I dans repère $(O;\vec{i},\vec{j})$ sont $\left(\frac{1+(-2)}{2};\frac{2+4}{2}\right)$ ou encore $\left(\frac{-1}{2};3\right)$.

3. Soit $(x;y)$ les coordonnées du point D. Le quadrilatère ABCD est un parallélogramme si et seulement si $\overrightarrow{AB}=\overrightarrow{DC}$. Les coordonnées du vecteur $\overrightarrow{AB}$ dans la base $(\vec{i},\vec{j})$ sont $\begin{pmatrix}-3\\2\end{pmatrix}$, les coordonnées du vecteur $\overrightarrow{DC}$ dans la même base sont $\begin{pmatrix}2-x\\-3-y\end{pmatrix}$. Deux vecteurs sont égaux si et seulement ils ont les mêmes coordonnées dans une même base donc si et seulement si

$$\begin{cases}2-x=-3\\-3-y=2\end{cases}\Leftrightarrow\begin{cases}2+3=x\\-3-2=y\end{cases}\Leftrightarrow\begin{cases}x=5\\y=-5\end{cases}.$$

> **Rappels**
> Attention à l'ordre des lettres. Dans un même repère, deux vecteurs sont égaux si et seulement si ils ont les mêmes coordonnées.

Les coordonnées, dans le repère $(O;\vec{i},\vec{j})$, du point D sont $(5;-5)$.

4. Pour tout point $M(x\,;y)$, les coordonnées du vecteur $\overrightarrow{AM}$ sont $\begin{pmatrix} x-1 \\ y-2 \end{pmatrix}$ celles du vecteur $\overrightarrow{BM}$ sont $\begin{pmatrix} x+2 \\ y-4 \end{pmatrix}$ et enfin celles du vecteur $\overrightarrow{CM}$ sont $\begin{pmatrix} x-2 \\ y+3 \end{pmatrix}$.

$$\overrightarrow{AM}+\overrightarrow{BM}+\overrightarrow{CM}=\vec{0} \Leftrightarrow \begin{cases}(x-1)+(x+2)+(x-2)=0\\(y-2)+(y-4)+(y+3)=0\end{cases}$$

$$\Leftrightarrow \begin{cases}3x-1=0\\3y-3=0\end{cases} \Leftrightarrow \begin{cases}x=\dfrac{1}{3}\\y=1\end{cases}.$$

Les coordonnées du point M, dans le repère $(O\,;\vec{i},\vec{j})$, sont $\left(\dfrac{1}{3}\,;1\right)$.

5. Pour tout point $N(x;y)$, les coordonnées, dans la base $(\vec{i},\vec{j})$, du vecteur $2\overrightarrow{AN}$ sont $\begin{pmatrix} 2(x-1) \\ 2(y-2) \end{pmatrix}=\begin{pmatrix} 2x-2 \\ 2y-4 \end{pmatrix}$, celles du vecteur $\overrightarrow{BC}$ sont $\begin{pmatrix} 4 \\ -7 \end{pmatrix}$.

$$2\overrightarrow{AN}=\overrightarrow{BC} \Leftrightarrow \begin{cases}2x-2=4\\2y-4=-7\end{cases} \Leftrightarrow \begin{cases}2x=6\\2y=-3\end{cases} \Leftrightarrow \begin{cases}x=3\\y=-\dfrac{3}{2}\end{cases}.$$

Les coordonnées du point N, dans le repère $(O\,;\vec{i},\vec{j})$, sont $\left(3\,;-\dfrac{3}{2}\right)$.

8 ABCD est un parallélogramme de centre O.

1. a) Dans le repère $(A\,;\overrightarrow{AB},\overrightarrow{AD})$.

Le point A est l'origine du repère donc ses coordonnées sont $(0;0)$.

On peut écrire aussi $\overrightarrow{AA}=\vec{0}=0\overrightarrow{AB}+0\overrightarrow{AD}$, **les coordonnées du point A dans le repère $(A\,;\overrightarrow{AB},\overrightarrow{AD})$ sont (0 ; 0).**

$\overrightarrow{AB}=1\overrightarrow{AB}+0\overrightarrow{AD}$, les coordonnées du point B dans le repère $(A\,;\overrightarrow{AB},\overrightarrow{AD})$ sont $(1\,;0)$.

$\overrightarrow{AC}=1\overrightarrow{AB}+1\overrightarrow{AD}$ car ABCD est un parallélogramme (construction de la somme de deux vecteurs), **les coordonnées du point C dans le repère $(A\,;\overrightarrow{AB},\overrightarrow{AD})$ sont (1 ; 1).**

$\overrightarrow{AD}=0\overrightarrow{AB}+1\overrightarrow{AD}$, les coordonnées du point D dans le repère $(A\,;\overrightarrow{AB},\overrightarrow{AD})$ sont $(0\,;1)$.

$\overrightarrow{AO}=\dfrac{1}{2}\overrightarrow{AC}=\dfrac{1}{2}\overrightarrow{AB}+\dfrac{1}{2}\overrightarrow{AD}$ car ABCD est un parallélogramme et O le milieu des diagonales. **Dans le repère $(A\,;\overrightarrow{AB},\overrightarrow{AD})$, le point O a pour coordonnées $\left(\dfrac{1}{2}\,;\dfrac{1}{2}\right)$.**

b) Dans le repère $\left(O\,;\overrightarrow{OB},\overrightarrow{OC}\right)$, les points O, B et C ont respectivement les coordonnées $(0\,;0)$, $(1\,;0)$ et $(0\,;1)$.

Le point O est le milieu de $[AC]$ donc $\overrightarrow{OA}=-\overrightarrow{OC}=0\times\overrightarrow{OB}+(-1)\overrightarrow{OC}$ donc **les coordonnées de A dans le repère** $\left(O\,;\overrightarrow{OB},\overrightarrow{OC}\right)$ **sont (0 ; –1).**

Le point O est le milieu de $[BD]$ donc $\overrightarrow{OD}=-\overrightarrow{OB}=(-1)\overrightarrow{OB}+0\times\overrightarrow{OC}$ donc **les coordonnées de D dans le repère** $\left(\mathbf{O}\,;\overrightarrow{\mathbf{OB}},\overrightarrow{\mathbf{OC}}\right)$ **sont (–1 ; 0).**

2. a) Si t est la translation de vecteur $\overrightarrow{AD}$, on a $t(A)=D$ et sachant que $\overrightarrow{AD}=\overrightarrow{BC}$ (ABCD est un parallélogramme) on a $t(B)=C$. Soit D′ et C′ les images de D et C par la translation t alors $\overrightarrow{DD'}=\overrightarrow{AD}$ et $\overrightarrow{CC'}=\overrightarrow{AD}$. Donc $\overrightarrow{DD'}=\overrightarrow{CC'}$, le quadrilatère DCC′D′ est un parallélogramme.

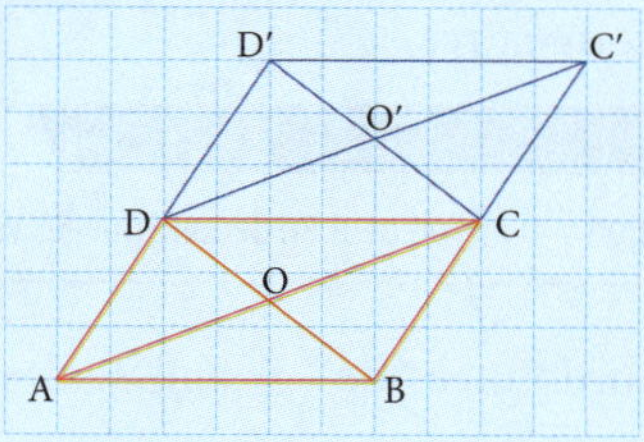

b) *1re méthode*

En utilisant un repère, par exemple $\left(A\,;\overrightarrow{AB},\overrightarrow{AD}\right)$:

Le vecteur $\overrightarrow{AD}$ a pour coordonnées $(0\,;1)$ dans la base $\left(\overrightarrow{AB},\overrightarrow{AD}\right)$ et $\overrightarrow{AD'}=\overrightarrow{AD}+\overrightarrow{DD'}=\overrightarrow{AD}+\overrightarrow{AD}=2\overrightarrow{AD}$. Les coordonnées du point D′ dans le repère $\left(A\,;\overrightarrow{AB},\overrightarrow{AD}\right)$ sont $(0\,;2)$.

Le point O′ est le centre du parallélogramme DCC′D′ donc O′ est le milieu de $[CD']$ donc les coordonnées du point O′ dans le repère $\left(A\,;\overrightarrow{AB},\overrightarrow{AD}\right)$ sont $\left(\frac{1+0}{2}\,;\frac{1+2}{2}\right)$ c'est-à-dire $\left(\frac{1}{2}\,;\frac{3}{2}\right)$.

Les coordonnées du vecteur $\overrightarrow{OO'}$ dans la base $\left(\overrightarrow{AB},\overrightarrow{AD}\right)$ sont $\begin{pmatrix}\frac{1}{2}-\frac{1}{2}\\ \frac{3}{2}-\frac{1}{2}\end{pmatrix}$ donc $\begin{pmatrix}0\\1\end{pmatrix}$.

Les vecteurs $\overrightarrow{OO'}$ et $\overrightarrow{AD}$ ont les mêmes coordonnées dans une même base donc ils sont égaux. Donc O′ est l'image de O dans la translation de vecteur $\overrightarrow{AD}$, $O'=t(O)$.

2e méthode

On a $\overrightarrow{DD'}=\overrightarrow{AD}$ et $\overrightarrow{DD'}=\overrightarrow{CC'}$ donc $\overrightarrow{AD}=\overrightarrow{CC'}$ donc le quadrilatère ADC′C est un parallélogramme, et donc $\overrightarrow{AC}=\overrightarrow{DC'}$. Les points O et O′ sont les milieux respectifs de $[AC]$ et de $[DC']$ donc $\overrightarrow{AO} = \frac{1}{2}\overrightarrow{AC}$ et $\overrightarrow{DO'} = \frac{1}{2}\overrightarrow{DC'}$. Mais $\overrightarrow{AC} = \overrightarrow{DC'}$ donc $\overrightarrow{AO} = \overrightarrow{DO'}$ et AOO′D est donc un parallélogramme donc $\overrightarrow{AD} = \overrightarrow{OO'}$. **On peut donc conclure que $O' = t(O)$.**

9 $(\vec{i}, \vec{j})$ est une base des vecteurs du plan. Deux vecteurs $\vec{u}$ et $\vec{v}$ sont colinéaires si et seulement si le déterminant des deux vecteurs calculés, dans la même base, est nul.

1. a) $\vec{u} = \begin{pmatrix} 2 \\ -3 \end{pmatrix}$ et $\vec{v} = \begin{pmatrix} \frac{4}{3} \\ -2 \end{pmatrix}$ donc $\det(\vec{u}\,;\vec{v}) = \begin{vmatrix} 2 & \frac{4}{3} \\ -3 & -2 \end{vmatrix} = 2\times(-2) - \frac{4}{3}\times(-3)$

$$= -4 + 4 = 0$$

Les vecteurs $\vec{u}$ et $\vec{v}$ sont colinéaires.

Méthode

Si on trouve directement la relation $\vec{u} = k\vec{v}$, on peut en déduire que les vecteurs $\vec{u}$ et $\vec{v}$ sont colinéaires.

On remarque que les coordonnées de $\frac{2}{3}\vec{u}$ sont égales dans la même base aux coordonnées de $\vec{v}$ donc $\vec{v} = \frac{2}{3}\vec{u}$, les vecteurs $\vec{u}$ et $\vec{v}$ sont colinéaires et $\vec{u} = \frac{3}{2}\vec{v}$.

b) $\vec{u} = \frac{1}{2}\vec{i} - \vec{j}$ et $\vec{v} = \vec{i} + 2\vec{j}$ donc les coordonnées des vecteurs $\vec{u}$ et $\vec{v}$ dans la base $(\vec{i}, \vec{j})$ sont $\vec{u} = \begin{pmatrix} \frac{1}{2} \\ -1 \end{pmatrix}$ et $\vec{v} = \begin{pmatrix} 1 \\ 2 \end{pmatrix}$. Dans la base $(\vec{i}, \vec{j})$,

$$\det(\vec{u}\,;\vec{v}) = \begin{vmatrix} \frac{1}{2} & 1 \\ -1 & 2 \end{vmatrix} = \frac{1}{2}\times 2 - (-1)\times 1 = 2.$$

Les vecteurs $\vec{u}$ et $\vec{v}$ ne sont pas colinéaires.

c) $\vec{u} = \begin{pmatrix} 1+\sqrt{3} \\ 1 \end{pmatrix}$ et $\vec{v} = \begin{pmatrix} -2 \\ 1-\sqrt{3} \end{pmatrix}$ donc

$$\det(\vec{u}\,;\vec{v}) = \begin{vmatrix} 1+\sqrt{3} & -2 \\ 1 & 1-\sqrt{3} \end{vmatrix} = (1+\sqrt{3})(1-\sqrt{3}) - (-2)\times 1.$$

$$= 1^2 - \sqrt{3}^2 = 1 - 3 + 2 = 0.$$

Les vecteurs $\vec{u}$ et $\vec{v}$ sont colinéaires.

2. Le plan est rapporté à un repère $\left(O;\vec{i},\vec{j}\right)$.

a) $A(2;1)$, $B\left(3;\dfrac{9}{4}\right)$, $C\left(5;\dfrac{13}{3}\right)$ trois points du plan, les points A, B et C sont alignés si et seulement si les vecteurs $\overrightarrow{AB}$ et $\overrightarrow{AC}$ sont colinéaires donc si et seulement si $\det\left(\overrightarrow{AB};\overrightarrow{AC}\right)=0$.

Les coordonnées des vecteurs $\overrightarrow{AB}$ et $\overrightarrow{AC}$ dans la base $\left(\vec{i},\vec{j}\right)$ sont $\overrightarrow{AB}\begin{pmatrix}3-2\\ \dfrac{9}{4}-1\end{pmatrix}$ soit $\begin{pmatrix}1\\ \dfrac{5}{4}\end{pmatrix}$ et $\overrightarrow{AC}\begin{pmatrix}5-2\\ \dfrac{13}{3}-1\end{pmatrix}$ soit $\begin{pmatrix}3\\ \dfrac{10}{3}\end{pmatrix}$.

$$\det\left(\overrightarrow{AB};\overrightarrow{AC}\right)=\begin{vmatrix}1 & 3\\ \dfrac{5}{4} & \dfrac{10}{3}\end{vmatrix}=1\times\frac{10}{3}-3\times\frac{5}{4}=\frac{10}{3}-\frac{15}{4}=-\frac{5}{12}\neq 0.$$

Les points A, B et C ne sont pas alignés.

b) $A(1;-2)$, $B(-3;1)$, $C(-23;16)$.

Les coordonnées des vecteurs $\overrightarrow{AB}$ et $\overrightarrow{AC}$ dans la base $\left(\vec{i},\vec{j}\right)$ sont $\overrightarrow{AB}\begin{pmatrix}-3-1\\ 1-(-2)\end{pmatrix}$ soit $\begin{pmatrix}-4\\ 3\end{pmatrix}$ et $\overrightarrow{AC}\begin{pmatrix}-23-1\\ 16-(-2)\end{pmatrix}$ soit $\begin{pmatrix}-24\\ 18\end{pmatrix}$.

$$\det\left(\overrightarrow{AB};\overrightarrow{AC}\right)=\begin{vmatrix}-4 & -24\\ 3 & 18\end{vmatrix}=(-4)\times 18-3\times(-24)=-72+72=0.$$

Les vecteurs $\overrightarrow{AB}$ et $\overrightarrow{AC}$ sont colinéaires donc **les points A, B et C sont alignés**.

Remarque

$\overrightarrow{AC}=6\overrightarrow{AB}$, les vecteurs $\overrightarrow{AB}$ et $\overrightarrow{AC}$ sont colinéaires et non nuls donc les droites (AB) et (AC) ont la même direction, donc sont parallèles, ayant le point A en commun les deux droites sont confondues, les points A, B et C sont alignés.

10 Soit A, B, C, D quatre points du plan $\mathcal{P}$.

1. Pour tout point M du plan,

$$\begin{aligned}\overrightarrow{AM}+\overrightarrow{MB}+\overrightarrow{MC}-\overrightarrow{MD}&=\left(\overrightarrow{AM}+\overrightarrow{MB}\right)+\left(\overrightarrow{MC}+\overrightarrow{DM}\right)\\&=\left(\overrightarrow{AM}+\overrightarrow{MB}\right)+\left(\overrightarrow{DM}+\overrightarrow{MC}\right)\\&=\overrightarrow{AB}+\overrightarrow{DC}.\end{aligned}$$

Le vecteur $\overrightarrow{AB}+\overrightarrow{DC}$ ne dépend pas du point M.

2. Pour tout point M du plan,

$$2\overrightarrow{AM}+\overrightarrow{MC}+\overrightarrow{MD}=\left(\overrightarrow{AM}+\overrightarrow{MC}\right)+\left(\overrightarrow{AM}+\overrightarrow{MD}\right)=\overrightarrow{AC}+\overrightarrow{AD}.$$

Le vecteur $\overrightarrow{AC}+\overrightarrow{AD}$ ne dépend pas du point M.

11 Soit A, B, C, D quatre points du plan, M, P, Q, R les milieux respectifs de $[AB]$, $[BC]$, $[CD]$, et $[DA]$.

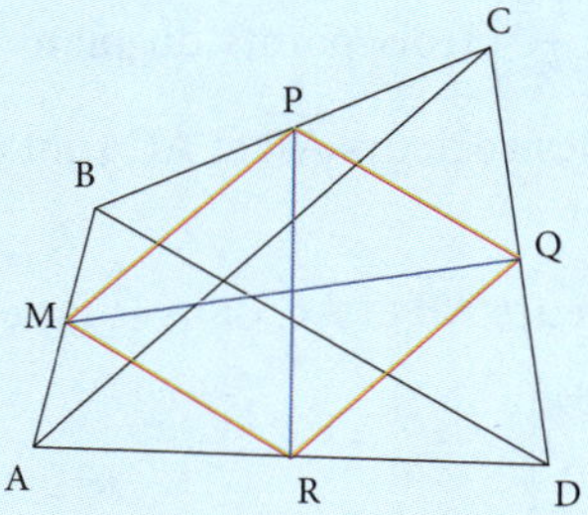

1. En utilisant la relation de Chasles

$$\overrightarrow{MR}=\overrightarrow{MA}+\overrightarrow{AR}=\frac{1}{2}\overrightarrow{BA}+\frac{1}{2}\overrightarrow{AD}=\frac{1}{2}\left(\overrightarrow{BA}+\overrightarrow{AD}\right)=\frac{1}{2}\overrightarrow{BD}$$

De même

$$\overrightarrow{PQ}=\overrightarrow{PC}+\overrightarrow{CQ}=\frac{1}{2}\overrightarrow{BC}+\frac{1}{2}\overrightarrow{CD}=\frac{1}{2}\left(\overrightarrow{BC}+\overrightarrow{CD}\right)=\frac{1}{2}\overrightarrow{BD}$$

2. D'après la question précédente $\overrightarrow{MR}=\overrightarrow{PQ}$ donc le quadrilatère MRQP est un parallélogramme, **les diagonales $[MQ]$ et $[PR]$ ont le même milieu I.**

12 Soit $\vec{u}$, $\vec{v}$ et $\vec{w}$ trois vecteurs d'un plan $\mathcal{P}$. Pour tout vecteur $\vec{x}$ du plan, on peut écrire les équations équivalentes suivantes:

$$2\left(\vec{x}-\vec{u}\right)+\vec{v}-3\left(\vec{w}-\vec{x}\right)=\vec{u}+2\vec{x}-\vec{v}$$

$$2\vec{x}-2\vec{u}+\vec{v}-3\vec{w}+3\vec{x}=\vec{u}+2\vec{x}-\vec{v}$$

$$2\vec{x}+3\vec{x}-2\vec{x}=\vec{u}-\vec{v}+2\vec{u}-\vec{v}+3\vec{w}$$

$$3\vec{x}=3\vec{u}-2\vec{v}+3\vec{w}$$

$$\vec{x}=\vec{u}-\frac{2}{3}\vec{v}+\vec{w}.$$

L'équation a une seule solution le vecteur $\vec{u}-\frac{2}{3}\vec{v}+\vec{w}$.

13 ABCD est un parallélogramme. Soit I le milieu de $[CD]$ et J le point vérifiant $\overrightarrow{AJ}=\frac{1}{3}\overrightarrow{AD}$.

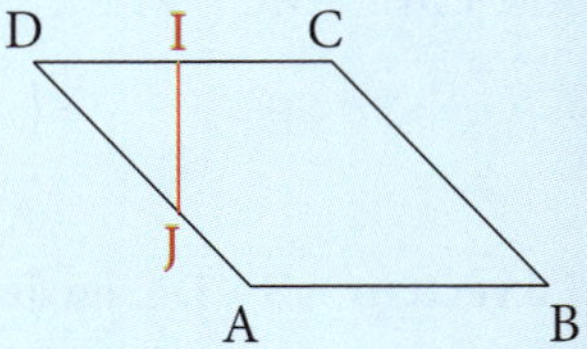

1. D'après la relation de Chasles, $\overrightarrow{AI}=\overrightarrow{AD}+\overrightarrow{DI}=\overrightarrow{AD}+\frac{1}{2}\overrightarrow{DC}$ car I est le milieu de $[DC]$. Le quadrilatère ABCD est un parallélogramme donc $\overrightarrow{DC}=\overrightarrow{AB}$, d'où

$$\overrightarrow{AI}=\overrightarrow{AD}+\frac{1}{2}\overrightarrow{AB}$$

2. D'après la relation de Chasles,

$$\overrightarrow{IJ}=\overrightarrow{IA}+\overrightarrow{AJ}=-\overrightarrow{AI}+\frac{1}{3}\overrightarrow{AD}=-\left(\overrightarrow{AD}+\overrightarrow{DI}\right)+\frac{1}{3}\overrightarrow{AD}$$

$$=-\overrightarrow{DI}-\frac{2}{3}\overrightarrow{AD}=-\frac{1}{2}\overrightarrow{DC}-\frac{2}{3}\overrightarrow{AD}$$

$$=-\frac{1}{2}\overrightarrow{AB}-\frac{2}{3}\overrightarrow{AD}$$

14 Dans la base $\left(\vec{i},\vec{j}\right)$, les vecteurs $\overrightarrow{AB}$ et $\overrightarrow{AC}$ ont pour coordonnées $\overrightarrow{AB}\begin{pmatrix}-2-1\\3-6\end{pmatrix}$ soit $\begin{pmatrix}-3\\-3\end{pmatrix}$ et $\overrightarrow{AC}\begin{pmatrix}3-1\\8-6\end{pmatrix}$ soit $\begin{pmatrix}2\\2\end{pmatrix}$

donc $\overrightarrow{AC}=-\frac{2}{3}\overrightarrow{AB}$. Les vecteurs $\overrightarrow{AB}$ et $\overrightarrow{AC}$ sont colinéaires, ils sont non nuls, les droites (AB) et (AC) ont la même direction, elles sont parallèles et ont un point commun, elles sont confondues, **les points A, B et C sont alignés**.

> **Remarque**
> Pour démontrer la colinéarité, on peut aussi montrer la nullité du déterminant des deux vecteurs.

15 **1.** Les points A, B et C sont alignés si et seulement si les vecteurs $\overrightarrow{AB}$ et $\overrightarrow{AC}$ sont colinéaires, $\overrightarrow{AB}\begin{pmatrix}-2\\4\end{pmatrix}$ et $\overrightarrow{AC}\begin{pmatrix}1\\-2\end{pmatrix}$ dans la base $\left(\vec{i},\vec{j}\right)$. On a

$$\det\left(\overrightarrow{AB}\,;\overrightarrow{AC}\right)=(-2)(-2)-1\times4=0.$$

Le vecteur $\overrightarrow{AB}$ est non nul, les vecteurs $\overrightarrow{AB}$ et $\overrightarrow{AC}$ sont colinéaires donc **les points A, B et C sont alignés**.

2. Pour tout réel x le point $D(x\,;2)$ appartient à la droite (AB) si et seulement si les vecteurs $\overrightarrow{AB}$ et $\overrightarrow{AD}$ sont colinéaires. Dans la base $\left(\vec{i},\vec{j}\right)$ on a $\overrightarrow{AD}\begin{pmatrix}x-1\\1\end{pmatrix}$.

Les vecteurs $\overrightarrow{AB}$ et $\overrightarrow{AD}$ sont colinéaires si et seulement si $\det\left(\overrightarrow{AB}\,;\overrightarrow{AD}\right)=(-2)\times(1)-4\times(x-1)=0$ c'est à dire $4x=2$ donc si $x=\frac{1}{2}$.

16 Le centre de gravité du triangle appartient aux trois médianes et donc à la médiane $[AA']$ si A′ est le milieu du côté $[BC]$. D'après l'indication il est situé au $\frac{2}{3}$ en partant du sommet donc $\overrightarrow{AG}=\frac{2}{3}\overrightarrow{AA'}$.

Les coordonnées du point A′ sont $\left(\dfrac{-2+4}{2}\,;\dfrac{3-1}{2}\right)$ c'est à dire $(1\,;1)$, les coordonnées du vecteur $\overrightarrow{AA'}$ dans la base $(\vec{i},\vec{j})$ sont $\overrightarrow{AA'}\begin{pmatrix}1-1\\1-2\end{pmatrix}$ soit $\overrightarrow{AA'}\begin{pmatrix}0\\-1\end{pmatrix}$ donc les coordonnées du vecteur $\overrightarrow{AG}$ sont $\begin{pmatrix}0\\-\dfrac{2}{3}\end{pmatrix}$. Si $(x;y)$ sont les coordonnées du point G dans le repère $(O\,;\vec{i},\vec{j})$, les coordonnées du vecteur $\overrightarrow{AG}$ dans la base $(\vec{i},\vec{j})$ sont $\begin{pmatrix}x-1\\y-(2)\end{pmatrix}$ c'est-à-dire $\begin{pmatrix}x-1\\y-2\end{pmatrix}$. Les coordonnées d'un vecteur étant unique dans une base donnée, on a $x-1=0$ et $y-2=-\dfrac{2}{3}$.

Les coordonnées du point G **sont** $\left(1\,;\dfrac{4}{3}\right)$.

Bien comprendre

Chacune des coordonnées de G est la moyenne des coordonnées des points A, B et C

$1=\dfrac{1+(-2)+4}{3}$ et $\dfrac{4}{3}=\dfrac{2+3+(-1)}{3}$.

D'une manière générale, les coordonnées du centre de gravité G du triangle ABC sont :

$$x_G=\frac{x_A+x_B+x_C}{3} \text{ et } y_G=\frac{y_A+y_B+y_C}{3}.$$

17 **1.** Le quadrilatère ABCD est un trapèze de bases $[AB]$ et $[CD]$ si et seulement si les $\overrightarrow{AB}$ et $\overrightarrow{CD}$ sont colinéaires.

Dans la base $(\vec{i},\vec{j})$, on a $\overrightarrow{AB}\begin{pmatrix}\sqrt{2}+1\\-1\end{pmatrix}$ et $\overrightarrow{CD}\begin{pmatrix}-1\\\sqrt{2}-1\end{pmatrix}$ d'où :

$\det\left(\overrightarrow{AB}\,;\overrightarrow{CD}\right)=\left(\sqrt{2}+1\right)\left(\sqrt{2}-1\right)-(-1)(-1)=0$, donc les vecteurs $\overrightarrow{AB}$ et $\overrightarrow{CD}$ sont colinéaires donc **le quadrilatère** ABCD **est un trapèze**.

Remarque: On aurait pu démontrer la colinéarité de $\overrightarrow{BA}$ et $\overrightarrow{CD}$ ou de $\overrightarrow{BA}$ et $\overrightarrow{DC}$.

2. Les vecteurs $\overrightarrow{AB}$ et $\overrightarrow{CD}$ n'étant ni égaux ni opposés, **le quadrilatère n'est pas un parallélogramme**.

18 On peut écrire

```
def milieu(xa,ya,xb,yb):
xi=(xa+xb)/2
yi=(ya+yb)/2
return {xi,yi}
```

On se place dans la console et on tape : milieu(6,2,4,0)

Il s'affiche >>>5.0, 1.0 Le résultat peut être vérifié par le calcul.

19 **1.** Dessin du quadrilatère ABCD.

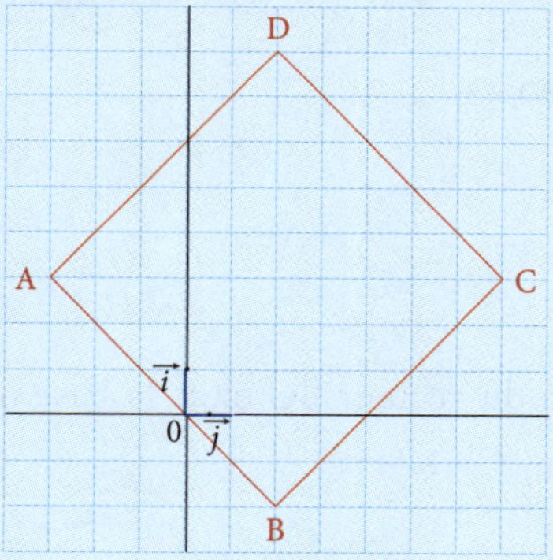

Les coordonnées de $\overrightarrow{AB}$ dans la base $(\vec{i},\vec{j})$ sont $\begin{pmatrix} 2-(-3) \\ -2-3 \end{pmatrix}$ donc $\begin{pmatrix} 5 \\ -5 \end{pmatrix}$.

Les coordonnées de $\overrightarrow{DC}$ dans la base $(\vec{i},\vec{j})$ sont $\begin{pmatrix} 7-2 \\ 3-8 \end{pmatrix}$ donc $\begin{pmatrix} 5 \\ -5 \end{pmatrix}$.

On a donc $\overrightarrow{AB}=\overrightarrow{DC}$ le quadrilatère ABCD est un parallélogramme.

$AB^2=5^2+(-5)^2=50.$

$AC^2=(7+3)^2+(3-3)^2=100$

$BC^2=(7-2)^2+(3-(-2))^2=25+25=50$

On a $AC^2=AB^2+BC^2$. D'après la réciproque du théorème de Pythagore, le triangle ABC est rectangle en B. L'angle $\widehat{ABC}$ est droit donc le parallélogramme ABCD est un rectangle, mais de plus $AB^2=BC^2$ donc deux côtés adjacents du parallélogramme ont la même longueur, **le rectangle ABCD est donc un carré**.

2. Voici une fonction possible qui affiche en sortie la longueur et le carré de la longueur.

```
from math import *
def longueur(xa,ya,xb,yb):
    L=(xb-xa)**2+(yb-ya)**2
    l=sqrt(L)
    return {L,l}
```

Une fois le script enregistré, pour obtenir la longueur de AC on tape dans la console : longueur(-1,3,2,-3), on obtient

```
>>> longueur(-1,3,2,-3)
{6.708203932499369, 45}
```

Problèmes

20 **1.** Les coordonnées du vecteur $\overrightarrow{BO}$ dans la base orthonormée $(\vec{i}, \vec{j})$ sont $\begin{pmatrix} 0-(-2) \\ 0-9 \end{pmatrix}$ donc $\begin{pmatrix} 2 \\ -9 \end{pmatrix}$.

Pour tout point D du plan de coordonnées $(x; y)$, les coordonnées du vecteur $\overrightarrow{AD}$ sont $\begin{pmatrix} x-(-1) \\ y-1 \end{pmatrix}$ donc $\begin{pmatrix} x+1 \\ y-1 \end{pmatrix}$. Le quadrilatère BODA est un parallélogramme si et seulement si $\overrightarrow{BO} = \overrightarrow{AD}$ c'est-à-dire si et seulement si

$\begin{cases} x+1 = 2 \\ y-1 = -9 \end{cases} \Leftrightarrow \begin{cases} x = 1 \\ y = -8 \end{cases}$. **Les coordonnées du point D sont $(1\,;-8)$.**

2. Soit H le point de coordonnées $(5; x)$, où x est un réel quelconque. Les points A, C et H sont alignés si et seulement si les vecteurs $\overrightarrow{AC}$ et $\overrightarrow{AH}$ sont colinéaires.

Les coordonnées de $\overrightarrow{AC}$ sont $\begin{pmatrix} 9 \\ 6 \end{pmatrix}$ et de $\overrightarrow{AH}$ sont $\begin{pmatrix} 6 \\ x-1 \end{pmatrix}$.

$\overrightarrow{AC}$ et $\overrightarrow{AH}$ sont colinéaires si et seulement si $\det(\overrightarrow{AC}\,;\overrightarrow{AH}) =$ c'est-à-dire si et seulement si $9(x-1)-36=0$ dont l'unique solution est 5. Les coordonnées du point H sont $(5\,;5)$. **Le vecteur $\overrightarrow{AC}$ est non nul donc H est un point de la droite (AC).**

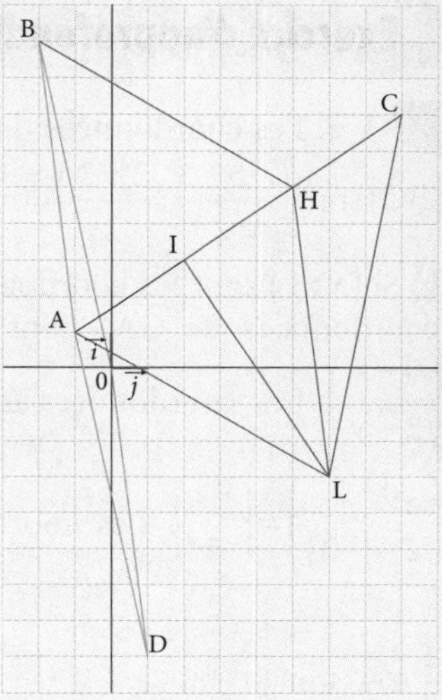

3. Les coordonnées du point I milieu de $[AH]$ sont les demi-sommes des coordonnées des points A et H donc sont $\left(\dfrac{-1+5}{2} ; \dfrac{1+5}{2}\right)$ c'est-à-dire $(2 ; 3)$.

Le point $L(x ; y)$ est le symétrique du point B par rapport au point I si et seulement si le milieu de $[BL]$ est le point I donc si et seulement si les coordonnées du milieu de $[BL]$ sont les coordonnées de I.

$$\begin{cases} \dfrac{x-2}{2} = 2 \\ \dfrac{y+9}{2} = 3 \end{cases} \Leftrightarrow \begin{cases} x = 6 \\ y = -3 \end{cases}.$$

Le point L a pour coordonnées $(6;-3)$.

4. Par construction les diagonales $[AH]$ et $[BL]$ se coupent en leur milieu, donc le quadrilatère ABHL, est un parallélogramme.

Le repère est orthonormé donc

$$AB = \sqrt{(-2+1)^2 + (9-1)^2} = \sqrt{1+64} = \sqrt{65},$$

de même

$$BH = \sqrt{(5+2)^2 + (5-9)^2} = \sqrt{49+16} = \sqrt{65}.$$

Deux côtés adjacents du parallélogramme ont la même longueur **donc le parallélogramme ABHL, est un losange**.

5. Le point I est le milieu de $[AH]$ et les points A, C et H sont alignés donc les points C, I et H sont alignés. Les segments $[AH]$ et $[BL]$ sont les diagonales d'un losange donc elles sont perpendiculaires et se coupent en I donc (BL) et (IH) sont perpendiculaires. Les points I, C et H étant alignés, on en déduit que les droites (IL) et (IC) sont perpendiculaires. Le triangle ICL est rectangle en I.

$IC = \sqrt{(8-2)^2 + (7-3)^2} = \sqrt{52}$;

$IL = \sqrt{(6-2)^2 + (-3-3)^2} = \sqrt{52}$.

IC = IL, **donc le triangle ICL est rectangle et isocèle en I.**

Exercice d'approfondissement

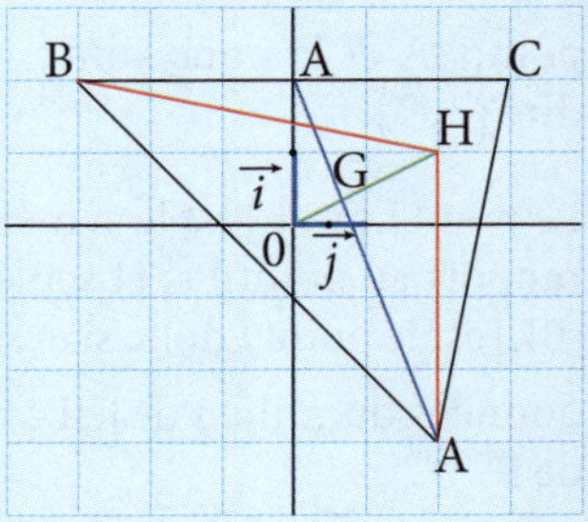

21 **1. a)** Les coordonnées du point A′ milieu de $[BC]$ sont $\left(\frac{-3+3}{2};\frac{2+2}{2}\right)$ donc sont $(0;2)$.

b) Si $(x\,;y)$ sont les coordonnées du point G les coordonnées de $\overrightarrow{GA'}$ dans la base $(\vec{i},\vec{j})$ sont $\begin{pmatrix}0-x\\2-y\end{pmatrix}$. Les coordonnées du vecteur $\overrightarrow{AA'}$ sont $\begin{pmatrix}0-2\\2-(-3)\end{pmatrix}=\begin{pmatrix}-2\\5\end{pmatrix}$. Les coordonnées du vecteur $\frac{1}{3}\overrightarrow{AA'}$ sont $\begin{pmatrix}-\frac{2}{3}\\\frac{5}{3}\end{pmatrix}$.

D'après l'unicité des coordonnées d'un vecteur dans une base donnée

$$\overrightarrow{GA'}=\frac{1}{3}\overrightarrow{AA'}\Leftrightarrow\begin{cases}-x&=&-\frac{2}{3}\\2-y&=&\frac{5}{3}\end{cases}\Leftrightarrow\begin{cases}x&=&\frac{2}{3}\\y&=&\frac{1}{3}\end{cases}.$$

Les coordonnées du point G sont $\left(\frac{2}{3};\frac{1}{3}\right)$. On a

$$\overrightarrow{AG}=\overrightarrow{AA'}+\overrightarrow{A'G}=\overrightarrow{AA'}-\overrightarrow{GA'}=\overrightarrow{AA'}-\frac{1}{3}\overrightarrow{AA'}=\frac{2}{3}\overrightarrow{AA'}.$$

Le segment $[AA']$ est la médiane issue du sommet A du triangle ABC.
Le point G est situé au $\frac{2}{3}$ de cette médiane en partant de A, c'est donc le centre de gravité du triangle ABC (*voir exercice 16*).

c) Les coordonnées du vecteur $\overrightarrow{GA}$ dans la base $(\vec{i},\vec{j})$ sont $\begin{pmatrix}2-\frac{2}{3}\\-3-\frac{1}{3}\end{pmatrix}=\begin{pmatrix}\frac{4}{3}\\-\frac{10}{3}\end{pmatrix}$.

Les coordonnées du vecteur $\overrightarrow{GB}$ dans la base $(\vec{i},\vec{j})$ sont $\begin{pmatrix}-3-\frac{2}{3}\\2-\frac{1}{3}\end{pmatrix}=\begin{pmatrix}-\frac{11}{3}\\\frac{5}{3}\end{pmatrix}$.

Les coordonnées du vecteur $\overrightarrow{GC}$ dans la base $(\vec{i},\vec{j})$ sont $\begin{pmatrix} 3-\frac{2}{3} \\ 2-\frac{1}{3} \end{pmatrix} = \begin{pmatrix} \frac{7}{3} \\ \frac{5}{3} \end{pmatrix}$.

Les coordonnées du vecteur $\overrightarrow{GA}+\overrightarrow{GB}+\overrightarrow{GC}$ dans la base $(\vec{i},\vec{j})$ sont $\begin{pmatrix} \frac{4}{3}+\left(-\frac{11}{3}\right)+\frac{7}{3} \\ -\frac{10}{3}+\frac{5}{3}+\frac{5}{3} \end{pmatrix} = \begin{pmatrix} 0 \\ 0 \end{pmatrix}$.

Donc

$$\overrightarrow{GA}+\overrightarrow{GB}+\overrightarrow{GC}=\vec{0}.$$

2. On a

$$OA=\sqrt{2^2+(-3)^2}=\sqrt{13};$$
$$OB=\sqrt{(-3)^2+2^2}=\sqrt{13};$$
$$OC=\sqrt{(3)^2+2^2}=\sqrt{13}.$$

$OA=OB=OC$ donc le point O est équidistant des trois sommets du triangle ABC donc **O est le centre du cercle circonscrit au triangle ABC**, c'est le point d'intersection des trois médiatrices du triangle.

3. a) Les coordonnées du vecteur $\overrightarrow{OA}+\overrightarrow{OB}+\overrightarrow{OC}$ sont $\begin{pmatrix} 2+(-3)+3 \\ -3+2+2 \end{pmatrix} = \begin{pmatrix} 2 \\ 1 \end{pmatrix}$.

Les coordonnées du point H dans le repère $(O;\vec{i},\vec{j})$ sont les coordonnées du vecteur $\overrightarrow{OH}$ dans la base $(\vec{i},\vec{j})$. Les coordonnées du point H sont $(2;1)$.

b) Les coordonnées du vecteur $\overrightarrow{AH}$ sont $\begin{pmatrix} 2-2 \\ 1-(-3) \end{pmatrix} = \begin{pmatrix} 0 \\ 4 \end{pmatrix}$.

Les coordonnées de $\overrightarrow{OA'}$ sont $\begin{pmatrix} 0 \\ 2 \end{pmatrix}$ donc $\overrightarrow{AH}=2\overrightarrow{OA'}$.

Les vecteurs $\overrightarrow{AH}$ et $\overrightarrow{OA'}$ sont colinéaires et non nuls, donc les droites (AH) et (OA′) sont parallèles.

La droite (OA′) est la médiatrice du segment [BC], la droite (OA′) est donc perpendiculaire à la droite (BC).

La droite (AH) étant parallèle à (OA′) est perpendiculaire à la droite (BC), passant par A c'est la hauteur relative au sommet A.

Les droites (AH) et (BC) sont perpendiculaires.

c) Par le même raisonnement on démontre que les droites (BH) et (AC) sont perpendiculaires.

La droite (BH) est donc la hauteur relative au sommet B dans le triangle ABC.

d) Le point H appartient aux deux hauteurs (AH) et (BH) du triangle, **c'est donc l'orthocentre du triangle ABC**.

4. Les coordonnées du vecteur $\overrightarrow{OH}$ dans la base $(\vec{i}, \vec{j})$ sont $\begin{pmatrix} 2 \\ 1 \end{pmatrix}$, les coordonnées du vecteur $\overrightarrow{OG}$ dans la même base sont $\begin{pmatrix} \frac{2}{3} \\ \frac{1}{3} \end{pmatrix}$ donc $\overrightarrow{OH} = 3\overrightarrow{OG}$. Les vecteurs $\overrightarrow{OH}$ et $\overrightarrow{OG}$ sont non nuls et colinéaires donc les points O, G et H sont alignés et $\overrightarrow{OH} = 3\overrightarrow{OG}$.

La droite passant par O, G et H est appelé la droite d'Euler.

CORRIGÉS

CHAPITRE 5

Problèmes de géométrie

COMPÉTENCES EXIGIBLES

- Résoudre des problèmes de géométrie plane.
- Calculer des longueurs, des angles et des aires.
- Résoudre des problèmes d'optimisation.

1 Projeté orthogonal d'un point sur une droite

1 Propriété admise

- Soit *D* une droite d'un plan et M un point du plan, il existe une droite et une seule passant par le point M et perpendiculaire à la droite *D*.
- Soit *D* une droite et M un point du plan, on appelle projeté orthogonal de M sur *D* le point H intersection de la droite D et de la perpendiculaire à *D* passant par M.

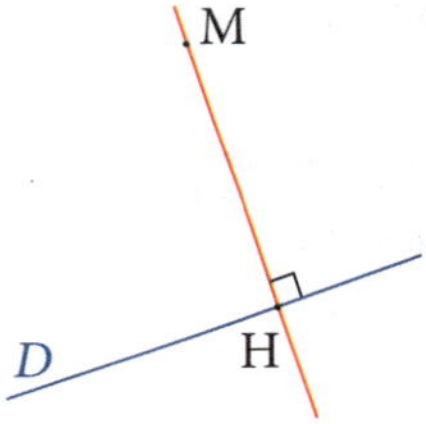

Remarque
Si le point M appartient à la droite *D*, le projeté orthogonal de M sur D est le point M lui-même.

2 Propriété

Si H est le projeté orthogonal d'un point M sur une droite *D* du plan, pour tout point N de la droite *D*, distinct de H, on a MH < MN.

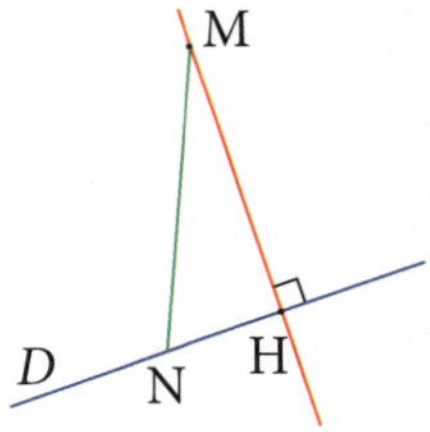

2 Tangente à un cercle

1 Définition

Soit *C* un cercle de centre O et de rayon R non nul, pour tout point M du cercle, on appelle tangente au cercle *C* au point M, la droite T passant par M et orthogonale à la droite (OM).

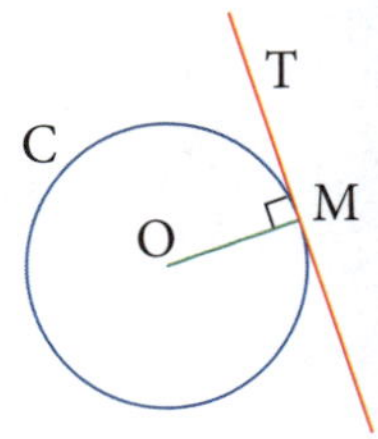

2 Propriété

Si une droite *D* coupe un cercle *C* de rayon non nul en un unique point M, la droite *D* est la tangente au cercle *C* au point M.

3 Hauteur d'un triangle - Orthocentre

1 Définition

Si ABC est un triangle, on appelle hauteur du triangle relative au sommet A, la droite passant par A perpendiculaire à la droite (BC).

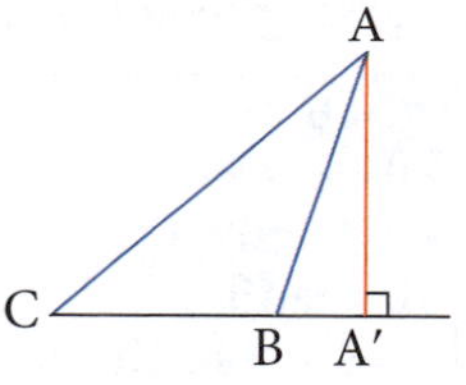

Remarque
Le segment $[AA']$ est aussi appelé hauteur.

2 Propriété

Si ABC est un triangle non plat, les trois hauteurs relatives à chacun des sommets sont concourantes, le point de concours s'appelle l'orthocentre du triangle.

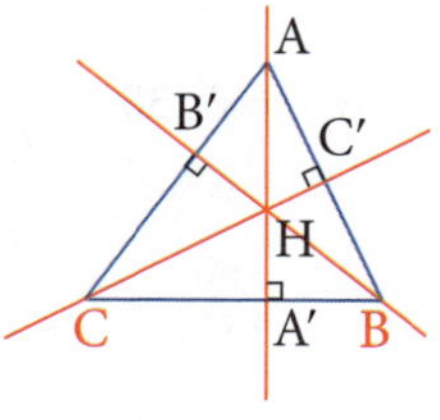

Remarque
Si le triangle est plat, les trois hauteurs sont des droites parallèles.

4 Trigonométrie

1 Définition

Soit ABC un triangle rectangle en A.
On appelle **cosinus** de l'angle $\widehat{ABC}$ et on note $\mathbf{cos}\left(\widehat{\mathbf{ABC}}\right)$ le réel strictement positif $\frac{AB}{BC}$.
On appelle **sinus** de l'angle $\widehat{ABC}$ et on note $\mathbf{sin}\left(\widehat{\mathbf{ABC}}\right)$ le réel strictement positif $\frac{AC}{BC}$.

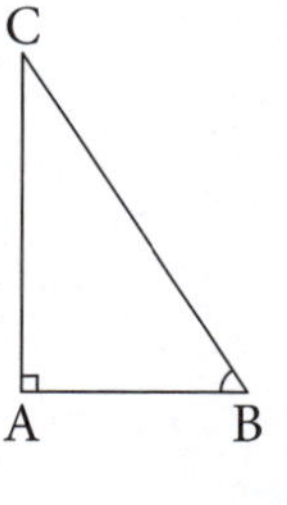

On appelle **tangente** de l'angle $\widehat{ABC}$ et on note **tan**$\left(\widehat{\mathbf{ABC}}\right)$ le réel strictement positif $\frac{AC}{AB} = \frac{\sin\left(\widehat{ABC}\right)}{\cos\left(\widehat{ABC}\right)}$.

2 Propriétés

Si θ est une mesure en degré d'un angle aigu, on a :

- $0 < \theta < 90$.
- $0 < \cos\theta < 1$.
- $0 < \sin\theta < 1$.
- $0 < \tan\theta$.
- $\cos^2\theta + \sin^2\theta = 1$.
- $\cos(90 - \theta) = \sin\theta$.
- $\sin(90 - \theta) = \cos\theta$.

- Quelques valeurs à connaître

$$\cos 30^\circ = \sin 60^\circ = \frac{\sqrt{3}}{2}.$$

$$\cos 60^\circ = \sin 30^\circ = \frac{1}{2}.$$

$$\cos 45^\circ = \sin 45^\circ = \frac{\sqrt{2}}{2}.$$

QCM et questions courtes

1 Lecture graphique

➔ Corrigé p. 113

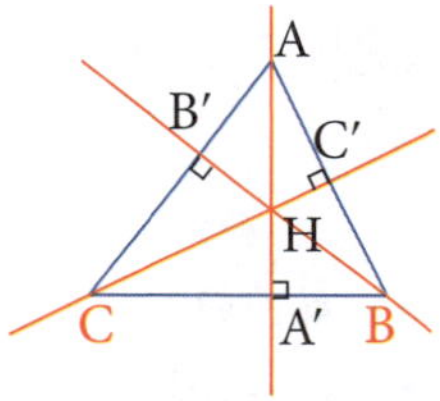

Compléter les phrases suivantes à l'aide du dessin ci-dessus.

1. Dans le triangle ABC, la hauteur issue du sommet C est la droite....

2. Dans le triangle AHC, la hauteur issue du sommet C est la droite....

3. L'orthocentre du triangle ABC est....

4. L'orthocentre du triangle AHC est....

5. L'orthocentre du triangle CBH est....

6. Le projeté orthogonal du point H sur (AC) est....

2 Vrai ou Faux ?

➔ Corrigé p. 113

Le point I est le milieu du segment [AC].

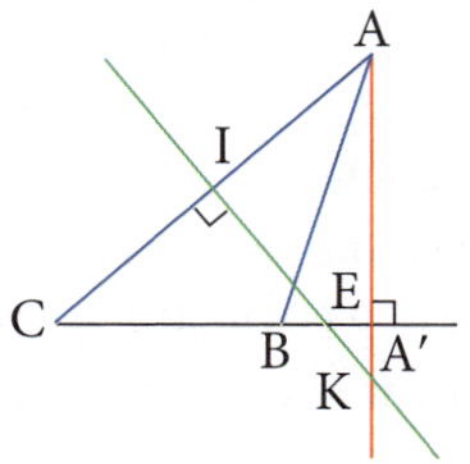

1. Le point E est le projeté orthogonal de I sur la droite (BC). ☐ Vrai ☐ Faux

2. La droite (AA′) est une hauteur du triangle AKE. ☐ Vrai ☐ Faux

3. Le point K est l'orthocentre du triangle ACE. ☐ Vrai ☐ Faux

4. La droite (CK) est perpendiculaire à la droite (AE). ☐ Vrai ☐ Faux

5. Les points E, K et I sont équidistants des points A et C. ☐ Vrai ☐ Faux

6. La médiatrice de [AC] est la droite (A′I). ☐ Vrai ☐ Faux

7. Le triangle AKC est isocèle. ☐ Vrai ☐ Faux

8. Le triangle ACE est isocèle. ☐ Vrai ☐ Faux

3 Lecture graphique

➔ Corrigé p. 114

On donne OA = OB = 1.

Compléter les affirmations.

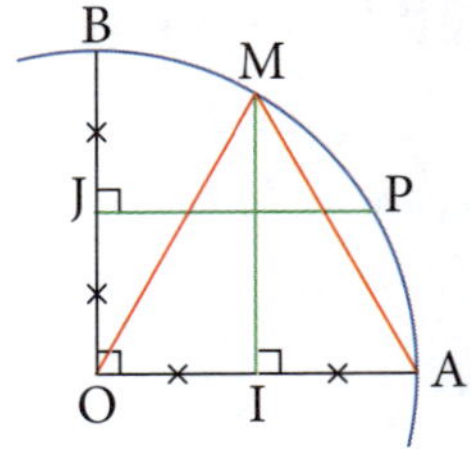

1. Le projeté orthogonal de.... sur (OA) est I.

2. La droite (MI) est la... de $[OA]$.

3. Le triangle OMA est....

4. J est le projeté orthogonal de.... sur (OB).

5. J est le projeté orthogonal de.... sur (JP).

6. La valeur de $\cos\left(\widehat{AOM}\right)$ est....

7. Une mesure de l'angle $\widehat{AOM}$ est....

8. Le triangle BOP est....

9. La valeur de $\cos\left(\widehat{BOP}\right)$ est ....

10. $MI =$....

11. $JP =$....

12. $\tan\left(\widehat{IAM}\right) =$....

13. $\frac{1}{2} MA \times OM \times \sin\left(\widehat{OMA}\right) =$....

4 QCM

➔ Corrigé p. 115

Indiquer quelle est la bonne réponse.

$[FG]$ est un diamètre du cercle C. Le point E est à l'extérieur du cercle C et n'appartient pas à la droite (FG).

Les droites (EF) et (EG) coupent C respectivement en P et Q.

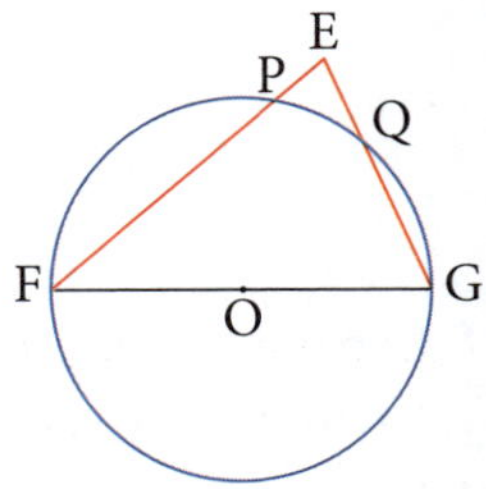

1. Les points P et Q sont respectivement :

a) les projetés orthogonaux de G et F sur (FE) et (GE).

b) les milieux de $[EF]$ et de $[EG]$.

c) les pieds des hauteurs issues de G et F dans le triangle EFG.

2. La droite (EO) est

a) une médiatrice du triangle EFG.

b) une médiane issue de E du triangle EFG.

c) un diamètre du cercle C.

3. Les droites (GP) et (FQ) se coupent en un point K.

a) Le point K est centre du cercle circonscrit au triangle EFG.

b) Le point K est l'orthocentre du triangle EFG.

c) Le point K est le centre de gravité du triangle EFG.

4. a) Il existe un cercle passant par E, P, K et Q.

b) Le triangle EPQ est rectangle.

c) Le quadrilatère EPOQ est un losange.

Exercices d'entraînement

5 Droite des milieux

★ 5 min Corrigé p. 115

Soit ABC un triangle quelconque non aplati, soit I le milieu de $[AB]$ et J le milieu de $[AC]$. Montrer que la droite (IJ) est parallèle à (BC) et $IJ = \frac{1}{2}BC$.

6 Triangle rectangle et projection

★ 5 min Corrigé p. 116

Soit ABC un triangle rectangle en A, H le projeté orthogonal de A sur $[BC]$. Montrer que $\widehat{CAH} = \widehat{ABC}$ et $\widehat{BAH} = \widehat{ACB}$.

7 Carré

★ 5 min Corrigé p. 116

Soit ABCD un carré tel que $AB = 3$ cm. Montrer que les quatre sommets du carré appartiennent à un même cercle dont on calculera le rayon.

8 Cercles et tangente

★★ 10 min Corrigé p. 116

1. Soit $\mathcal{C}$ un cercle de centre O et Δ une droite qui coupe $\mathcal{C}$ en deux points M et N distincts. Soit I le projeté orthogonal de O sur Δ. Montrer que I est le milieu de $[MN]$.

2. Soit $\mathcal{C}$ et $\mathcal{C}'$ deux cercles de même centre O et de rayons respectifs r et r' avec $r < r'$. La tangente Δ à $\mathcal{C}$ en un point A de $\mathcal{C}$ coupe $\mathcal{C}'$ en deux points P et Q. Montrer que A est le milieu de $[PQ]$.

9 Centre de gravité d'un triangle

★★ 10 min Corrigé p. 117

Soit ABCD un parallélogramme non plat de centre O. Soit S un point du plan distinct des points A, B, C et D. Montrer que les triangles SAC et SBD ont une médiane en commun. Montrer que les triangles SAC et SBD ont le même centre de gravité.

10 Cocyclicité

★★ 10 min Corrigé p. 117

Soit D et D' deux droites sécantes en O, M un point du plan n'appartenant ni à D ni à D'. Soit H et K les projetés orthogonaux respectifs de M sur D et de M sur D'. Montrer que les points O, M, H et K appartiennent à un même cercle dont on précisera le centre et le rayon.

11 Thalès

★★ 10 min Corrigé p. 117

Deux segments $[AC]$ et $[BD]$ se coupent en I, distinct des points A, B, C, D. La parallèle menée par C à (AD) coupe le segment $[IB]$ en C′. La parallèle menée par D à (BC) coupe $[IA]$ en D′.

Montrer que les droites $(C'D')$ et (AB) sont parallèles.

12 Thalès

★★ 10 min Corrigé p. 118

Soit A, B, C, D quatre points du plan non alignés trois à trois. Une parallèle à (BD) coupe le segment $[AB]$ en M et le segment $[AD]$ en N. Montrer que la droite (AC) et les parallèles menées par M à (BC) et par N à (CD) sont concourantes.

13 Médiatrice

10 min Corrigé p. 118

1. Soit P et Q deux points distincts du plan et Δ la médiatrice de $[PQ]$. Montrer que pour tout M de $[PQ]$, $MP = MQ$.

2. Soit $[PQ]$ un segment non réduit à un point et N un point du plan. Montrer que si $NP = NQ$ alors N appartient à la médiatrice Δ de $[PQ]$.

14 Minimum

★★ 15 min Corrigé p. 119

Soit D une droite du plan, A et B deux points d'un même demi-plan de frontière D, n'appartenant pas à la droite D. Déterminer les points M de D tels que $AM + MB$ soit le plus petit possible.

Indication : on construit le point A′ symétrique de A par rapport à D puis on calcule $MA' + MB$.

15 Triangle rectangle et médiane

★★ 15 min Corrigé p. 119

1. On veut montrer que si ABC est un triangle rectangle en A alors le milieu I de l'hypoténuse $[BC]$ vérifie $IA = IB = IC$.

a) Soit J le milieu de $[AB]$, justifier que (IJ) est parallèle à (AC) et en déduire que (IJ) est médiatrice de $[AB]$.

b) Déduire de **a.** que $IA = IB = IC$.

c) Montrer que le triangle rectangle ABC est inscrit dans un demi-cercle.

2. Soit ABC un triangle tel que le milieu M de $[BC]$ vérifie $MA=MB=MC$. On veut montrer que le triangle ABC est rectangle en A.

a) Quelle est la nature du triangle MAC ?

b) Soit I le milieu de $[AC]$. Que représente la droite (IM) pour le segment $[AC]$?

c) Que représente la droite (IM) dans le triangle ABC ? Montrer que les droites (IM) et (AB) sont parallèles.

d) En déduire que le triangle ABC est rectangle en A.

16 Triangle rectangle et projection orthogonale

★★ 15 min ➔ Corrigé p. 120

Soit ABC un triangle rectangle en A, I le milieu de $[AB]$ et J le projeté orthogonal de I sur $[BC]$. Montrer que

$$AC^2 = JC^2 - JB^2.$$

17 Triangle rectangle et projection orthogonale

★★ 15 min ➔ Corrigé p. 121

Soit ABC un triangle rectangle en A et H le projeté orthogonal de A sur $[BC]$.

1. Montrer que $AH = \dfrac{AB \times AC}{BC}$.

2. En déduire que $\dfrac{1}{AH^2} = \dfrac{1}{AB^2} + \dfrac{1}{AC^2}$.

Problèmes

18 Calcul dans un triangle rectangle

★★ 15 min ➔ Corrigé p. 121

Dans le plan rapporté à un repère orthonormé $(O ; \vec{i}, \vec{j})$, on donne les points A, B, et C de coordonnées respectives $A(3 ; 2)$, $B(0 ; 6)$, et $C\left(2 ; \dfrac{5}{4}\right)$.

1. Quelle est la nature du triangle ABC ?

2. Calculer l'aire $\mathcal{A}$ du triangle ABC, en déduire la distance AH où H est le projeté orthogonal de A sur la droite (BC).

3. Calculer une valeur approchée à 1 degré près de la mesure de l'angle $\widehat{ABC}$.

EXERCICES

Exercices d'approfondissement

19 Cercles et sécantes

★★★ 30 min ➲ Corrigé p. 122

Soit r un réel strictement positif, O un point du plan, $\mathcal{C}$ le cercle de centre O et de rayon r et P un point du plan tel que $OP > r$ (le point P est à l'extérieur du disque de centre O et de rayon r).

1. Soit I le milieu de $[OP]$ et Γ le cercle de centre I et de rayon $R = IO = IP$.

a) Faire une figure.

b) Le cercle Γ coupe le cercle $\mathcal{C}$ en deux points T_1 et T_2. Quelle est la nature des triangles POT_1 et POT_2 ?

c) Comment nomme-t-on les droites (PT_1) et (PT_2)

d) Montrer que $PT_1 = PT_2$.

e) Montrer que les droites (T_1T_2) et (OP) sont perpendiculaires.

2. Une droite Δ passant par P coupe $\mathcal{C}$ en deux points A et B, on notera A le point de Δ tel que $PA < PB$.

a) Soit M le projeté orthogonal de O sur Δ. Montrer que M est le milieu de $[AB]$.

b) En écrivant $PA = PM - MA$ et $PB = PM + MB$, montrer que :

$$PA \times PB = PM^2 - AM^2.$$

c) Montrer que $PA \times PB = PO^2 - r^2$.

d) Montrer que $PA \times PB = PT_1^2 = PT_2^2$.

20 Un carré dans un carré (Pythagore 1)

★★★ 30 min ➲ Corrigé p. 124

Soit a et b deux réels strictement positifs. On construit le carré ABCD tel que $AB = a + b$ et on appelle M, P, Q et R les points des côtés $[AB]$, $[BC]$, $[CD]$ et $[DA]$ tels que $AM = BP = CQ = DR = a$.

1. Montrer que le quadrilatère MPQR est un carré.

2. En écrivant une égalité d'aires, écrire le théorème de Pythagore pour le triangle rectangle MPB.

21 Un trapèze rectangle (Pythagore 2)

★★★ 30 min ➲ Corrigé p. 125

Soit ABCD un trapèze rectangle tel que $(AD)//(BC)$, $\widehat{BAD} = \widehat{ABC} = 90^\circ$, $AD = a$, $AB = a + b$, $BC = b$ et M un point de $[AB]$ tel que $AM = b$.

1. Que peut-on dire des triangles CMB et AMD ?

2. Démontrer que le triangle CMD est rectangle isocèle.

3. En calculant de deux manières l'aire du trapèze ABCD, retrouver le théorème de Pythagore.

QCM et questions courtes

1

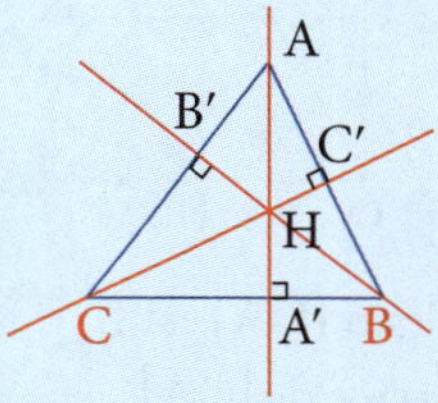

1. Dans le triangle ABC, la hauteur issue du sommet C est **la droite (CC′).**

2. Dans le triangle AHC, la hauteur issue du sommet C est **la droite (CB).**

3. L'orthocentre du triangle ABC est **le point H.**

4. L'orthocentre du triangle AHC est **le point B.**

5. L'orthocentre du triangle CBH est **le point A.**

6. Le projeté orthogonal du point H sur (AC) est **le point B′**.

2

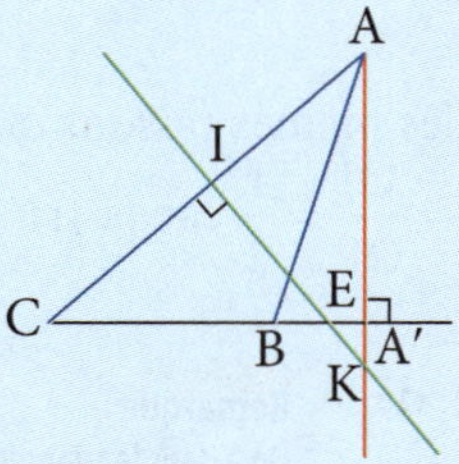

Remarque
K étant l'orthocentre du triangle ACE, (CK) est une hauteur donc (CK) ⊥ (AE).

1. Faux → Le point I est le projeté orthogonal de E sur la droite (AC).

2. Faux → La droite (AA′) est une hauteur du triangle ACE.

3. Vrai → Le point K est l'orthocentre du triangle ACE.

4. Vrai → La droite (CK) est perpendiculaire à la droite (AE).

5. Vrai → Les points E, K et I sont équidistants des points A et C.

6. Faux → La médiatrice de [AC] est la droite (EI) car K et E sont équidistants de A et C.

7. Vrai → Le triangle AKC est isocèle.

8. Vrai → Le triangle ACE est isocèle.

CORRIGÉS

3

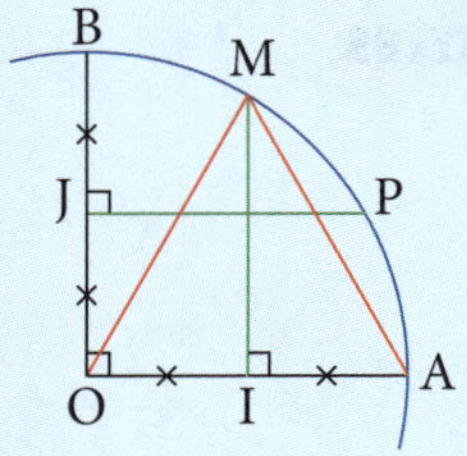

1. Le projeté orthogonal de M sur (OA) est I.

2. La droite (MI) est la **médiatrice** de $[OA]$.

3. Le triangle OMA est **équilatéral** car M appartient à la médiatrice de $[OA]$ donc $MO = MA = OA$.

4. J est le projeté orthogonal de P mais aussi de J sur (OB).

5. J est le projeté orthogonal de B mais aussi de O ou de J sur (JP).

6. La valeur de $\cos\left(\widehat{AOM}\right)$ est $\dfrac{OI}{OB} = \dfrac{\frac{1}{2}}{1} = \dfrac{1}{2}$ car le triangle MIO est rectangle en I, OI est un demi-rayon et OM est un rayon.

7. Une mesure de l'angle $\widehat{AOM}$ est 60°.

8. Le triangle BOP est **équilatéral** pour les mêmes raisons que OMA (cf. 3.).

9. La valeur de $\cos\left(\widehat{BOP}\right)$ est $\cos\left(\widehat{JOP}\right) = \dfrac{OJ}{OP} = \dfrac{1}{2}$ car le triangle JOP est rectangle en J.

10. $MI = \dfrac{\sqrt{3}}{2}$ car d'après le théorème de Pythagore dans le triangle rectangle OMI rectangle en I, $MI^2 = OM^2 - OI^2 = 1 - \dfrac{1}{4} = \dfrac{3}{4}$.

> **Remarque**
> On a dans le triangle OMI,
> $\sin\left(\widehat{AOM}\right) = \sin 60^\circ = \dfrac{\sqrt{3}}{2} = \dfrac{MI}{OM} = \dfrac{MI}{1} = MI$

11. $JP = \dfrac{\sqrt{3}}{2}$ de la même manière que la question précédente dans le triangle OJP.

12. $\tan\left(\widehat{IAM}\right) = \sqrt{3}$ car $\widehat{IAM} = \widehat{AOM} = 60^\circ$ (le triangle est équilatéral) et

$$\tan 60^\circ = \frac{\sin 60^\circ}{\cos 60^\circ}\frac{\frac{\sqrt{3}}{2}}{\frac{1}{2}} = \sqrt{3}.$$

13. $\dfrac{1}{2} \times OM \times MA \times \sin\left(\widehat{OMA}\right)$ est égal à l'aire du triangle OAM aussi égale à $\dfrac{1}{2} \times OA \times IM = \dfrac{\sqrt{3}}{4}$.

4 **1. Réponses a.** et **c.** Les triangles PFG et FQG sont rectangles car inscrits dans un demi-cercle donc $[GP]$ est perpendiculaire à $[FP]$ donc à $[FE]$. De même pour $[FQ]$. La réponse **b.** est fausse dans le cas général.

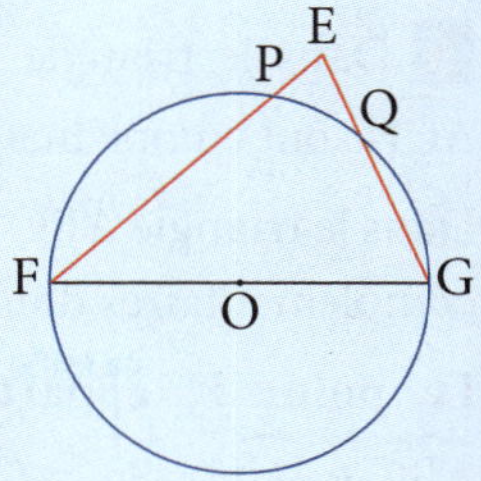

2. Réponses b. et **c.** Il y a une ambigüité sur le mot diamètre qui désigne à la fois un segment, une droite et une longueur. La réponse est vraie si l'on prend le sens droite. La réponse a. est fausse car la droite (OE) n'est pas toujours orthogonale à (FG). C'est le cas si EFG est isocèle en E.

3. Réponses b. Les droites (GP) et (FQ) sont des hauteurs du triangle EFG donc leur point d'intersection est l'orthocentre du triangle. Les réponses **a.** et **c.** sont fausses dans le cas général.

4. Réponses a. Les deux triangles EPK et EQK sont rectangles respectivement en P et Q et ont une hypoténuse commune le segment $[EK]$. Les deux triangles sont inscrits dans un même cercle de diamètre $[EK]$.

Exercices d'entraînement

5 Par hypothèse :

- le point I est le milieu du segment $[AB]$ donc les points A, I, B sont trois points alignés;
- le point J est le milieu du segment $[AC]$ donc les points A, J, C sont trois points alignés.

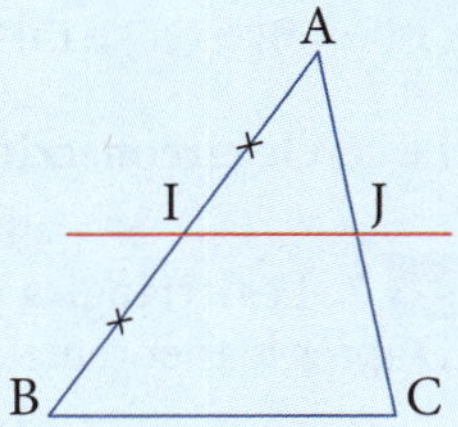

On a aussi $\frac{AI}{AB} = \frac{1}{2}$ et $\frac{AJ}{AC} = \frac{1}{2}$.

Les quotients $\frac{AI}{AB}$ et $\frac{AJ}{AC}$ sont égaux et les points A, I, B et A, J, C sont dans le même ordre, donc d'après la réciproque du théorème de Thalès, les droites (IJ) et (BC) sont parallèles et l'on a de plus

$$\frac{AI}{AB} = \frac{AJ}{AC} = \frac{IJ}{BC} = \frac{1}{2}.$$

Donc

$$\boxed{IJ = \frac{1}{2}BC.}$$

Rappel
Ne jamais oublier de préciser l'ordre des points pour utiliser la réciproque du théorème de Thalès.

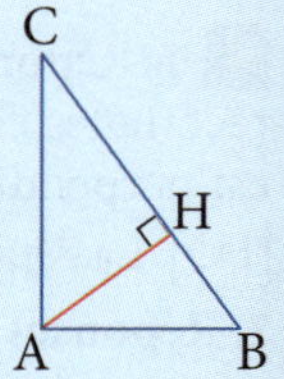

6 Dans le triangle CAH rectangle en H, les angles $\widehat{CAH}$ et $\widehat{ACH}$ sont complémentaires, donc $\widehat{CAH}+\widehat{ACH}=90^\circ$.

Dans le triangle ABC rectangle en A, les angles $\widehat{ABC}$ et $\widehat{ACB}$ sont complémentaires donc $\widehat{ABC}+\widehat{ACB}=90^\circ$.

Le point H appartient à $[BC]$ donc $\widehat{ACH}=\widehat{ACB}$ donc $\widehat{ABC}+\widehat{ACH}=90^\circ=\widehat{CAH}+\widehat{ACH}$ donc $\widehat{ABC}=\widehat{CAH}$.

On démontre de même la deuxième inégalité à l'aide des triangles ABH et ABC.

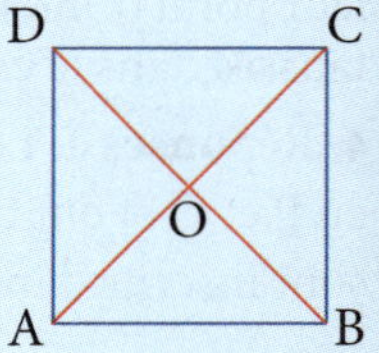

7 Un carré est un parallélogramme particulier, les diagonales se coupent en leurs milieux. Le point O est le milieu de $[BD]$ et de $[AD]$ donc $OB=OD$ et $OA=OC$. Les diagonales sont égales donc $AC=BD$ donc $OA=OB=OC=OD$. Les points A, B, C et D appartiennent à même cercle de centre O.

Le triangle ABD est rectangle et les côtés de l'angle droit ont pour longueur 3. Donc d'après le théorème de Pythagore $BD^2=9+9=18$ donc $BD=3\sqrt{2}$ donc $OA=OB=OC=OD=\dfrac{3\sqrt{2}}{2}$.

Le cercle circonscrit au carré a pour centre le point O et pour rayon $\dfrac{3\sqrt{2}}{2}$.

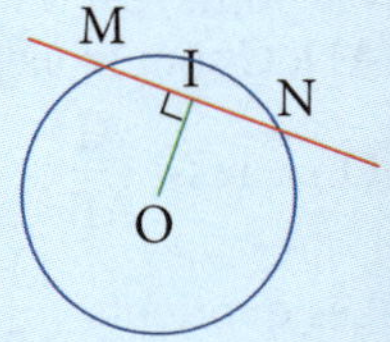

8 **1.** Les triangles OIM et OIN sont rectangles en I. D'après le théorème de Pythagore, on a :

$$IM^2=OM^2-OI^2.$$
$$IN^2=ON^2-OI^2.$$

Les rayons OM et ON ont la même longueur donc $OM^2=ON^2$ et donc $IM^2=IN^2$, les réels IM et IN sont positifs donc $IM=IN$ donc I est le milieu du segment $[MN]$ car I appartient à $[MN]$.

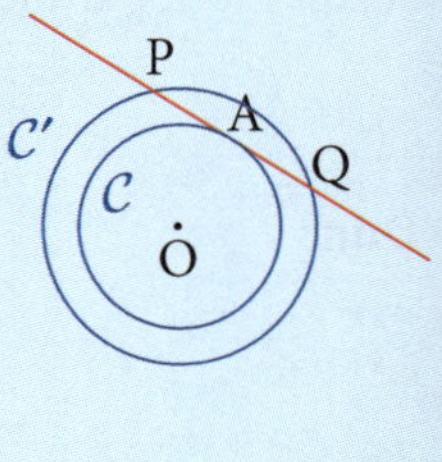

2. La droite Δ étant tangente au cercle $\mathcal{C}$ au point A, la droite (OA) est perpendiculaire à la droite Δ en A. Le point A est le projeté sur Δ du centre O du cercle $\mathcal{C}'$ **donc d'après la question 1. le point A est le milieu du segment $[PQ]$.**

9 Le quadrilatère ABCD est un parallélogramme donc les diagonales $[AC]$ et $[BD]$ se coupent en leur milieu. Le segment $[SO]$ joint le sommet S du triangle SAC au milieu du côté opposé $[AC]$. Le segment $[SO]$ est donc la médiane relative au sommet S du triangle SAC. De même $[SO]$ est la médiane issue de S dans le triangle SDB. Le segment $[SO]$ est donc la médiane relative au sommet S de chacun des triangles SAC et SBD.

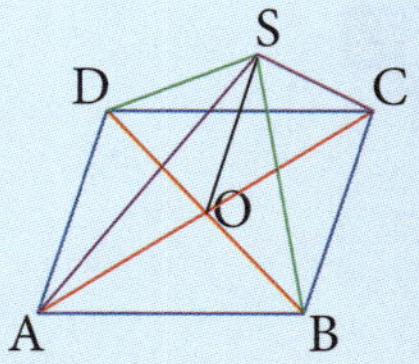

Le centre de gravité G d'un triangle est situé aux 2/3 en partant du sommet d'une médiane donc dans chacun des triangles aux 2/3 de $[SO]$ en partant de S. **Les deux triangles ont le même centre de gravité.**

Rappel
Le centre de gravité d'un triangle est le point de concours des médianes, il est situé au 2/3 de chacune en partant du sommet.

10 Les deux triangles OMH et OMK sont rectangles respectivement en H et K et ont une hypoténuse commune $[OM]$.

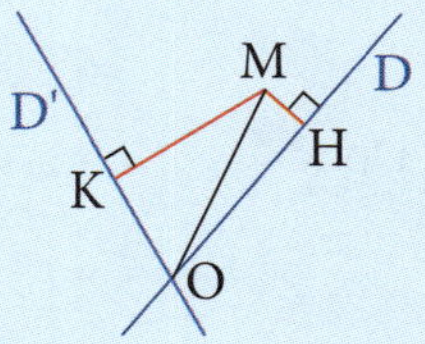

Les deux triangles sont inscrits dans le même cercle de diamètre $[OM]$ donc les quatre points O, M, H et K appartiennent à un même cercle de centre le milieu de $[OM]$ et de rayon $\frac{OM}{2}$.

11 Les points I, C, A d'une part et I, C′, D d'autre part sont alignés. Les droites (CC') et (AD) sont parallèles d'où, d'après le théorème de Thalès :

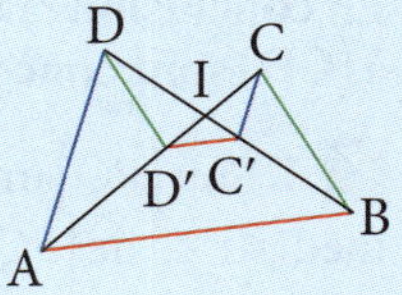

$$\frac{IC}{IA} = \frac{IC'}{ID}.$$

Les points I, D, B d'une part et I, D′, C d'autre part sont alignés. Les droites (DD') et (BC) sont parallèles d'où, d'après le théorème de Thalès :

$$\frac{ID'}{IC} = \frac{ID}{IB}.$$

D'où en faisant le produit membre à membre des deux égalités précédentes

$$\frac{IC}{IA} \times \frac{ID'}{IC} = \frac{IC'}{ID} \times \frac{ID}{IB}$$

$$\frac{ID'}{IA} = \frac{IC'}{IB}.$$

avec $D' \in [IA]$ et $C' \in [IB]$ donc **les droites $(C'D')$ et (AB) sont parallèles d'après la réciproque du théorème de Thalès.**

Remarque
Il faut valider l'ordre des points pour pouvoir utiliser la réciproque du théorème de Thalès.

12

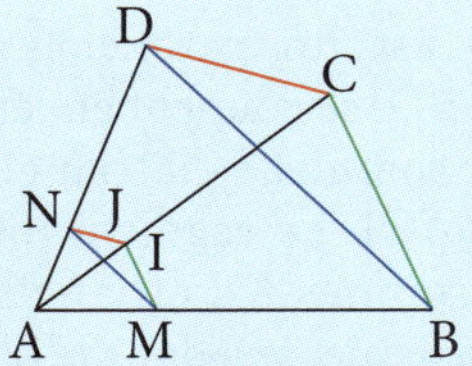

La parallèle à (BD) passant par un point M du segment $[AB]$, distinct de A et de B, coupe le segment $[AD]$ en N et la parallèle à (BC) passant par M coupe (AC) en I. D'après le théorème de Thalès on a :

$$\frac{AM}{AB}=\frac{AN}{AD} \text{ et } \frac{AM}{AB}=\frac{AI}{AC}.$$

La parallèle à (DC) passant par le point N coupe (AC) en J. D'après le théorème de Thalès on a :

$$\frac{AN}{AD}=\frac{AJ}{AC}.$$

Donc

$$\frac{AI}{AC}=\frac{AJ}{AC}.$$

Donc $AI = AJ$. Les points I et J appartiennent au segment $[AC]$ donc les points I et J sont confondus.

En conclusion : la droite (AC) et les parallèles menées par M à (BC) et par N à (CD) sont concourantes.

13 **1.** Soit $[PQ]$ un segment non réduit à un point et Δ la médiatrice de $[PQ]$, et M un point de Δ.

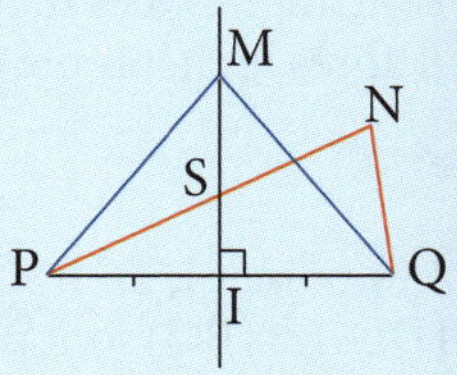

La droite Δ est perpendiculaire à la droite (PQ) et coupe (PQ) au milieu I du segment $[PQ]$.

- Si M est au point I alors l'égalité $MP = MQ$ est vérifiée.
- Si M est distinct de I et appartient à Δ, les triangles MIP et MIQ sont rectangles en I, donc d'après le théorème de Pythagore, on a

$$MP^2 = MI^2 + IP^2 = MI^2 + IQ^2 \text{ car } IP = IQ$$
$$= MQ^2 \text{ car le triangle MIQ est rectangle en I.}$$

Donc $MP = MQ$ car les réels MP et MQ sont positifs.

2. Soit $[PQ]$ un segment et N un point du plan. On suppose que $NP = NQ$ et on veut conclure que N appartient à la médiatrice Δ de $[PQ]$.

On va faire un raisonnement par l'absurde, on suppose à la fois que $NP = NQ$ et que N n'appartient pas à la médiatrice Δ de $[PQ]$. Les droites (NP) et (NQ)

ne peuvent être toutes les deux orthogonales à la droite (PQ) car elles sont sécantes au point N. La droite Δ coupe l'un des deux segments $[NP]$ ou $[NQ]$ en S. Supposons que Δ coupe $[NP]$ au point S qui d'après la première question vérifie $SP = SQ$.

Le point S n'appartient pas à la droite (NQ), donc le triangle SNQ n'est pas plat et donc l'inégalité triangulaire est stricte et l'on a :

$$NQ < NS + SQ$$

$$NQ < NS + SP \text{ car } SP = SQ.$$

Le point S appartient au segment $[NP]$ donc $NS + SP = NP$ d'où $NQ < NP$ ce qui contredit l'hypothèse $NP = NQ$ donc le point N appartient à la droite Δ.

14 Soit A' le symétrique du point A par rapport à la droite *D*. La droite *D* est la médiatrice du segment $[AA']$ donc pour tout point M de *D*,

$$MA = MA'.$$

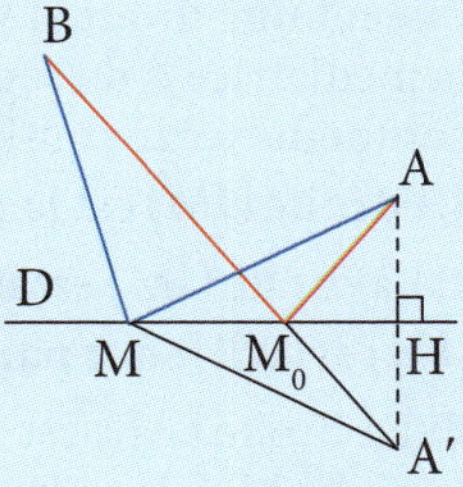

donc $AM + MB = A'M + MB$. Or d'après l'inégalité triangulaire appliquée aux trois points M, A' et B, pour tout point M de *D*,

$$MA' + MB \geqslant A'B.$$

Les points B et A' étant de part et d'autre de la droite *D*, il existe un unique point M_0 de *D* appartenant à $[A'B]$ vérifiant :

$$M_0A = M_0A' \quad \text{et} \quad M_0A' + M_0B = A'B.$$

Donc pour tout point M de *D*, $MA + MB \geq M_0A + M_0B$.

Il existe **un unique point M de *D*** pour lequel la somme $MA + MB$ est la plus petite possible, **ce point est l'intersection de *D* et de $[A'B]$**.

15 **1.** ABC un triangle rectangle en A et I le milieu de l'hypoténuse $[BC]$ donc $IB = IC$.

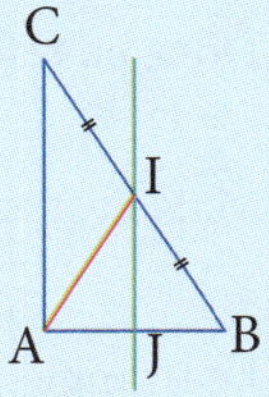

a) Soit J le milieu de $[AB]$. La droite (IJ) est la droite passant par les milieux des côtés $[BC]$ et $[AB]$ elle est donc parallèle au troisième côté $[AC]$. La droite (AC) est orthogonale au côté $[AB]$ car le triangle ABC est rectangle en A. La droite (IJ) parallèle à (AC) est donc perpendiculaire au côté $[AB]$, elle passe par le milieu J de $[AB]$ c'est donc la médiatrice du segment $[AB]$.

b) Le point I appartenant à la médiatrice du segment $[AB]$ vérifie $IA = IB$ mais I est le milieu de $[BC]$ donc $IB = IC$, en conclusion $IA = IB = IC$.

c) En conclusion si ABC est un triangle rectangle en A, le centre du cercle circonscrit au triangle ABC est le milieu de l'hypoténuse. L'hypoténuse est un diamètre du cercle circonscrit au triangle rectangle ABC.

> **Remarque**
> On dit qu'un triangle rectangle est inscrit dans un demi-cercle.

2. Soit ABC un triangle tel que le milieu M de $[BC]$ vérifie $MA = MB = MC$.

a) **Le triangle MAC est isocèle** en M car $MA = MC$.

b) Soit I le milieu de $[AC]$. Les points I et M sont équidistants de A et de C, on a $IA = IC$ et $MA = MC$. Les deux points I et M ne sont pas confondus car ils sont différents de C seul point commun aux deux côtés $[AB]$ et $[BC]$. Les deux points I et M définissent une droite (IM). Les deux points I et M appartiennent à la médiatrice Δ du segment $[AC]$. Les deux droites Δ et (IM) sont confondues car contiennent toutes deux les deux points I et M. **La droite (IM) est la médiatrice du segment $[AC]$.**

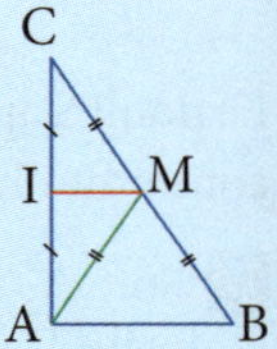

c) La droite (IM) est une droite des milieux dans le triangle ABC. **Les droites (IM) et (AB) sont parallèles.**

d) La droite (AB) est une droite parallèle à la droite (IM) qui est perpendiculaire à $[AC]$. Les droites (AB) et (AC) sont donc perpendiculaires en A. **Le triangle ABC est donc rectangle en A.**

16 En appliquant le théorème de Pythagore dans le triangle ACI rectangle en A, on obtient :

$$AC^2 + AI^2 = CI^2 \text{ ou } AC^2 = CI^2 - AI^2 \qquad (1)$$

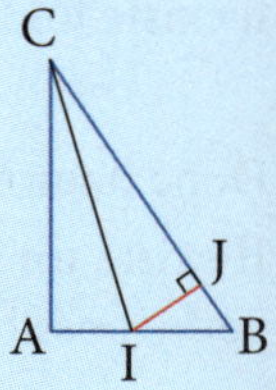

En appliquant le théorème de Pythagore dans le triangle CIJ rectangle en J, on obtient :

$$CJ^2 + IJ^2 = CI^2.$$

Donc en remplaçant CI^2 par son expression dans (**1**), on obtient :

$$AC^2 = CJ^2 + IJ^2 - AI^2.$$

Mais I est le milieu de $[AB]$ donc $IA = IB$ donc

$$AC^2 = CJ^2 + IJ^2 - BI^2. \qquad (2)$$

Le triangle IBJ est rectangle en J donc $IJ^2 + JB^2 = IB^2$ donc $IJ^2 - BI^2 = -JB^2$. En remplaçant $IJ^2 - BI^2$ par sa valeur dans (**2**) on obtient

$$\boxed{AC^2 = CJ^2 - JB^2}$$

17 **1.** On calcule l'aire $\mathcal{A}$ du triangle ABC de deux manières.

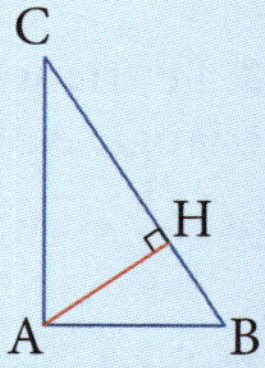

On a $\mathcal{A} = \frac{1}{2}AB \times AC = \frac{1}{2}AH \times BC$ donc $AB \times AC = AH \times BC$.

On a donc, BC étant non nul :

$$AH = \frac{AB \times AC}{BC}.$$

2. En élevant les deux membres au carré, on obtient

$AH^2 = \frac{AB^2 \times AC^2}{BC^2}$.

Les longueurs AH, AB, AC et BC sont non nulles, on peut donc écrire « en passant aux inverses » :

$$\frac{1}{AH^2} = \frac{BC^2}{AB^2 \times AC^2}.$$

Le triangle ABC est rectangle en A donc $BC^2 = AB^2 + AC^2$ donc :

$$\frac{1}{AH^2} = \frac{AB^2 + AC^2}{AB^2 \times AC^2} = \frac{AB^2}{AB^2 \times AC^2} + \frac{AC^2}{AB^2 \times AC^2}$$

$$= \frac{1}{AC^2} + \frac{1}{AB^2}$$ en simplifiant par les réels non nuls AB^2 et AC^2.

$$\boxed{\frac{1}{AH^2} = \frac{1}{AB^2} + \frac{1}{AC^2}}$$

Problèmes

18 **1.** On a

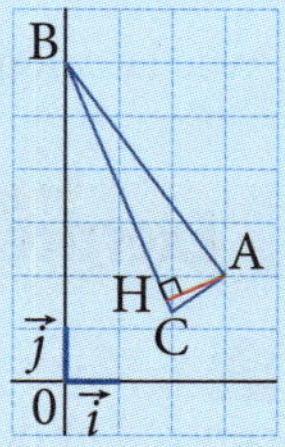

$$AB^2 = (0-3)^2 + (6-2)^2 = 25;$$

$$AC^2 = (2-3)^2 + \left(\frac{5}{4} - 2\right)^2 = 1 + \frac{9}{16} = \frac{25}{16};$$

$$BC^2 = (2-0)^2 + \left(\frac{5}{4} - 6\right)^2 = 4 + \left(\frac{19}{4}\right)^2 = \frac{425}{16}.$$

On remarque que $AB^2 + AC^2 = 25 + \frac{25}{16} = \frac{425}{16} = BC^2$.

D'après la réciproque du théorème de Pythagore, **le triangle ABC est rectangle en A.**

2. Le triangle ABC est rectangle en A donc l'aire $\mathcal{A}$ du triangle ABC est égale à :

$\mathcal{A} = \frac{1}{2} \times AB \times AC = \frac{1}{2} \times 5 \times \frac{5}{4} = \frac{25}{8}$.

> **Remarque**
> L'unité d'aire est l'aire du carré construit sur $[OI]$ et $[OJ]$ avec $\overrightarrow{OI} = \vec{\imath}$ et $\overrightarrow{OJ} = \vec{\jmath}$.

L'aire du triangle ABC est égale à $\frac{25}{8}$ unités d'aire.

L'aire du triangle ABC est aussi égale à :

$$\begin{aligned}\mathcal{A} &= \frac{1}{2} \times AH \times BC = \frac{25}{8}\\ &= \frac{1}{2} \times AH \times \sqrt{\frac{425}{16}}.\end{aligned}$$

D'où

$$\begin{aligned}\frac{1}{2} \times AH \times \sqrt{\frac{425}{16}} = \frac{25}{8} &\Leftrightarrow AH \times \frac{5\sqrt{17}}{8} = \frac{25}{8}\\ &\Leftrightarrow AH = \frac{25}{5\sqrt{17}} = \frac{5}{\sqrt{17}}.\end{aligned}$$

La longueur AH est égale à $\frac{5\sqrt{17}}{17}$ unités de longueur. AH ≈ 1,21 unité de longueur à 0,01 près.

3. Dans le triangle rectangle en A, on a

$$\cos\left(\widehat{ABC}\right) = \frac{AB}{BC} = \frac{5}{\frac{5\sqrt{17}}{4}} = \frac{4\sqrt{17}}{17}.$$

Avec la calculatrice à un degré près, **on trouve $\widehat{ABC} = 14^\circ$.**

Exercices d'approfondissement

19 **1.** Soit I le milieu de $[OP]$ et Γ le cercle de centre I et de rayon $R = IO = IP$.

a) Figure

Le cercle Γ coupe le cercle $\mathcal{C}$ en deux points T_1 et T_2.

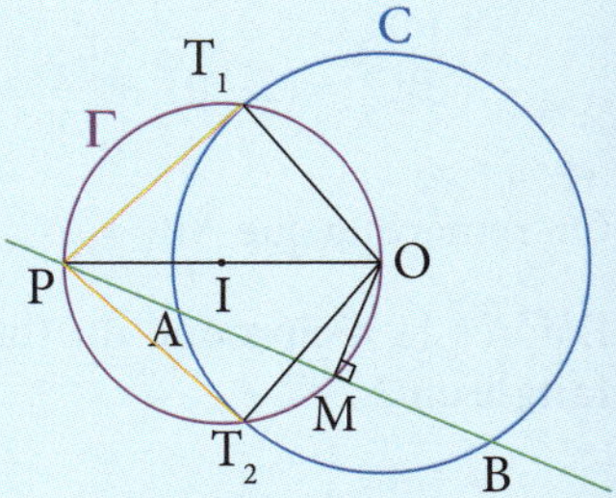

b) Le triangle POT_1 est inscrit dans le demi-cercle de diamètre $[PO]$, il est donc rectangle en T_1. De même pour le triangle POT_2, qui est rectangle en T_2.

c) Le point T_1 est un point du cercle $\mathcal{C}$, la droite (PT_1) est orthogonale au rayon $[OT_1]$, la droite (PT_1) est tangente au cercle $\mathcal{C}$ au point T_1.

Les droites (PT_1) et (PT_2) sont deux tangentes à $\mathcal{C}$ passant par P.

d) D'après le théorème de Pythagore dans le triangle rectangle OPT_1 :

$$\begin{aligned} PT_1^2 &= OP^2 - OT_1^2 \\ &= OP^2 - OT_2^2 \text{ car } OT_1 = OT_2 = r \\ &= PT_2^2 \text{ car } OPT_2 \text{ rectangle en } T_2. \end{aligned}$$

Donc

$$\boxed{PT_1 = PT_2.}$$

e) $[OT_1]$ et $[OT_2]$ sont des rayons du cercle $\mathcal{C}$, donc le point O appartient à la médiatrice du segment $[T_1T_2]$. De même $[IT_1]$ et $[IT_2]$ sont des rayons du cercle Γ, donc le point I appartient à la médiatrice du segment $[T_1T_2]$. Les points O et I appartiennent à la médiatrice de $[T_1T_2]$ donc la droite (OI) est la médiatrice de $[T_1T_2]$. Le point P appartient à la droite (OI), la droite (OP) est la médiatrice de $[T_1T_2]$ donc **les droites (T_1T_2) et (OP) sont perpendiculaires.**

2. Une droite Δ passant par P coupe $\mathcal{C}$ en deux points A et B, on notera A le point de Δ tel que $PA < PB$.

a) Soit M le projeté orthogonal de O sur Δ.

Le triangle OMA est rectangle en M donc d'après le théorème de Pythagore :

$$MA^2 = OA^2 - OM^2.$$

De même dans le triangle rectangle OMB,

$$MB^2 = OB^2 - OM^2.$$

Les segments $[OA]$ et $[OB]$ sont des rayons du cercle $\mathcal{C}$ donc $OA = OB$, on a donc $MA^2 = MB^2$ et donc $MA = MB$.

Les points *M*, *A*, *B* appartiennent à la droite Δ, ils sont alignés donc le point *M* est le milieu du segment $[AB]$.

b) Par construction des points A et B on a $PA = PM - MA$ et $PB = PM + MB$, donc

$$PA \times PB = (PM - MA)(PM + MB).$$

CORRIGÉS

Mais MA = MB d'après **a.**

$$PA \times PB = (PM - MA)(PM + MA)$$
$$= PM^2 - MA^2.$$

$$\boxed{PA \times PB = PM^2 - AM^2.}$$

c) Le triangle POM est rectangle en M car M est le projeté orthogonal de O sur Δ, donc d'après le théorème de Pythagore $PM^2 = PO^2 - OM^2$.

L'égalité de la question précédente s'écrit :

$$\begin{aligned}PA \times PB &= PM^2 - AM^2\\ &= PO^2 - OM^2 - AM^2\\ &= PO^2 - \left(OM^2 + AM^2\right)\\ &= PO^2 - OA^2 \text{ car le triangle AOM est rectangle en M}\\ &= PO^2 - r^2.\end{aligned}$$

Remarque
Quelle que soit la sécante à $\mathcal{C}$ passant par le point P le produit PA × PB est constant. Ce nombre est appelé la puissance de P par rapport au cercle $\mathcal{C}$.

d) Le triangle PT_1O est rectangle en T_1, on a ainsi :

$$PO^2 = PT_1^2 + OT_1^2 = PT_1^2 + r^2.$$

Donc

$$PT_1^2 = PO^2 - r^2.$$

De même

$$PT_2^2 = PO^2 - r^2.$$

$$\boxed{PA \times PB = PT_1^2 = PT_2^2 = PO^2 - r^2.}$$

20 **1.** Les triangles RAM, MBP, PCQ et QDR sont rectangles et ont des côtés deux à deux de même longueur, ces quatre triangles sont superposables, les angles sont égaux deux à deux. Les quatre côtés du quadrilatère MPQR ont la même longueur donc le quadrilatère est un losange.

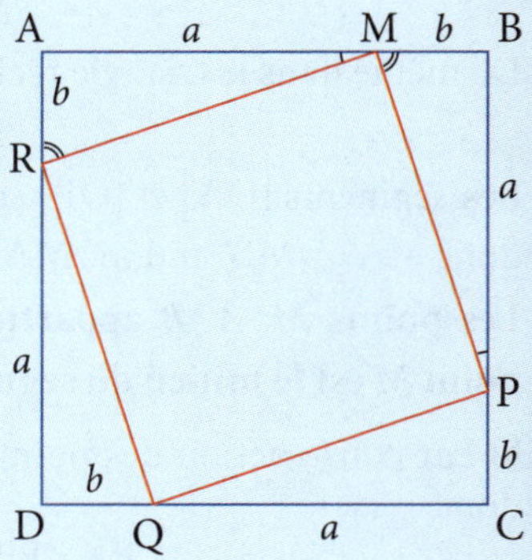

On a

$$\widehat{AMB} = 180^\circ = \widehat{AMR} + \widehat{RMP} + \widehat{PMB}.$$

En superposant les triangles MAR et PBM, on a l'égalité des angles $\widehat{AMR} = \widehat{BPM}$.

Dans le triangle PBM les angles $\widehat{BPM}$ et $\widehat{PMB}$ sont complémentaires. D'où

$$\widehat{BPM} + \widehat{PMB} = 90^\circ.$$

Donc

$$\begin{aligned}\widehat{AMR} + \widehat{RMP} + \widehat{PMB} = 180^\circ &\Leftrightarrow \widehat{RMP} = 180 - \widehat{AMR} - \widehat{PMB}\\ &\Leftrightarrow \widehat{RMP} = 180 - \widehat{BPM} - \left(90^\circ - \widehat{BPM}\right)\\ &\Leftrightarrow \widehat{RMP} = 90^\circ.\end{aligned}$$

Le quadrilatère MPQR est un losange ayant un angle droit c'est donc un carré.

2. L'aire du carré ABCD est égale à $(a+b)^2$.

Soit c la longueur du côté du carré MPQR, son aire est c^2. L'aire de chacun des quatre triangles rectangle est $\frac{1}{2}ab$. En écrivant une l'égalité des aires, on a

$$(a+b)^2 = c^2 + 4\left(\frac{1}{2}ab\right)$$
$$c^2 = (a+b)^2 - 2ab$$
$$c^2 = a^2 + b^2$$
$$MP^2 = BP^2 + MB^2.$$

Le théorème de Pythagore a été démontré dans le triangle rectangle MBP.

21 **1.** Par construction les triangles rectangles CMB et AMD ont deux à deux des côtés de même longueur. Ces triangles sont donc superposables, les angles de ces deux triangles sont donc égaux deux à deux comme indiqué sur la figure.

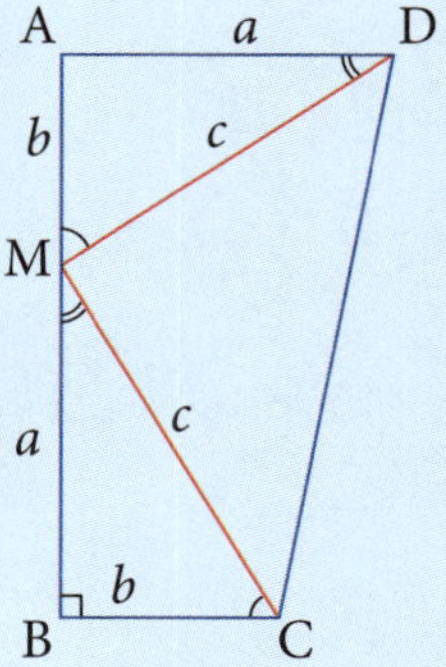

2. Le triangle MCD est isocèle car les côtés MC et MD ont la même longueur (hypoténuse de deux triangles rectangles dont les côtés de l'angle droit ont la même longueur).

On a $\widehat{BMC}+\widehat{CMD}+\widehat{DMA}=180^\circ$. Dans le triangle rectangle MDA on a $\widehat{DMA}+\widehat{ADM}=90^\circ$, mais $\widehat{ADM}=\widehat{BMC}$:

$$\begin{aligned}\widehat{CMD}&=180-\left(\widehat{BMC}+\widehat{DMA}\right)=180-\left(\widehat{ADM}+\widehat{DMA}\right)\\&=180-90=90.\end{aligned}$$

Le triangle CMD est rectangle isocèle.

3. L'aire $\mathcal{A}$ du trapèze ABCD est égale à

$\mathcal{A}=\frac{1}{2}(AD+BC)\times AB=\frac{1}{2}(a+b)\times(a+b)=\frac{1}{2}(a+b)^2.$

En décomposant le trapèze en la réunion de deux triangles rectangles et d'un triangle rectangle isocèle, on obtient :

$$\mathcal{A}=2\left(\frac{1}{2}ab\right)+\frac{1}{2}c^2.$$

D'où

$$\begin{aligned}\mathcal{A}=2\left(\frac{1}{2}ab\right)+\frac{1}{2}c^2=\frac{1}{2}(a+b)^2 &\Leftrightarrow \frac{1}{2}c^2=\frac{1}{2}(a+b)^2-ab\\&\Leftrightarrow \frac{1}{2}c^2=\frac{1}{2}a^2+\frac{1}{2}b^2+ab-ab.\end{aligned}$$

On a donc $c^2=a^2+b^2$ soit le théorème de Pythagore dans le triangle ADM.

CHAPITRE 6

Les droites du plan

COMPÉTENCES EXIGIBLES

- Déterminer une équation de droite à partir de deux points, d'un point et un vecteur directeur ou d'un point et la pente.
- Déterminer la pente ou un vecteur directeur d'une droite donnée.
- Tracer une droite connaissant son équation cartésienne ou réduite.
- Résoudre un système de deux équations linéaires à deux inconnues, interpréter le résultat.

1 Vecteur directeur d'une droite

1 Définition

On appelle vecteur directeur d'une droite D tout vecteur non nul ayant la direction de la droite D.

- **Exemple**

Si A et B sont deux points distincts d'une droite D, les vecteurs $\overrightarrow{AB}$ et $\overrightarrow{BA}$ sont des vecteurs directeurs de la droite D.

2 Propriétés

- Tous les vecteurs directeurs d'une droite D sont colinéaires (ils ont tous la même direction).
- Si A est un point du plan et $\vec{u}$ un vecteur non nul, il existe une droite et une seule passant par A et ayant pour vecteur directeur le vecteur $\vec{u}$. On note parfois cette droite $(A, \vec{u})$.
- Soit D la droite passant par un point A et de vecteur directeur $\vec{u}$, un point M du plan appartient à la droite D si et seulement si les vecteurs $\overrightarrow{AM}$ et $\vec{u}$ sont colinéaires, donc si et seulement si $\det\left(\overrightarrow{AM}, \vec{u}\right) = 0$.

2 Position relative de deux droites

- Deux droites D et D' de vecteurs directeurs respectifs $\vec{u}$ et $\overrightarrow{u'}$ sont parallèles si et seulement si les vecteurs $\vec{u}$ et $\overrightarrow{u'}$ sont colinéaires donc si et seulement si $\det\left(\vec{u}, \overrightarrow{u'}\right) = 0$.
- Deux droites D et D' de vecteurs directeurs respectifs $\vec{u}$ et $\overrightarrow{u'}$ sont sécantes si et seulement si $\det\left(\vec{u}, \overrightarrow{u'}\right) \neq 0$.

3 Équation cartésienne d'une droite

1 Définition

- Le plan étant rapporté à un repère $\left(O ; \vec{i}, \vec{j}\right)$, pour toute droite D du plan, il existe trois réels a, b et c tels que, quel que soit le point $M(x, y)$ du plan, M appartient à D si et seulement si $ax + by + c = 0$.

L'égalité $ax + by + c = 0$ est appelée **une équation cartésienne** de la droite D dans le repère donné.

❷ Remarques

- Le repère du plan étant fixé, une droite D admet une infinité d'équations, si $ax+by+c=0$ en est une, $kax+kby+kc=0$, où k est un réel non nul, en est une autre.
- Les équations d'une droite donnée dépendent du repère du plan choisi.
- Si $ax+by+c=0$ est une équation d'une droite D dans le repère $\left(\mathrm{O}\,;\vec{\imath},\vec{\jmath}\right)$ du plan, le vecteur $\vec{u}$ de coordonnées $\begin{pmatrix}-b\\a\end{pmatrix}$ dans la base $\left(\vec{\imath},\vec{\jmath}\right)$ des vecteurs du plan est un vecteur directeur de la droite D.

COURS

4 Équation réduite d'une droite

❶ Définition

- Le plan étant rapporté à un repère $\left(\mathrm{O}\,;\vec{\imath},\vec{\jmath}\right)$, pour toute droite D du plan,
  - si D n'est pas parallèle à l'axe des ordonnées, il existe un unique couple (m,p) de réels tel que quel que soit le point $\mathrm{M}(x,y)$ du plan, M appartient à D si et seulement si $y=mx+p$. **L'égalité $y=mx+p$ est appelée l'équation réduite** de la droite D dans le repère donné.
  Le réel m est appelé le **coefficient directeur** de D et p l'**ordonnée à l'origine**.
  - si D est parallèle à l'axe des ordonnées, il existe un unique réel k tel que, quel que soit le point $\mathrm{M}(x,y)$ du plan, M appartient à D si et seulement si $x=k$.

❷ Propriétés

- Si D n'est pas parallèle à l'axe des ordonnées, et si $\mathrm{A}\left(x_{\mathrm{A}}\,;y_{\mathrm{A}}\right)$ et $\mathrm{B}\left(x_{\mathrm{B}}\,;y_{\mathrm{B}}\right)$ sont deux points de D alors $m=\dfrac{y_{\mathrm{B}}-y_{\mathrm{A}}}{x_{\mathrm{B}}-x_{\mathrm{A}}}$ et un vecteur directeur de D est $\vec{u}$ de coordonnées $\begin{pmatrix}1\\m\end{pmatrix}$.
- Si D est parallèle à l'axe des ordonnées, un vecteur directeur de D est $\vec{\jmath}$ de coordonnées $\begin{pmatrix}0\\1\end{pmatrix}$.

5 Application à la résolution d'un système linéaire de deux équations à deux inconnues

• Le plan est rapporté à un repère $(O ; \vec{i}, \vec{j})$, soit D et D' deux droites d'équations respectives, $ax + by + c = 0$ et $a'x + b'y + c' = 0$.

Soit S et S' les systèmes

$$(S)\begin{cases} ax & + & by & + & c & = & 0 \\ a'x & + & b'y & + & c' & = & 0 \end{cases} \Leftrightarrow (S')\begin{cases} ax & + & by & = & -c \\ a'x & + & b'y & = & -c' \end{cases}.$$

Trois cas et trois seulement peuvent se présenter :

• si (S') donc (S) admet un unique couple solution $(x_0 ; y_0)$, les deux droites D et D' sont **sécantes** et se coupent au point M_0 de coordonnées $(x_0 ; y_0)$;

• si l'ensemble des solutions de (S') donc de (S) est vide, les deux droites D et D' sont strictement parallèles ;

• si (S') donc (S) admet une infinité de solutions, les deux droites D et D' sont **confondues**.

QCM et questions courtes

1 Équations de droites

➔ Corrigé p. 138

Le plan est rapporté à un repère $\left(O\,;\vec{i},\vec{j}\right)$.

Choisir la (ou les) bonne(s) réponse(s).

1. La droite D d'équation $y=-\frac{1}{2}x+1$ a aussi pour équation :

a) $y+x-2=0$. **b)** $x+2y-2=0$. **c)** $2y=-x+2$. **d)** $4y=-2x+2$.

2. Le point $A(-1\,;4)$ appartient à la droite d'équation :

a) $y+x-3=0$. **b)** $y=x-5$. **c)** $2x+y=2$. **d)** $y=4x$.

3. La parallèle à l'axe des ordonnées passant par le point $A(-2\,;2)$ a pour équation :

a) $y=2$. **b)** $x=-2$. **c)** $x-2=0$. **d)** $y+2=0$.

4. La droite d'équation $3x+4y-1=0$ admet pour coefficient directeur :

a) 3. **b)** -3. **c)** $-\frac{3}{4}$. **d)** $-\frac{4}{3}$. **e)** $-0{,}75$.

2 Droites parallèles

➔ Corrigé p. 138

1. Les droites D et D' d'équations respectives $y=-2x+3$ et $4x+2y-1=0$ sont :

a) strictement parallèles. **b)** confondues. **c)** sécantes.

2. La droite passant par O et parallèle à la droite d'équation $x+2y=3$ a pour équation :

a) $x+2y=0$. **b)** $y=-x$. **c)** $y=-\frac{1}{2}x$. **d)** $y=3$.

3 Système d'équations

➔ Corrigé p. 139

1. Un camarade vous affirme qu'il a trouvé deux solutions distinctes au système $\begin{cases} ax+by=-c \\ a'x+b'y=-c' \end{cases}$.

Que peut-on en déduire pour les droites D et D' d'équations respectives, $ax+by+c=0$ et $a'x+b'y+c'=0$?

2. Un camarade vous affirme que le système $\begin{cases} ax+by=-c \\ a'x+b'y=-c' \end{cases}$ n'a aucune solution. Que peut-on en déduire pour les droites D et D' d'équations respectives, $ax+by+c=0$ et $a'x+b'y+c'=0$?

4 Vrai ou faux ?

➔ Corrigé p. 139

1. Toute droite du plan a une équation de la forme $y = ax + b$. ☐ Vrai ☐ Faux

2. Toute fonction affine est représentée par une droite. ☐ Vrai ☐ Faux

3. La droite d'équation $x = -3$ est parallèle à l'axe des abscisses. ☐ Vrai ☐ Faux

4. Les droites d'équations $7x + 2y = 3$ et $y = -3{,}5x + 1$ ont le même coefficient directeur. ☐ Vrai ☐ Faux

5. Le système $\begin{cases} 3x - 6y = 1 \\ -4x + 8y = 2 \end{cases}$ n'a pas de solution. ☐ Vrai ☐ Faux

5 Vrai ou faux ?

➔ Corrigé p. 140

Le plan est rapporté à un repère $\left(O\,;\vec{i},\vec{j}\right)$.

1. Soit D la droite dont une équation est $3x + 2y + 1 = 0$, les vecteurs de coordonnées $\begin{pmatrix} -2 \\ 3 \end{pmatrix}$ et $\begin{pmatrix} 2 \\ -3 \end{pmatrix}$ sont deux vecteurs directeurs de la droite D. ☐ Vrai ☐ Faux

2. Les trois points A, B et C de coordonnées $(2\,;1)$, $(-3\,;11)$ et $(0\,;5)$ sont alignés. ☐ Vrai ☐ Faux

3. Les trois points A, B et C de coordonnées $(2\,;5)$, $(-3\,;5)$ et $(5\,;0)$ sont alignés. ☐ Vrai ☐ Faux

Exercices d'entraînement

Le plan est muni d'un repère $\left(O\,;\vec{i},\vec{j}\right)$.

6 Représentation graphique

5 min ➔ Corrigé p. 141

1. Tracer la droite passant par le point $A(1\,;3)$ et de coefficient directeur m dans les cas suivants :

a) $m = 2$. **b)** $m = -1$. **c)** $m = 0$. **d)** $m = 4$.

2. Tracer les droites D_1, D_2, D_3 et D_4 d'équations respectives :

a) $y + x + 3 = 0$; **b)** $x = 5$; **c)** $y + 3 = 0$; **d)** $x = 5 - y$.

Les droites D_1 et D_4 sont-elles parallèles ? Justifier.

EXERCICES

7 Parallélisme

10 min Corrigé p. 142

1. Soit p un nombre réel. Que peut-on dire des droites d'équations $5x - y + p = 0$ lorsque p varie ?

2. Soit $M(5\,;-6)$ et $N(27\,;60)$. La droite D d'équation $3x - y - 4 = 0$ est-elle parallèle à la droite (MN) ?

8 Condition de concours

10 min Corrigé p. 142

D_1, D_2 et D_3 ont pour équations respectives $x = 2$, $5x - y - 8 = 0$, $y = ax$. Déterminer la valeur de a pour laquelle les trois droites sont concourantes.

9 Lecture graphique

10 min Corrigé p. 143

1. Associer à chacune des quatre droites D_1, D_2, D_3, D_4 une des équations suivantes :

a) $y = -4$; **c)** $x + 4 = 0$; **e)** $2x + 3y - 5 = 0$; **g)** $x = 2$.
b) $x - y + 1 = 0$; **d)** $y - 2 = 0$; **f)** $y - x - 1 = 0$;

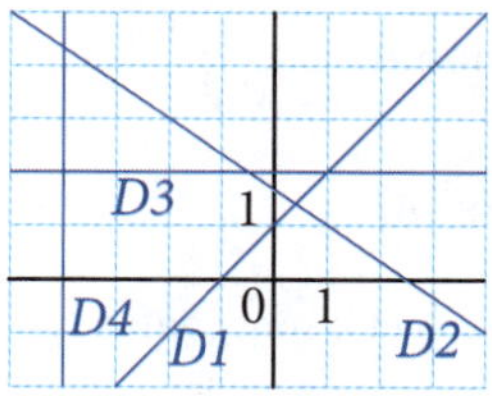

2. Déterminer les coordonnées des points d'intersection de la droite D_2 avec les axes.

10 Équations de droites

10 min Corrigé p. 143

1. Écrire une équation cartésienne de la droite (AB) où A et B ont pour coordonnées $(1\,;1)$ et $(3\,;2)$.

2. Écrire une équation cartésienne de la droite D' passant par le point $A(2\,;3)$ et parallèle à la droite D dont une équation est $3x - y + 4 = 0$.

3. Même question que **2.** avec $A(1\,;5)$ et D dont une équation est $x = 3$.

11 Point d'intersection de deux droites

10 min Corrigé p. 145

Le plan est muni d'un repère $(O\,;\vec{i},\vec{j})$.

Déterminer les coordonnées du point d'intersection des deux droites D et D' d'équations respectives :

1. $D : 3x + 4y + 5 = 0$ et $D' : -x + y + 2 = 0$.

2. $D : x + 4y + 5 = 0$ et $D' : -x + 2y + 1 = 0$.

Problèmes

12 Équation cartésienne d'une droite définie par deux points (fonction Python)

★★ 20 min ➜ Corrigé p. 146

Le plan est muni d'un repère $\left(O ; \vec{i}, \vec{j}\right)$. Soit A et B deux points distincts du plan de coordonnées respectives $\left(x_A ; y_A\right)$ et $\left(x_B ; y_B\right)$.

1. a) Écrire les coordonnées d'un vecteur directeur de la droite (AB) dans la base $\left(\vec{i}, \vec{j}\right)$.

b) Si $ax + by + c = 0$ est une équation de la droite (AB), donner dans la base $\left(\vec{i}, \vec{j}\right)$ les coordonnées d'un vecteur directeur $\vec{u}$ de la droite (AB).

c) Déduire de **a)** et **b)** des valeurs possibles pour a et b.

d) En déduire le coefficient c.

2. a) On suppose dans cette question que les coordonnées des points A et B sont des entiers relatifs pour éviter les erreurs d'arrondis.

Compléter la fonction equationdrt :

```
from lycee import *
def equationdrt(xA,yA,xB,yB) :
    if (xB-xA)==0 and.................. :
        return "Les points A et B sont confondus"
    else :
        a=yB-yA
        b=-(xB-xA)
        c=................
        return [a,b,c]
```

b) Dans la console, appeler la fonction equationdrt(2,1,-3,11), qu'obtient-on ?

c) Dans la console, appeler la fonction equationdrt(2,1,2,1), qu'obtient-on ?

13 Équation réduite (fonction Python)

★★ 20 min ➜ Corrigé p. 147

Le plan est muni d'un repère $\left(O ; \vec{i}, \vec{j}\right)$. Soit A et B deux points distincts du plan de coordonnées respectives $\left(x_A ; y_A\right)$ et $\left(x_B ; y_B\right)$. Les quatre nombres x_A, y_A, x_B , y_B étant des entiers relatifs.

1. Si $x_A = x_B$, et $y_A \neq y_B$ écrire une équation de la droite (AB).

2. Si $x_A \neq x_B$, écrire la valeur du coefficient directeur de la droite (AB).

3. Si $x_A \neq x_B$, écrire une expression de la valeur de l'ordonnée à l'origine.

4. Compléter la fonction equareduite :

```
from lycee import *
def equareduite(xA,yA,xB,yB) :
    if (xB-xA)==0 and (yB-yA)==0 :
        return "Les points sont..........."
    if (xB-xA)==0 :
        return "Une equation........."
    else :
        m=(yB-yA)/(xB-xA)
        p=.........
        return [m,p]
```

5. a) Dans la console, appeler successivement la fonction equareduite(2,1,-3,11) puis equareduite(13,17,-29,23), qu'obtient-on ?

b) Expliquer la ligne

```
if (xB-xA)==0 and (yB-yA)==0 :
```

c) Quelle réponse a-t-on si xB=xA? Expliquer.

14 Alignement de trois points (fonction Python)

★★ 20 min ➔ Corrigé p. 148

Le plan est muni d'un repère $\left(O\,;\vec{i},\vec{j}\right)$. Soit A, B et C trois points du plan de coordonnées respectives $\left(x_A\,;y_A\right)$, $\left(x_B\,;y_B\right)$ et $\left(x_C\,;y_C\right)$.

1. Écrire les coordonnées des vecteurs $\overrightarrow{AB}$ et $\overrightarrow{AC}$ dans la base $\left(\vec{i},\vec{j}\right)$.

2. a) Écrire une condition nécessaire et suffisante pour que les vecteurs $\overrightarrow{AB}$ et $\overrightarrow{AC}$ soient colinéaires.

b) En déduire une condition nécessaire et suffisante pour que les points A, B et C soient alignés.

3. a) On suppose dans cette question que les coordonnées des points A, B et C sont des entiers relatifs pour éviter les erreurs d'arrondis.

Compléter la fonction alignement :

```
from lycee import *
def alignement(xA,yA,xB,yB,xC,yC) :
    if..................................==0 :
        return "Les points sont alignés"
    else :
        return "Les points ne sont pas alignés"
```

b) Dans la console, appeler successivement alignement(1,3,2,5,-1,-1) puis alignement(1,3,2,5,2,4) puis alignement(1,3,1,3,2,4) puis alignement(1,3,1,3,1,3).

15 Famille de droites

★★ 20 min ➔ Corrigé p. 149

Le plan est rapporté à un repère orthonormé $\left(O\,;\vec{i},\vec{j}\right)$. tout réel t, on associe l'équation notée $\left(E_t\right)$:

$$\left(E_t\right): y=(t-2)x+t.$$

1. a) Écrire l'équation $\left(E_0\right)$ associée à $t=0$.

Justifier que l'équation $\left(E_0\right)$ est l'équation d'une droite D_0, représenter D_0 dans le repère $\left(O\,;\vec{i},\vec{j}\right)$ du plan.

b) Écrire l'équation $\left(E_2\right)$ associée à $t=2$ et représenter D_2 dans le repère $\left(O\,;\vec{i},\vec{j}\right)$.

c) Montrer que les droites D_0 et D_2 sont sécantes. Déterminer les coordonnées du point I intersection de D_0 et D_2.

2. Montrer que pour tout réel t, l'équation $\left(E_t\right)$ est une équation de droite D_t.

3. Montrer que les coordonnées du point I vérifient pour tout réel t l'équation $\left(E_t\right)$. Que peut-on en déduire pour les droites D_t ?

4. Soit A le point de coordonnées $(3\,;5)$. Existe-t-il un réel t tel que la droite D_t d'équation $\left(E_t\right)$ passe par A ? Si oui tracer cette droite dans le repère de la question **1. a)**.

5. Soit Δ la droite d'équation $y=6x-2$. Existe-t-il un réel t tel que la droite D_t d'équation $\left(E_t\right)$ soit parallèle à Δ ?

16 Un triangle rectangle

★★★ 20 min ➔ Corrigé p. 150

Le plan est rapporté à un repère orthonormé $\left(O\,;\vec{i},\vec{j}\right)$. On donne les droites Δ_1 et Δ_2 d'équations respectives $x-2y+2=0$ et $2x+y-6=0$.

1. Montrer que les droites Δ_1 et Δ_2 sont sécantes et déterminer les coordonnées de leur point d'intersection I.

2. Les droites Δ_1 et Δ_2 coupent respectivement l'axe $\left(O\,;\vec{i}\right)$ aux points A et C. La droite Δ_2 coupe l'axe $\left(O\,;\vec{j}\right)$ en D. Déterminer les coordonnées des points A, C et D.

3. Montrer que le triangle AIC est rectangle en I.

4. Soit B le point de Δ_1 d'abscisse positive tel que $AB=\sqrt{125}=5\sqrt{5}$.

a) Exprimer les coordonnées de B en fonction de x.

b) Calculer en fonction de x les coordonnées du vecteur $\overrightarrow{AB}$.

c) Montrer que $AB^2=\dfrac{5}{4}(x+2)^2$.

d) Déterminer l'abscisse et l'ordonnée de B.

5. Soit M le milieu de $[AC]$. Écrire une équation de la droite Δ_3 passant par M et parallèle à Δ_2. Montrer que le milieu K de $[AD]$ appartient à Δ_2.

Exercices d'approfondissement

17 Condition d'orthogonalité

★★ 15 min ➔ Corrigé p. 153

Le plan est rapporté à un repère orthonormé $\left(O;\vec{i},\vec{j}\right)$. Soit D une droite, ni parallèle à l'axe des ordonnées ni parallèle à l'axe des abscisses, dont une équation est $y = mx + p$ et D' une droite non parallèle à l'axe des abscisses dont une équation est $y = m'x + p'$.

1. On considère les droites Δ et Δ' d'équations respectives $y = mx$ et $y = m'x$. Que peut-on dire de D et Δ et de D' et Δ' ?

2. Montrer que Δ et Δ' sont perpendiculaires si et seulement si $mm' = -1$.

3. Donner une condition nécessaire et suffisante pour que les droites D et D' soient deux droites perpendiculaires du plan.

18 Un ensemble de points

★★★ 20 min ➔ Corrigé p. 154

Le plan est rapporté à un repère $\left(O;\vec{i},\vec{j}\right)$. Soit a, b et c trois nombres réels. Soit $\mathcal{E}$ l'ensemble des points M du plan dont les coordonnées $(x;y)$ vérifient l'équation $(E): ax + by + c = 0$.

1. On suppose $a = b = 0$ c'est à dire $(a,b) = (0,0)$. Montrer que $\mathcal{E}$ est soit l'ensemble vide si $c \neq 0$ soit l'ensemble des points du plan si $c = 0$.

2. On suppose $(a,b) \neq (0,0)$ c'est à dire au moins un des deux réels a ou b est non nul. On suppose $a \neq 0$.

a) Montrer que l'ensemble $\mathcal{E}$ est non vide.

b) Soit $A(x_0, y_0)$ un point de $\mathcal{E}$ et $M(x, y)$ un point du plan.

i. Montrer que le point M appartient à $\mathcal{E}$ si et seulement si $a(x - x_0) + b(y - y_0) = 0$.

ii. Si on désigne par $\vec{u}$ le vecteur de coordonnées $\begin{pmatrix} -b \\ a \end{pmatrix}$ dans la base $\left(\vec{i},\vec{j}\right)$, montrer que le point M appartient à $\mathcal{E}$ si et seulement si les vecteurs $\overrightarrow{AM}$ et $\vec{u}$ sont colinéaires.

iii. En déduire que l'ensemble $\mathcal{E}$ est une droite du plan.

3. Construire une conclusion.

CORRIGÉS

QCM et Questions courtes

1 **1. Réponses b.** et **c.** L'équation $y=-\frac{1}{2}x+1$ peut s'écrire $2y=-x+2$ (en multipliant les deux membres par 2) soit encore $x+2y-2=0$, les deux autres réponses sont fausses, en multipliant encore par 2, on obtient $2x+4y-4=0$ donc $4y=-2x+4$.

2. Réponses a. et **c.** Pour répondre à la question, il suffit de déterminer les équations vérifiées par les coordonnées du point A, on remplace dans chacune x par -1 et y par 4.

a) Pour $y+x-3=0$ on obtient $4+(-1)-3=0$.

b) $y=x-5$ on obtient $4\neq(-1)-5=-6$.

c) $2x+y=2$ on obtient $2\times(-1)+4=2$.

d) $y=4x$ on obtient $4\neq 4\times(-1)$.

3. Réponse b. Les parallèles à l'axe des ordonnées ont une équation de la forme $x=c$. Le point A a pour abscisse -2, la bonne réponse est $x=-2$.

4. Réponses c. et **e.** On transforme l'équation proposée pour la mettre sous forme réduite. L'équation $3x+4y-1=0$ peut s'écrire $4y=-3x+1$ soit encore en divisant par 4 les deux membres : $y=-\frac{3}{4}x+\frac{1}{4}$. Le coefficient directeur est le coefficient de x lorsque l'équation est réduite c'est à dire de la forme $y=mx+p$. Le coefficient directeur est donc $-\frac{3}{4}$ ou encore $-0{,}75$.

2 **1. Réponse a.** Plusieurs méthodes sont possibles :

• On peut utiliser les formes réduites, l'équation réduite de la droite D est $y=-2x+3$ et de la droite D' est $y=-2x+\frac{1}{2}$, les droites D et D' ont le même coefficient directeur, elles sont parallèles mais non confondues car elles n'ont pas la même ordonnée à l'origine.

• On écrit des équations cartésiennes de $D : 2x+y-3=0$ et de $D' : 4x+2y-1=0$. Un vecteur directeur de D est le vecteur $\vec{u}$ de coordonnées $\begin{pmatrix}-1\\2\end{pmatrix}$ et un vecteur directeur de D' est le vecteur $\overrightarrow{u'}$ de coordonnées $\begin{pmatrix}-2\\4\end{pmatrix}$.

On a $\det(\vec{u};\overrightarrow{u'})=\begin{vmatrix}-1 & -2\\2 & 4\end{vmatrix}=(-1)\times4-(-2)\times2=0$, les vecteurs directeurs de D et D' sont colinéaires et non nuls, les droites D et D' sont parallèles.

Rappel
Si $ax+by+c=0$ est une équation cartésienne d'une droite d, un vecteur directeur de d est le vecteur de coordonnées $\begin{pmatrix}-b\\a\end{pmatrix}$.

Le point $M(0,3)$ appartient à D et n'appartient pas à D' car les coordonnées de M vérifient l'équation de D et ne vérifient pas l'équation de D'. En conclusion les droites D et D' sont strictement parallèles.

2. Réponses a. et c. La droite d'équation $x+2y=3$ a pour équation réduite $y=-\frac{1}{2}x+\frac{3}{2}$. Toute droite parallèle a le même coefficient directeur, donc a pour équation réduite $y=-\frac{1}{2}x+p$. Cette droite doit passer par le point O donc les coordonnées de O $(0,0)$ vérifient l'équation : $0=-\frac{1}{2}\times 0+p$ donc $p=0$. L'équation réduite est $y=-\frac{1}{2}x$, une équation cartésienne est $x+2y=0$ obtenue en multipliant les deux membres de l'équation réduite par 2.

3 **1.** Un système d'équation peut avoir 0 solution, une infinité de solution ou une seule solution. Le système ayant deux solutions distinctes en a une infinité, donc les droites D et D' d'équations respectives, $ax+by+c=0$ et $a'x+b'y+c'=0$ sont confondues.

2. Si le système n'a pas de solution, les droites D et D' d'équations respectives, $ax+by+c=0$ et $a'x+b'y+c'=0$ sont strictement parallèles.

4 **1. Faux** → Les droites parallèles à l'axe des ordonnées n'ont pas une équation réduite de la forme $y=ax+b$ mais de la forme $x=c$.

2. Vrai → Toute fonction affine est représentée par une droite.

3. Faux → La droite d'équation $x=-3$ est parallèle à l'axe des ordonnées.

4. Vrai → L'équation $7x+2y=3$ s'écrit aussi

$$2y=3-7x$$

$$y=\frac{3}{2}-\frac{7}{2}x.$$

Le coefficient directeur est égal à $-\frac{7}{2}=-3{,}5$.

5. Vrai → Un couple $(x\,;\,y)$ est solution du système si et seulement si

$$\begin{cases}3x-6y=1\\-4x+8y=2\end{cases} \Leftrightarrow \begin{cases}6y=3x-1\\8y=4x+2\end{cases}$$

$$\Leftrightarrow \begin{cases}y=\frac{3}{6}x-\frac{1}{6}\\y=\frac{4}{8}x+\frac{2}{8}\end{cases}$$

$$\Leftrightarrow \begin{cases} y=\dfrac{1}{2}x-\dfrac{1}{6} \\ y=\dfrac{1}{2}x+\dfrac{1}{4} \end{cases}.$$

Les deux droites d'équations $y=\frac{1}{2}x-\frac{1}{6}$ et $y=\frac{1}{2}x+\frac{1}{4}$ sont parallèles (même coefficient directeur) donc le système à 0 ou une infinité de solution, les ordonnées à l'origine sont différentes donc les deux droites sont strictement parallèles, le système n'a donc pas de solution.

5 Le plan est rapporté à un repère $\left(O\,;\vec{i},\vec{j}\right)$.

1. Vrai → Soit D la droite dont une équation est $3x+2y+1=0$, d'après le cours le vecteur $\vec{u}$ de coordonnées $\begin{pmatrix}-2\\3\end{pmatrix}$ dans la base $\left(\vec{i},\vec{j}\right)$ est un vecteur directeur donc tout vecteur $k\vec{u}$ où k est un réel non nul est un vecteur directeur de la même droite donc en particulier le vecteur $-\vec{u}\begin{pmatrix}2\\-3\end{pmatrix}$.

2. Vrai → Plusieurs méthodes possibles.

• On peut chercher une équation de la droite (AB) ou (BC) ou (AC) et vérifier si les coordonnées du troisième point vérifient l'équation de la droite.

• On peut chercher les coordonnées de deux vecteurs par exemple $\overrightarrow{AB}$ et $\overrightarrow{AC}$ et vérifier à l'aide du déterminant qu'ils sont colinéaires. Les coordonnées du vecteur $\overrightarrow{AB}$ dans la base $\left(\vec{i},\vec{j}\right)$ sont $\begin{pmatrix}-3-2\\11-1\end{pmatrix}=\begin{pmatrix}-5\\10\end{pmatrix}$, les coordonnées du vecteur $\overrightarrow{AC}$ dans la base $\left(\vec{i},\vec{j}\right)$ sont $\begin{pmatrix}0-2\\5-1\end{pmatrix}=\begin{pmatrix}-2\\4\end{pmatrix}$. On a donc

$$\det\left(\overrightarrow{AB},\overrightarrow{AC}\right)=\begin{vmatrix}-5 & -2\\10 & 4\end{vmatrix}=(-5)\times 4-(-2)\times 10$$
$$=-20+20=0.$$

Les vecteurs $\overrightarrow{AB}$ et $\overrightarrow{AC}$ sont non nuls et colinéaires, les droites (AB) et (AC) sont parallèles et ont un point commun A, elles sont confondues donc les trois points A, B et C sont alignés.

3. Faux → Les points A et B ont la même ordonnée, la droite (AB) est donc parallèle à l'axe des abscisses, une équation de la droite (AB) est $y=5$, les coordonnées du point C ne vérifient pas cette équation. Les trois points A, B et C ne sont pas alignés.

Exercices d'entraînement

Le plan est muni d'un repère $\left(O ; \vec{i}, \vec{j}\right)$.

6 **1.** L'équation réduite d'une droite de coefficient directeur m s'écrit $y = mx + p$, passant par le point $A\left(1 ; 3\right)$, elle vérifie $3 = m \times 1 + p$ donc $p = 3 - m$. La droite passe donc par les points $A\left(1 ; 3\right)$ et $B\left(0 ; 3 - m\right)$.

a) Si $m = 2$, on trace la droite D_1 passant par les points $A\left(1 ; 3\right)$ et $B\left(0 ; 1\right)$ (en vert).

b) Si $m = -1$, on trace la droite D_2 passant par les points $A\left(1 ; 3\right)$ et $C\left(0 ; 4\right)$ (en bleu).

c) Si $m = 0$, on trace la droite D_3 passant par les points $A\left(1 ; 3\right)$ et $E\left(0 ; 3\right)$ (en rouge).

d) Si $m = 4$, on trace la droite D_4 passant par les points $A\left(1 ; 3\right)$ et $F\left(0 ; -1\right)$.

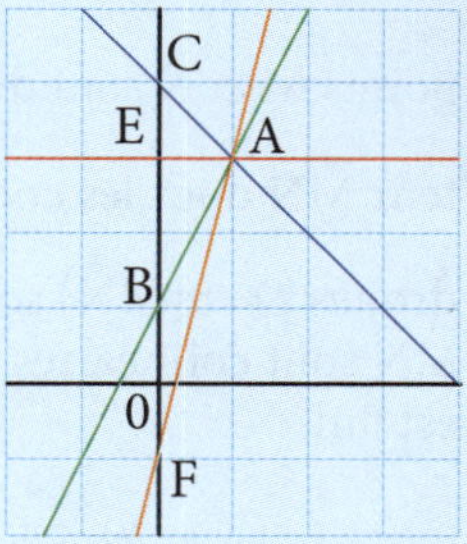

2. On détermine deux points de chaque droite D_1, D_2, D_3 et D_4 d'équations respectives :

a) $D_1 : y + x + 3 = 0$ on choisit $y = 0$, on trouve $x = -3$, on choisit $x = 0$ on trouve $y = -3$, la droite D_1 passe par $A\left(-3 ; 0\right)$ et $B\left(0 ; -3\right)$. En vert.

b) $D_2 : x = 5$ est parallèle à l'axe des ordonnées et passe par $C\left(5 ; 0\right)$ et $D\left(5 ; 2\right)$.

c) $D_3 : y + 3 = 0$ est parallèle à l'axe des abscisses et passe par $B\left(0 ; -3\right)$ et $F\left(1 ; -3\right)$.

d) $D_4 : x = 5 - y$ passe par $G\left(0 ; 5\right)$ et $C\left(5 ; 0\right)$.

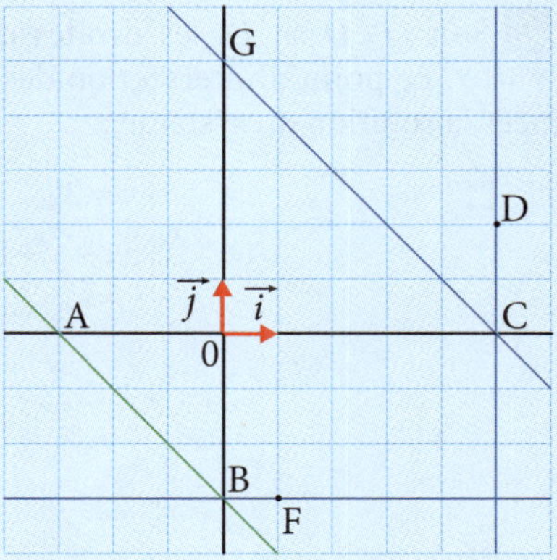

Les équations des droites D_1 et D_4 s'écrivent respectivement $x + y + 3 = 0$ et $x + y - 5 = 0$, le vecteur de coordonnées $\begin{pmatrix} -1 \\ 1 \end{pmatrix}$ est un vecteur directeur pour les deux droites, elles sont donc parallèles, elles ne sont pas confondues car le point de coordonnées $\left(-1 ; -2\right)$ appartient à la première mais pas à la seconde.

7 **1.** Soit p un nombre réel. Le vecteur de coordonnées $\begin{pmatrix}1\\5\end{pmatrix}$ dans la base $(\vec{i},\vec{j})$ est un vecteur directeur de toutes les droites d'équations $5x-y+p=0$, toutes les droites sont donc parallèles.

2. Soit $M(5\,;-6)$ et $N(27\,;60)$. Un vecteur directeur de la droite D d'équation $3x-y-4=0$ est le vecteur $\vec{u}$ de coordonnées $\begin{pmatrix}1\\3\end{pmatrix}$ dans la base $(\vec{i},\vec{j})$. Les deux points M et N sont distincts, un vecteur directeur de la droite (MN) est le vecteur $\overrightarrow{MN}$ dont les coordonnées sont $\begin{pmatrix}27-5\\60-(-6)\end{pmatrix}=\begin{pmatrix}22\\66\end{pmatrix}$ dans la base $(\vec{i},\vec{j})$. Les droites D et (MN) sont parallèles si et seulement si les vecteurs non nuls $\vec{u}$ et $\overrightarrow{MN}$ sont colinéaires donc si et seulement si le déterminant des deux vecteurs est nul,

$$\det\left(\vec{u},\overrightarrow{MN}\right)=\begin{vmatrix}1 & 22\\3 & 66\end{vmatrix}=66-66=0.$$

Remarque
On a $\overrightarrow{MN}=22\vec{u}$, les vecteurs $\overrightarrow{MN}$ et $\vec{u}$ sont colinéaires et $\vec{u}$ est un vecteur non nul.

La droite D est parallèle à la droite (MN).

8 Soit D_1, D_2 et D_3 les droites d'équations respectives $x=2$, $5x-y-8=0$, $y=ax$. Le point d'intersection des droites D_1 et D_2 s'il existe a pour coordonnées la solution du système :

$$\begin{cases}x=2\\5x-y-8=0\end{cases}\Leftrightarrow\begin{cases}x=2\\5x-y=8\end{cases}$$
$$\Leftrightarrow\begin{cases}x=2\\5\times2-y=8\end{cases}$$
$$\Leftrightarrow\begin{cases}x=2\\-y=8-10\end{cases}$$
$$\Leftrightarrow\begin{cases}x=2\\y=2\end{cases}$$

Les droites D_1 et D_2 sont concourantes et leur point d'intersection est le point A de coordonnées $(2\,;2)$. **Les trois droites sont concourantes** si et seulement si le point A appartient à la droite D_3 donc si et seulement si les coordonnées de A vérifient l'équation de D_3, c'est-à-dire si $2=2a$ donc **si et seulement si** $a=1$.

9 **1.** La droite D_3 est parallèle à l'axe des abscisses et passe par le point de coordonnées $(0,2)$ donc une équation de cette droite est $y=2$, donc la droite D_3 est associée à **d.**

La droite D_4 est parallèle à l'axe des ordonnées et passe par le point de coordonnées $(-4\,;0)$ donc une équation de D_4 est $x=-4$ ou $x+4=0$ donc la droite D_3 est associée à **c.**

La droite D_1 passe par les points de coordonnées $(-1\,;0)$ et $(0\,;1)$ donc un vecteur directeur de D_1 est le vecteur de coordonnées $\begin{pmatrix}1\\1\end{pmatrix}$ donc une équation de D_1 est $x-y+c=0$ en utilisant la propriété que la droite D_1 passe par le point de coordonnées $(0\,;1)$, on a $0-1+c=0$ donc $c=1$. Une équation de D_1 est donc $x-y+1=0$ mais aussi en multipliant par -1 l'équation $-x+y-1=0$. La droite D_1 est associée aux équations **b.** et **f.**

La droite D_2 passe par les points de coordonnées $(1\,;1)$ et $(-2\,;3)$, la droite D_2 n'est pas parallèle à l'axe des ordonnées, elle admet donc une équation réduite de la forme : $y=mx+p$ où m est le coefficient directeur $m=\dfrac{3-1}{-2-1}=-\dfrac{2}{3}$ donc une équation de D_2 est $y=-\dfrac{2}{3}x+p$. En écrivant que le point de coordonnées $(1\,;1)$ appartient à cette droite on obtient $1=-\dfrac{2}{3}\times 1+p$ c'est-à-dire $p=\dfrac{5}{3}$. Une équation de D_2 est $y=-\dfrac{2}{3}x+\dfrac{5}{3}$ soit en multipliant les deux membres par 3 et en regroupant dans le premier membre $2x+3y-5=0$. La droite D_2 est associée à l'équation **e.**

Les droites d'équations **a.** et **g.** ne sont pas représentées.

2. Le point d'intersection de D_2 et de l'axe des abscisses est le point d'ordonnée nulle de D_2 donc le point dont l'abscisse x vérifie $2x+3\times 0-5=0$. Le point d'intersection de D_2 et de l'axe des abscisses est le point de coordonnées $\left(\dfrac{5}{2}\,;0\right)$.

Le point d'intersection de D_2 et de l'axe des ordonnées est le point d'abscisse nulle de D_2 donc le point dont l'ordonnée y vérifie $2\times 0+3y-5=0$. D_2 coupe l'axe des ordonnées au point de coordonnées $\left(0\,;\dfrac{5}{3}\right)$.

10 **1.** Plusieurs méthodes possibles

- Un vecteur directeur de la droite (AB) a pour coordonnées $\begin{pmatrix}3-1\\2-1\end{pmatrix}=\begin{pmatrix}2\\1\end{pmatrix}$ donc sachant qu'un vecteur directeur d'une droite d'équation $ax+by+c=0$ a pour coordonnées $\begin{pmatrix} -b \\ a \end{pmatrix}$ par identification on obtient $a=1$ et $-b=2$. Une équation de la droite (AB) est donc $x-2y+c=0$. En écrivant que les coordonnées du point A vérifient l'équation on a $1-2+c=0$ soit $c=1$. Une équation de la droite (AB) est donc $x-2y+1=0$.

• Un vecteur directeur de la droite (AB) est le vecteur de coordonnées $\begin{pmatrix} 2 \\ 1 \end{pmatrix}$.

Un point $\text{M}(x\,;y)$ appartient à la droite (AB) si et seulement si les vecteurs $\overrightarrow{\text{AB}}$ et $\overrightarrow{\text{AM}}$ sont colinéaires donc si et seulement si $\det\left(\overrightarrow{\text{AB}},\overrightarrow{\text{AM}}\right)=0$. Le vecteur $\overrightarrow{\text{AM}}$ a pour coordonnées $\begin{pmatrix} x-1 \\ y-1 \end{pmatrix}$.

$$\begin{aligned}\det\left(\overrightarrow{\text{AB}},\overrightarrow{\text{AM}}\right)&=\begin{vmatrix} 2 & x-1 \\ 1 & y-1 \end{vmatrix}=2(y-1)-1(x-1)\\ &=2y-x-1.\end{aligned}$$

Donc une équation de la droite (AB) est $2y-x-1=0$ ou en multipliant les deux membres par -1 est $x-2y+1=0$.

• Les points A et B n'ont pas la même abscisse, la droite (AB) n'est donc pas parallèle à l'axe des ordonnées, la droite admet donc une équation réduite de la forme $y=mx+p$ avec $m=\dfrac{y_\text{B}-y_\text{A}}{x_\text{B}-x_\text{A}}=\dfrac{2-1}{3-1}=\dfrac{1}{2}$. L'équation réduite de la droite (AB) s'écrit $y=\dfrac{1}{2}x+p$. On écrit alors que les coordonnées de A vérifient l'équation : $1=\dfrac{1}{2}\times1+p$ d'où $p=\dfrac{1}{2}$.

Donc une équation de la droite (AB) est $y=\dfrac{1}{2}x+\dfrac{1}{2}$.

Remarque
Cette équation est équivalente à celle trouvée précédemment.

2. La droite D' étant parallèle à la droite D dont une équation est $3x-y+4=0$, un vecteur directeur de D est donc aussi un vecteur directeur de D' donc une équation de D' est $3x-y+c=0$. Le point $\text{A}(2\,;3)$ appartient à D' donc $3\times2-3+c=0$ d'où $c=-3$.

Une équation de la droite D' est $3x-y-3=0$.

3. La droite D est parallèle à l'axe des ordonnées, donc la droite D' est parallèle à l'axe des ordonnées et une équation de D' est $x=c$. Les coordonnées du point A vérifient l'équation de D' donc $1=c$. **Une équation de D' est $x=1$.**

11 Le plan est muni d'un repère $\left(O\,;\vec{i},\vec{j}\right)$.

1. Pour déterminer les coordonnées du point d'intersection, s'il existe, des deux droites D et D', il suffit de résoudre le système linéaire de deux équations construit à l'aide des équations cartésiennes des droites D et D'.

Remarque
On résout par la méthode dite de substitution.

$$\begin{cases}3x+4y+5=0\\-x+y+2=0\end{cases}\Leftrightarrow\begin{cases}3x+4y=-5\\-x+y=-2\end{cases}$$

$$\Leftrightarrow\begin{cases}3x+4y=-5\\y=x-2\end{cases}$$

$$\Leftrightarrow\begin{cases}3x+4(x-2)=-5\\y=x-2\end{cases}$$

$$\Leftrightarrow\begin{cases}7x-8=-5\\y=x-2\end{cases}$$

$$\Leftrightarrow\begin{cases}7x=3\\y=x-2\end{cases}\Leftrightarrow\begin{cases}x=\dfrac{3}{7}\\y=x-2\end{cases}.$$

Le système admet une unique solution $x=\dfrac{3}{7}$ et $y=\dfrac{3}{7}-2=-\dfrac{11}{7}$. Les droites D et D' sont sécantes, le point de concours a pour coordonnées $\left(\dfrac{3}{7};-\dfrac{11}{7}\right)$.

2. En utilisant la même méthode qu'à la question précédente on construit le système :

$$(S)\begin{cases}x+4y+5=0\\-x+2y+1=0\end{cases}\Leftrightarrow\begin{cases}x+4y=-5\\-x+2y=-1\end{cases}.$$

On utilise une méthode par combinaison en remplaçant la deuxième équation par la somme des deux équations

$$(S)\Leftrightarrow\begin{cases}x+4y=-5\\6y=-6\end{cases}$$

$$\Leftrightarrow\begin{cases}x+4y=-5\\y=-1\end{cases}$$

$$\Leftrightarrow\begin{cases}x+4(-1)=-5\\y=-1\end{cases}$$

CORRIGÉS

$$\Leftrightarrow \begin{cases} x = 4 - 5 = -1 \\ y = -1 \end{cases}.$$

Le système admet une unique solution $x = -1$ et $y = -1$. **Les droites D et D' sont sécantes, le point de concours a pour coordonnées $(-1\,;-1)$.**

CORRIGÉS

Problèmes

12 Le plan est muni d'un repère $(O\,;\vec{i},\vec{j})$. Soit A et B deux points distincts du plan de coordonnées respectives $(x_A\,;y_A)$ et $(x_B\,;y_B)$.

1. a) Les points A et B étant distincts, un vecteur directeur de la droite (AB) a pour coordonnées, dans la base $(\vec{i},\vec{j})$, $\begin{pmatrix} x_B - x_A \\ y_B - y_A \end{pmatrix}$.

b) Si $ax + by + c = 0$ est une équation de la droite (AB), les coordonnées d'un vecteur directeur $\vec{u}$ dans la base $(\vec{i},\vec{j})$ sont $\begin{pmatrix} -b \\ a \end{pmatrix}$.

c) Par identification on peut choisir $a = y_B - y_A$ et $-b = x_B - x_A$ c'est à dire $b = -(x_B - x_A)$. Une équation de la droite (AB) est alors :

$$(y_B - y_A)x + \left[-(x_B - x_A)\right]y + c = 0.$$

d) Le réel c est déterminé en écrivant que le point A appartient à la droite donc que les coordonnées de A vérifient l'équation précédente.

$$c = -(y_B - y_A)x_A + (x_B - x_A)y_A.$$

2. a) On suppose dans cette question que les coordonnées des points A et B sont des entiers relatifs pour éviter les erreurs d'arrondis.

```
from lycee import *
def equationdrt(xA,yA,xB,yB) :
    if (xB-xA)==0 and (yB-yA)==0 :
        return "Les points A et B sont confondus"
    else :
        a=yB-yA
        b=-(xB-xA)
        c=-a*xA-b*yA
        return [a,b,c]
```

b) En appelant la fonction equationdrt(2,1,-3,11), on obtient :

```
>>> equationdrt(2,1,-3,11)
[10, 5, -25]
```

Si $A(2;1)$ et $B(-3;11)$, une équation de la droite (AB) est $10x+5y-25=0$ soit en simplifiant par 5 : $2x+y-5=0$.

c) En appelant la fonction equationdrt(2,1,2,1), on obtient :

```
>>> equationdrt(2,1,2,1)
'Les points A et B sont confondus'
```

Dans la ligne if (xB-xA)==0 and (yB-yA)==0 : on teste si les abscisses et les ordonnées des points A et B sont égales. Le symbole == teste si la valeur du premier membre est égale ou non à 0. Si les deux valeurs sont nulles (and) la fonction affiche "les deux points sont confondus".

13 **1.** Si $x_A = x_B$ et $y_A \neq y_B$, les points A et B sont distincts mais ils ont la même abscisse, la droite (AB) est donc parallèle à l'axe des ordonnées, **une équation de la droite (AB) est $x = x_A$.**

2. Si $x_A \neq x_B$, le coefficient directeur de la droite (AB) est $m = \dfrac{y_B - y_A}{x_B - x_A}$.

3. Si $x_A \neq x_B$, la droite (AB) admet une équation réduite :

$$y = mx + p = \frac{y_B - y_A}{x_B - x_A}x + p.$$

Pour calculer p on écrit que les coordonnées du point A ou du point B vérifient l'équation. Le point A appartient à (AB) donc

$$y_A = \frac{y_B - y_A}{x_B - x_A}x_A + p \Rightarrow p = y_A - \frac{y_B - y_A}{x_B - x_A}x_A.$$

4. On obtient :

```
from lycee import *
def equareduite(xA,yA,xB,yB) :
    if (xB-xA)==0 and (yB-yA)==0 :
        return "Les points sont confondus"
    if (xB-xA)==0 :
        return "Une equation est x=xA"
    else :
        m=(yB-yA)/(xB-xA)
        p=yA-m*xA
        return [m,p]
```

CORRIGÉS

5. a) Dans la console, on appelle la fonction equareduite(2,1,-3,11), le résultat obtenu ne peut qu'être approché car il y a le calcul d'un quotient.

On obtient :

```
>>> equareduite(2,1,-3,11)
[-2.0, 5.0]
```

La fonction renvoie $m = -2$ et $p = 5$.

Dans la console, on appelle la fonction equareduite(13,17,-29,23), le résultat obtenu ne peut qu'être approché car il y a le calcul d'un quotient

On obtient :

```
equareduite(13,17,-29,23)
[-0.14285714285714285, 18.857142857142858]
```

$m \approx -0{,}14285714285714285$ et $p \approx 18{,}857142857142858$

b) La ligne if (xB-xA)==0 and (yB-yA)==0 veut éliminer le cas où les deux points A et B confondus, ce qui peut se passer lorsque la fonction est appelée après d'autres calculs.

c) Le cas où les points sont confondus a été éliminé, donc si xB=xA, on est dans le cas de deux points distincts ayant la même abscisse.

14 **1.** Les coordonnées des vecteurs $\overrightarrow{AB}$ et $\overrightarrow{AC}$ dans la base $(\vec{i}, \vec{j})$ sont respectivement $\begin{pmatrix} x_B - x_A \\ y_B - y_A \end{pmatrix}$ et $\begin{pmatrix} x_C - x_A \\ y_C - y_A \end{pmatrix}$.

2. a) Les vecteurs $\overrightarrow{AB}$ et $\overrightarrow{AC}$ sont colinéaires si et seulement si $\det(\overrightarrow{AB}, \overrightarrow{AC}) = 0$, c'est à dire si et seulement si

$$(x_B - x_A)(y_C - y_A) - (x_C - x_A)(y_B - y_A) = 0.$$

b) Les points A, B et C sont alignés si les vecteurs $\overrightarrow{AB}$ et $\overrightarrow{AC}$ sont colinéaires donc si et seulement si

$$(x_B - x_A)(y_C - y_A) - (x_C - x_A)(y_B - y_A) = 0.$$

Attention si deux points seulement sont confondus (un seul des deux vecteurs $\overrightarrow{AB}$ ou $\overrightarrow{AC}$ est nul) ou si les trois points sont confondus (les deux vecteurs $\overrightarrow{AB}$ et $\overrightarrow{AC}$ sont nuls) on dira qu'ils sont alignés.

3. a) On suppose dans cette question que les coordonnées des points A, B et C sont des entiers relatifs pour éviter les erreurs d'arrondis.

Fonction alignement complétée :

```
from lycee import *
def alignement(xA,yA,xB,yB,xC,yC) :
    if (xB-xA)*(yC-yA)-(yB-yA)*(xC-xA)==0 :
        return "Les points sont alignes"
    else :
        return "Les points ne sont pas alignés"
```

b) Dans la console, on appelle successivement alignement(1,3,2,5,-1,-1) puis alignement(1,3,2,5,2,4)

puis alignement(1,3,1,3,2,4) puis alignement(1,3,1,3,1,3) on obtient :

```
...module lycee actif....
>>> alignement(1,3,2,5,-1,-1)
'Les points sont alignes'
>>> alignement(1,3,2,5,2,4)
'Les points ne sont pas alignés'
>>> alignement(1,3,1,3,2,4)
'Les points sont alignes'
>>> alignement(1,3,1,3,1,3)
'Les points sont alignes'
```

Dans les deux derniers appels deux points ou trois points sont confondus.

15 **1. a)** L'équation (E_0) est $y=-2x$.

L'équation (E_0) est de la forme $y=ax$ c'est l'équation d'une droite D_0, qui passe par l'origine du repère.

b) L'équation (E_2) associée à $t=2$ est $y=2$. La droite D_2 est parallèle à l'axe des abscisses.

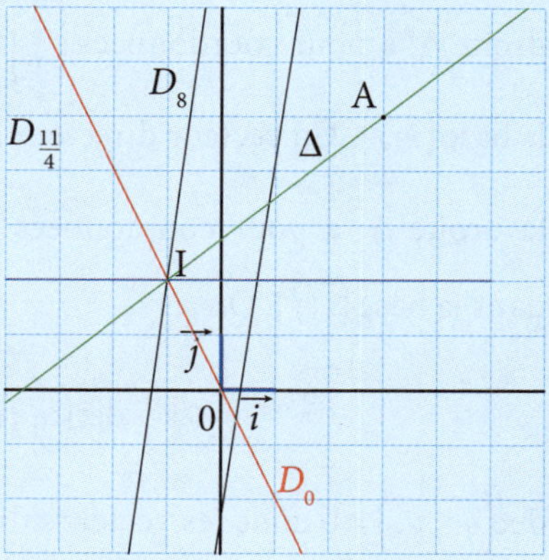

c) Les équations des droites sont sous forme réduite, les coefficients directeurs sont égaux à 0 et à −2, étant distincts les droites sont sécantes.

Les coordonnées du point d'intersection sont les solutions du système :

$$\begin{cases} y=2 \\ y=-2x \end{cases} \Leftrightarrow \begin{cases} y=2 \\ 2=-2x \end{cases} \Leftrightarrow \begin{cases} y=2 \\ x=-1 \end{cases}.$$

Les coordonnées du point I sont $(-1\,;2)$.

2. Pour tout réel t, l'équation (E_t) est une équation de droite D_t. Pour tout réel t si on pose $m = t - 2$, l'équation (E_t) est de la forme $y = mx + p$. C'est l'équation réduite d'une droite non parallèle à l'axe des ordonnées.

3. Pour tout réel t, les coordonnées de I vérifient l'équation (E_t) :

$$(t-2)x_I + t = (t-2)(-1) + t = 2 = y_I.$$

Pour tout réel t, le point I appartient à la droite D_t, **toutes les droites D_t passent par le point** I.

4. Si la droite D_t passe par le point $A(3\,;5)$, les coordonnées de A vérifient l'équation de D_t donc

$$(t-2)3 + t = 5 \Leftrightarrow t = \frac{11}{4}.$$

La droite $D_{\frac{11}{4}}$ passe par le point A.

5. Soit Δ la droite d'équation $y = 6x - 2$. Deux droites d'équations réduites respectives $y = 6x - 2$ et $y = (t-2)x + t$ sont parallèles si et seulement si elles ont le même coefficient directeur donc si et seulement si

$$t - 2 = 6 \Leftrightarrow t = 8.$$

La droite D_8 d'équation (E_8) est parallèle à Δ.

16 **1.** Un vecteur directeur $\overrightarrow{u_1}$ de la droite Δ_1 a pour coordonnées $\begin{pmatrix} 2 \\ 1 \end{pmatrix}$ dans la base $(\vec{i}, \vec{j})$. Un vecteur directeur $\overrightarrow{u_2}$ de la droite Δ_2 a pour coordonnées $\begin{pmatrix} -1 \\ 2 \end{pmatrix}$ dans la base $(\vec{i}, \vec{j})$. On a

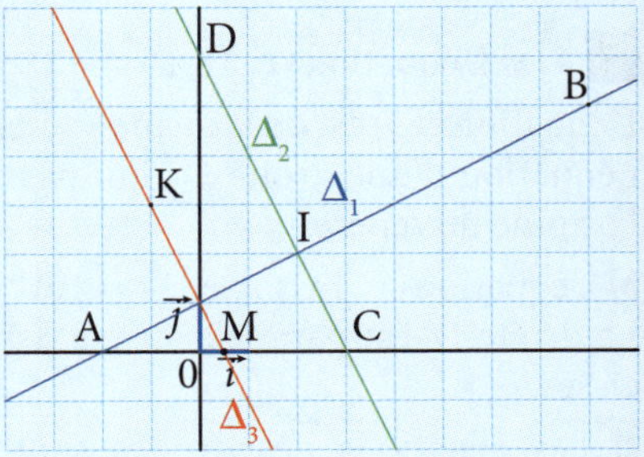

$$\det(\overrightarrow{u_1}\,;\overrightarrow{u_2}) = \begin{vmatrix} 2 & -1 \\ 1 & 2 \end{vmatrix} = 5.$$

$\det(\overrightarrow{u_1}\,;\overrightarrow{u_2}) \neq 0$ donc les vecteurs directeurs des deux droites ne sont pas colinéaires, **les droites Δ_1 et Δ_2 sont sécantes**.

Les coordonnées du point d'intersection I sont les solutions du système :

$$\begin{cases} x - 2y + 2 = 0 \\ 2x + y - 6 = 0 \end{cases} \Leftrightarrow \begin{cases} x - 2y = -2 \\ 2x + y = 6 \end{cases}$$

$$\Leftrightarrow \begin{cases} x = 2y - 2 \\ 2x + y = 6 \end{cases}$$

$$\Leftrightarrow \begin{cases} x = 2y - 2 \\ 2(2y-2) + y = 6 \end{cases}$$

$$\Leftrightarrow \begin{cases} x = 2y - 2 \\ 5y = 10 \end{cases} \Leftrightarrow \begin{cases} x = 2 \\ y = 2 \end{cases}.$$

Les coordonnées du point I sont $(2\,;2)$.

2. Le point A appartient à l'axe des abscisses donc son ordonnée est nulle, ses coordonnées sont donc $(x_A\,;0)$. Le point A appartient à Δ_1 donc les coordonnées de A vérifient l'équation de Δ_1,

$$x_A - 2\times 0 + 2 = 0 \Leftrightarrow x_A = -2.$$

Les coordonnées de A sont $(-2\,;0)$.

On montre de même que **les coordonnées de C sont $(3\,;0)$.**

Le point D appartient à l'axe des ordonnées donc son abscisse est nulle, ses coordonnées sont donc $(0\,;y_D)$. Le point D appartient à Δ_1 donc les coordonnées de D vérifient l'équation de Δ_1,

$$2\times 0 + y_D - 6 = 0 \Leftrightarrow y_D = 6.$$

Les coordonnées du point D sont $(0\,;6)$.

3. Les coordonnées des points A, I, C sont $A(-2\,;0)$, $I(2\,;2)$, $C(3\,;0)$ donc on peut calculer les coordonnées dans la base $(\vec{i},\vec{j})$ de $\overrightarrow{AI}\begin{pmatrix}4\\2\end{pmatrix}$, $\overrightarrow{AC}\begin{pmatrix}5\\0\end{pmatrix}$ et $\overrightarrow{IC}\begin{pmatrix}1\\-2\end{pmatrix}$.

La base est orthonormée donc

$$AI^2 = \left\|\overrightarrow{AI}\right\|^2 = 4^2 + 2^2 = 20.$$

$$AC^2 = \left\|\overrightarrow{AC}\right\|^2 = 25.$$

$$IC^2 = \left\|\overrightarrow{IC}\right\|^2 = 1^2 + (-2)^2 = 5.$$

On a

$$\boxed{AC^2 = AI^2 + IC^2}$$

Le triangle ACI est rectangle en I.

4. a) Le point B appartient à Δ_1 donc ses coordonnées $(x\,;y)$ vérifient l'équation de Δ_1 donc $x - 2y + 2 + 0$ donc $2y = x + 2$ donc $y = \dfrac{x+2}{2}$.

Les coordonnées de B sont donc de la forme $\left(x;\dfrac{x+2}{2}\right)$.

b) Les coordonnées du vecteur $\overrightarrow{AB}$ sont donc $\begin{pmatrix} x-(-2) \\ \dfrac{x+2}{2}-0 \end{pmatrix}=\begin{pmatrix} x+2 \\ \dfrac{x+2}{2} \end{pmatrix}$.

c) On a pour tout réel x,
$AB^2=\left\|\overrightarrow{AB}\right\|^2=(x+2)^2+\left(\dfrac{x+2}{2}\right)^2=(x+2)^2\left(1+\dfrac{1}{4}\right)=\dfrac{5}{4}(x+2)^2$.

d) On a par hypothèse $AB^2=125=\dfrac{5}{4}(x+2)^2$. Pour tout réel x,

$$\begin{aligned}\frac{5}{4}(x+2)^2=125 &\Leftrightarrow (x+2)^2=4\times\frac{125}{5}=100=10^2\\ &\Leftrightarrow (x+2)^2-10^2=0\\ &\Leftrightarrow (x+2-10)(x+2+10)=0\\ &\Leftrightarrow (x-8)(x+12)=0\\ &\Leftrightarrow x=8 \text{ ou } x=-12.\end{aligned}$$

L'abscisse de B est positive, par hypothèse, donc l'abscisse de B est 8 et son ordonnée est $\dfrac{8+2}{2}=5$.

Les coordonnées de B sont $(8\,;5)$.

5. Soit M le milieu de $[AC]$ et Δ_3 la droite passant par M, parallèle à Δ_2.

Les coordonnées du point M milieu de $[AC]$ sont $\left(\dfrac{1}{2};0\right)$.

La droite Δ_3 est parallèle à la droite Δ_2 donc le vecteur directeur $\overrightarrow{u_2}\begin{pmatrix}-1\\2\end{pmatrix}$ de la droite Δ_2 est un vecteur directeur de Δ_3 donc une équation de Δ_3 est :
$2x+y+c=0$ où c est un nombre réel.

Le point M appartient à Δ_3 donc ses coordonnées vérifient l'équation de Δ_3:

$$2\times\frac{1}{2}+0+c=0\Leftrightarrow c=-1.$$

Une équation de Δ_3 est $2x+y-1=0$.

Les coordonnées du point K milieu de $[AD]$ sont $(-1\,;3)$, elle vérifient l'équation de Δ_3:

$$2(-1)+3-1=0.$$

Le point K appartient à Δ_3.

Remarque
Dans le triangle ADC, la droite Δ_3, parallèle au côté $[DC]$ et passant par le milieu de $[AC]$ passe par le milieu de $[AD]$.

Exercices d'approfondissement

17 Pour D', $y = m'x + p'$ avec $m' \neq 0$.

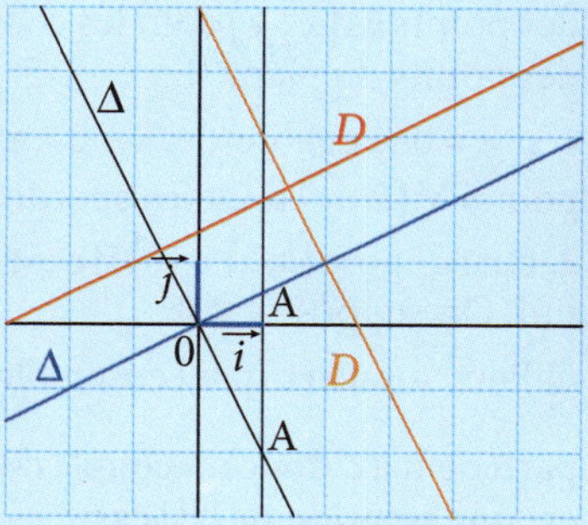

1. Les droites Δ et Δ' d'équations respectives $y = mx$ et $y = m'x$ ont respectivement les mêmes coefficients directeurs que D et D'. Elles sont donc parallèles, et de plus les droites Δ et Δ' passent par l'origine du repère.

2. La droite Δ passe par l'origine du repère et n'est pas confondue avec l'un des axes, elle coupe donc la droite d'équation $x = 1$ en un point A de coordonnées $(1\,;m)$.

De même la droite Δ' passe par l'origine du repère et n'est pas confondue avec l'un des axes, elle coupe donc la droite d'équation $x = 1$ en un point A′ de coordonnées $(1\,;m')$.

Les droites D et D' sont perpendiculaires si et seulement si les droites Δ et Δ' le sont.

Les droites Δ et Δ' sont perpendiculaires si et seulement si le triangle OAA′ est rectangle en O, donc en utilisant le théorème de Pythagore et sa réciproque, si et seulement si

$$AA'^2 = OA^2 + OA'^2$$

Les points A et A′ ont respectivement pour coordonnées $(1\,;m)$ et $(1\,;m')$. Donc

$$AA'^2 = (m'-m)^2.$$

$$OA^2 = 1 + m^2.$$

$$OA'^2 = 1 + m'^2$$

D'où

$$\begin{aligned} \Delta \perp \Delta' &\Leftrightarrow (m'-m)^2 = 1 + m^2 + 1 + m'^2 \\ &\Leftrightarrow -2mm' = 2 \\ &\Leftrightarrow mm' = -1. \end{aligned}$$

Les droites Δ et Δ' sont perpendiculaires si et seulement si $mm' = -1$.

3. Les droites D et D' étant respectivement parallèles à Δ et Δ', les droites D et D' sont perpendiculaires si et seulement si $mm' = -1$.

CORRIGÉS

18 **1.** Si $a=b=0$ l'équation (E) s'écrit $0\times x+0\times y+c=0$.

• si $c=0$, tous les réels x et tous les réels y vérifient l'équation (E). L'ensemble $\mathcal{E}$ des points $\mathrm{M}(x\,;y)$ dont les coordonnées vérifient l'équation (E) est l'ensemble des points du plan.

• si $c\neq 0$, l'égalité $0\times x+0\times y+c=0$ est impossible donc l'ensemble $\mathcal{E}$ des points $\mathrm{M}(x\,;y)$ dont les coordonnées vérifient l'équation (E) est vide.

2. On suppose $(a,b)\neq(0,0)$ c'est à dire au moins un des deux réels a ou b est non nul. On suppose $a\neq 0$.

a) Pour montrer que l'ensemble $\mathcal{E}$ est non vide, il suffit d'exhiber un point appartenent à $\mathcal{E}$ donc un couple de réels vérifiant l'équation (E). Le couple $\left(-\dfrac{c}{a}\,;0\right)$ est une solution de (E) car

$$a\times\left(-\frac{c}{a}\right)+b\times 0+c=-c+c=0.$$

> **Remarque**
> Si on avait choisi b non nul, un couple solution aurait été $\left(0;-\dfrac{c}{b}\right)$.

b) Soit $\mathrm{A}(x_0,y_0)$ un point de $\mathcal{E}$ ($\mathcal{E}$ est non vide d'après **a)**) donc $ax_0+by_0+c=0$.

i. Pour tout point $\mathrm{M}(x,y)$ du plan,

M(*x*,*y*) appartient à $\mathcal{E}$ $\Leftrightarrow$ ax+by+c=0

$$\Leftrightarrow ax+by+c=ax_0+by_0+c=0$$
$$\Leftrightarrow a(x-x_0)+b(y-y_0)+c-c=0$$
$$\Leftrightarrow a(x-x_0)+b(y-y_0)=0.$$

Donc si $\mathrm{A}(x_0,y_0)$ est un point de $\mathcal{E}$, un point $\mathrm{M}(x,y)$ appartient à $\mathcal{E}$ si et seulement si $a(x-x_0)+b(y-y_0)=0$.

ii. Soit $\vec{u}$ le vecteur de coordonnées $\begin{pmatrix}-b\\ a\end{pmatrix}$ dans la base $(\vec{i},\vec{j})$, le vecteur $\vec{u}$ est non nul car au moins un des deux réels a ou b est non nul.

Les vecteurs $\overrightarrow{\mathrm{AM}}\begin{pmatrix}x-x_0\\ y-y_0\end{pmatrix}$ et $\vec{u}\begin{pmatrix}-b\\ a\end{pmatrix}$ sont colinéaires si et seulement si $\det\left(\overrightarrow{\mathrm{AM}}\,;\vec{u}\right)=0$.

$$\det\left(\overrightarrow{\mathrm{AM}}\,;\vec{u}\right)=0\Leftrightarrow\begin{vmatrix}x-x_0 & -b\\ y-y_0 & a\end{vmatrix}=0$$
$$\Leftrightarrow a(x-x_0)+b(y-y_0)=0.$$

Donc d'après **i.** si $\mathrm{A}(x_0,y_0)$ est un point de $\mathcal{E}$, un point $\mathrm{M}(x,y)$ appartient à $\mathcal{E}$ si et seulement si les vecteurs $\overrightarrow{\mathrm{AM}}$ et $\vec{u}$ sont colinéaires.

iii. Un point $M(x, y)$ appartient à $\mathcal{E}$ si et seulement si les vecteurs $\overrightarrow{AM}$ et $\vec{u}$ sont colinéaires donc si et seulement si M appartient à la droite passant par le point A et dont un vecteur directeur est le vecteur $\vec{u}$. L'ensemble $\mathcal{E}$ est donc une droite du plan.

3. Conclusion :

Soit a, b et c trois nombres réels. Soit $\mathcal{E}$ l'ensemble des points M du plan dont les coordonnées $(x\,;y)$ vérifient l'équation $(E) : ax + by + c = 0$.

- Si $a = b = c = 0$, $\mathcal{E}$ est l'ensemble de tous les points du plan.
- Si $a = b = 0$ et $c \neq 0$, $\mathcal{E}$ est l'ensemble vide.
- Si $(a,b) \neq (0,0)$, $\mathcal{E}$ est une droite dont un vecteur directeur est le vecteur $\vec{u}\begin{pmatrix} -b \\ a \end{pmatrix}$.

CHAPITRE 7

Fonctions de référence

COMPÉTENCES EXIGIBLES

- Comparer pour une fonction de référence les images de deux réels.
- Pour les fonctions affines, carré, inverse, racine carrée et cube, résoudre graphiquement ou algébriquement une équation ou une inéquation du type $f(x) = k$, $f(x) < k$.

1 Catalogue

1 Fonction identité

On appelle **fonction identité**, la fonction f, **définie sur** $\mathbb{R}$, telle que pour tout réel x, on ait $\boldsymbol{f(x)=x}$.

Dans un repère orthogonal du plan, la courbe représentative de la fonction identité est une droite, son équation est $\boldsymbol{y=x}$.

Le point O, origine du repère, appartient à la courbe représentative de la fonction identité et en est un centre de symétrie.

● Représentation graphique ci-contre :

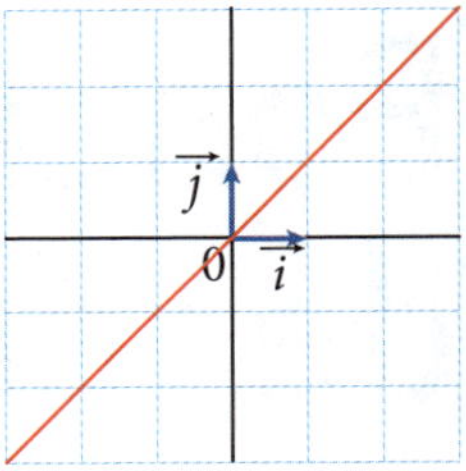

2 Fonction carré

On appelle **fonction carré**, la fonction f, **définie sur** $\mathbb{R}$, telle que pour tout réel x, on ait $\boldsymbol{f(x)=x^2}$.

Dans un repère orthogonal du plan, la courbe représentative de la fonction carré est une parabole, son équation est $\boldsymbol{y=x^2}$.

Le point O, origine du repère, appartient à la courbe représentative de la fonction carré et est appelé sommet de la parabole.

● **Propriétés**

• Tout nombre réel x admet un carré et on a $f(x)=x^2\geq 0$.

• $f(0)=0$.

• Tous les points de la parabole sont au-dessus de l'axe des abscisses.

• La parabole représentant la fonction carré dans un repère orthogonal est symétrique par rapport à l'axe des ordonnées, appelé axe de la parabole.

● Représentation graphique ci-contre :

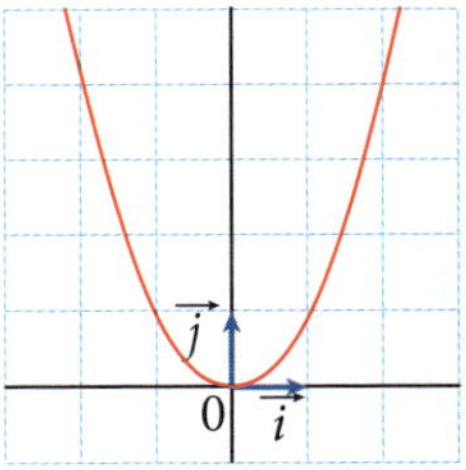

3 Fonction racine carrée

On appelle **fonction racine carrée**, la fonction f, **définie sur** $\boldsymbol{[0\,;+\infty[}=\mathbb{R}^+$, telle que pour tout réel positif x, on ait $\boldsymbol{f(x)=\sqrt{x}}$.

- **Propriétés**
- Tout nombre réel positif x admet une racine carrée et on a $f(x)=\sqrt{x} \geq 0$.
- $f(0)=0$.
- Tous les points de la représentation graphique de la fonction racine carrée sont au-dessus de l'axe des abscisses.
- Dans un repère orthogonal du plan, la courbe représentative de la fonction racine carrée a pour équation $y=\sqrt{x}$. Son allure est celle d'une « demi parabole couchée ».
- Représentation graphique ci-contre :

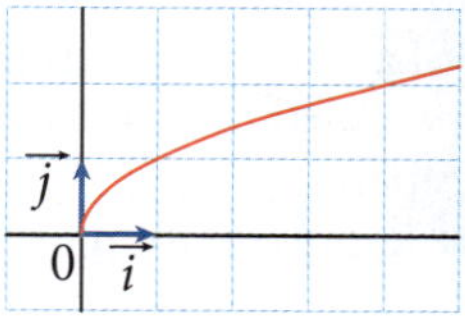

4 Fonction cube

On appelle **fonction cube**, la fonction f, **définie sur** $\mathbb{R}$, telle que pour tout réel x, on ait $\boldsymbol{f(x)=x^3}$.
Dans un repère orthogonal du plan, l'équation de la courbe représentative de la fonction cube est $y=x^3$.

- **Propriétés**
- Tout nombre réel x admet un cube et on a $f(x)=x^3$.
- $f(0)=0$.
- Pour tout réel x non nul, les réels x et $f(x)$ ont le même signe
  - Si $x \geq 0$ alors $x^3 \geq 0$.
  - Si $x<0$ alors $x^3<0$.
- La courbe représentative de la fonction cube dans un repère orthogonal est symétrique par rapport à l'origine du repère.
- Représentation graphique ci-contre :

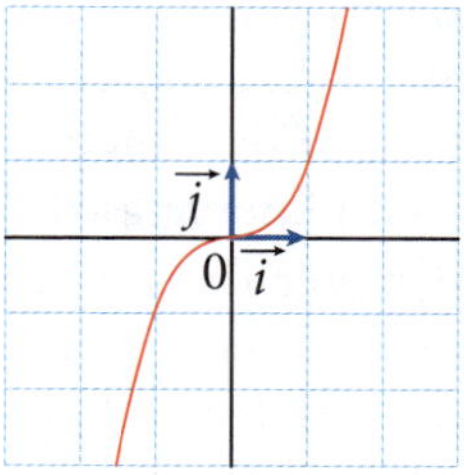

5 Fonction inverse

On appelle **fonction inverse**, la fonction f, **définie sur** $\boldsymbol{]-\infty\,;0[\,\cup\,]0\,;+\infty[}=\mathbb{R}^*$, telle que pour tout réel x non nul, on ait $\boldsymbol{f(x)=\frac{1}{x}}$.

Dans un repère orthogonal du plan, l'équation de la fonction inverse est une hyperbole, son équation est $\boldsymbol{y=\frac{1}{x}}$.

- **Propriétés**
- Tout nombre réel x non nul admet un inverse et l'on a $f(x)=\frac{1}{x} \neq 0$.
- Le réel 0 n'a pas d'image par f.

COURS

• Pour tout réel x non nul, les réels x et $f(x)$ ont le même signe :

- Si $x > 0$ alors $\frac{1}{x} > 0$.
- Si $x < 0$ alors $\frac{1}{x} < 0$.

• La courbe représentative de la fonction inverse dans un repère orthogonal est symétrique par rapport à l'origine O du repère.

• Représentation graphique ci-contre :

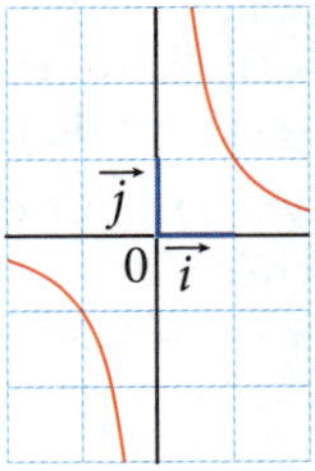

6 Position relative des fonctions de référence dans le premier quadrant

Pour tout nombre réel x :

• Si $0 \leq x \leq 1$ alors $0 \leq x^3 \leq x^2 \leq x \leq 1$;

• Si $1 \leq x$ alors $1 \leq x \leq x^2 \leq x^3$.

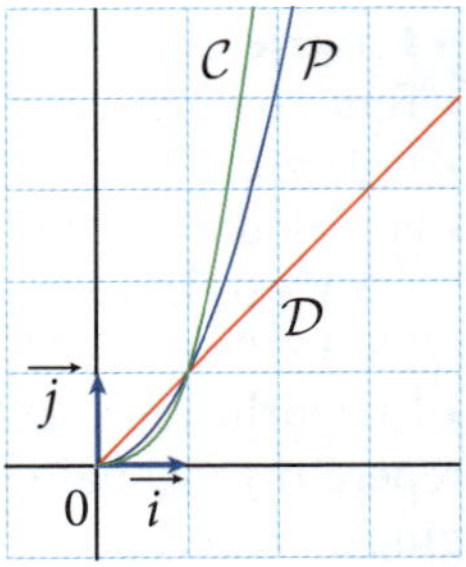

• **Remarques**

Si $\mathcal{D}$, $\mathcal{P}$ et $\mathcal{C}$ sont respectivement les représentations graphiques des fonctions identité, carré et cube,

• sur l'intervalle $[0;1]$, la cubique $\mathcal{C}$ est en dessous de la parabole $\mathcal{P}$ qui est en dessous de la droite $\mathcal{D}$;

• sur l'intervalle $[1;+\infty[$, la droite $\mathcal{D}$ est en dessous de la parabole $\mathcal{P}$ qui est en dessous de la cubique $\mathcal{C}$.

Les trois courbes passent par le point de coordonnées $(1;1)$ car $1 = 1^2 = 1^3$.

2 Fonctions - Parité - Équations - Inéquations

1 Courbe représentative d'une fonction

L'ensemble de définition d'une fonction f est l'ensemble des nombres réels x pour lesquels $f(x)$ existe (est calculable). On note cet ensemble D ou D_f si plusieurs fonctions interviennent dans l'énoncé.

Le plan est rapporté à un repère orthogonal $(O;\vec{i},\vec{j})$.

Soit D l'ensemble de définition (donné ou déterminé) d'une fonction f, on appelle courbe représentative de la fonction f dans le repère $(O;\vec{i},\vec{j})$, l'ensemble des points du plan de coordonnées $(x;y)$ vérifiant $y=f(x)$, le réel x prenant toutes les valeurs de D.

Si C_f est la courbe représentative d'une fonction f dans un repère donné, on dit que $y=f(x)$ est une équation de la courbe C_f dans le repère donné.

Remarque
Il est parfois précisé, dans un exercice, un ensemble de définition D' d'une fonction f il faudra alors ne faire référence qu'à l'ensemble D'.

Remarque
La « forme » de la courbe représentative d'une fonction dépend des unités de longueur sur chacun des axes. Un choix judicieux est indispensable.

2 Fonctions paires - Fonctions impaires

- Soit f une fonction définie sur un ensemble D, on dit que la fonction ***f* est paire** si les deux conditions suivantes sont vérifiées :
  - Pour tout nombre réel x de D, le réel $-x$ appartient à D;
  - Pour tout réel x de D, $f(-x)=f(x)$.

Exemple : la fonction carré est une fonction paire.

- **Propriétés** :

Soit f une fonction paire, dans un repère orthogonal, la courbe représentative de f est symétrique par rapport à l'axe des ordonnées.

Attention
Il est obligatoire de vérifier la première condition avant la seconde. Pour montrer qu'une condition n'est pas vérifiée on exhibe un contre-exemple.

- Soit f une fonction définie sur un ensemble D, on dit que la fonction ***f* est impaire** si les deux conditions suivantes sont vérifiées
  - Pour tout nombre réel x de D, le réel $-x$ appartient à D ;
  - Pour tout réel x de D, $f(-x)=-f(x)$.

Exemple : Les fonctions identité, cube et inverse sont impaires.

- **Propriétés**

Soit f une fonction impaire, dans un repère orthogonal, la courbe représentative de f est symétrique par rapport à l'origine du repère.

Remarque
L'origine du repère n'appartient pas forcément à la courbe représentative d'une fonction impaire.

COURS

COURS

❸ Résolution graphique d'équations et d'inéquations

On note $\mathcal{C}_f$ et $\mathcal{C}_g$ les courbes représentatives des fonctions f et g dans un même repère orthogonal et k un nombre réel.

• L'équation $f(x)=k$ a pour solutions les abscisses des points d'ordonnée k de la courbe $\mathcal{C}_f$. Ce sont les abscisses des points d'intersections de $\mathcal{C}_f$ avec la droite d'équation $y=k$.

• L'équation $f(x)=g(x)$ a pour solutions les abscisses des points d'intersections des deux courbes $\mathcal{C}_f$ et $\mathcal{C}_g$.

• L'inéquation $f(x)<k$ a pour solutions les abscisses des points de $\mathcal{C}_f$ ayant une ordonnée strictement inférieure à k.

• L'inéquation $f(x)<g(x)$ a pour solutions les abscisses des points de $\mathcal{C}_f$ qui sont situés strictement au dessous de $\mathcal{C}_g$.

3 Identités remarquables

Quels que soient les réels a, b et c,

$$(a+b)^2 = a^2+2ab+b^2$$
$$(a-b)^2 = a^2-2ab+b^2$$
$$a^2-b^2 = (a+b)(a-b)$$
$$(a+b+c)^2 = a^2+b^2+c^2+2ab+2ac+2bc$$
$$(a+b)^3 = a^3+3a^2b+3ab^2+b^3$$
$$(a-b)^3 = a^3-3a^2b+3ab^2-b^3$$
$$a^3-b^3 = (a-b)(a^2+ab+b^2)$$
$$a^3+b^3 = (a+b)(a^2-ab+b^2)$$

EXERCICES

QCM et questions courtes

On désigne par $\mathcal{D}$, $\mathcal{P}$, $\mathcal{C}$ et $\mathcal{H}$ respectivement les courbes représentatives des fonctions identité, carré, cube et inverse

1 Appartenance Vrai ou faux ?

➲ Corrigé p. 168

1. Le point de coordonnées $(-1;-1)$ appartient

a) à $\mathcal{H}$. ☐ Vrai ☐ Faux

b) à $\mathcal{C}$. ☐ Vrai ☐ Faux

c) à $\mathcal{P}$. ☐ Vrai ☐ Faux

d) à $\mathcal{D}$. ☐ Vrai ☐ Faux

2. Le point de coordonnées $(0;0)$ appartient

a) à $\mathcal{H}$. ☐ Vrai ☐ Faux

b) à $\mathcal{C}$. ☐ Vrai ☐ Faux

c) à $\mathcal{P}$. ☐ Vrai ☐ Faux

d) à $\mathcal{D}$. ☐ Vrai ☐ Faux

3. Le point de coordonnées $\left(-2;-\frac{1}{2}\right)$ appartient

a) à $\mathcal{H}$. ☐ Vrai ☐ Faux

b) à $\mathcal{C}$. ☐ Vrai ☐ Faux

c) à $\mathcal{P}$. ☐ Vrai ☐ Faux

d) à $\mathcal{D}$. ☐ Vrai ☐ Faux

2 Propriétés Vrai ou faux ?

➲ Corrigé p. 168

1. Tout point de $\mathcal{H}$ a une ordonnée strictement positive. ☐ Vrai ☐ Faux

2. Tout point de $\mathcal{P}$ a une ordonnée positive ou nulle. ☐ Vrai ☐ Faux

3. Il existe des points de $\mathcal{C}$ ayant des ordonnées strictement négative. ☐ Vrai ☐ Faux

4. Si deux points de $\mathcal{H}$ ont des abscisses opposées non nulles alors les ordonnées sont égales. ☐ Vrai ☐ Faux

5. Si deux points distincts de $\mathcal{P}$ ont la même ordonnée, les abscisses sont opposées. ☐ Vrai ☐ Faux

6. Tous les points de $\mathcal{P}$ qui ont une abscisse négative ont une ordonnée positive. ☐ Vrai ☐ Faux

3 Propriétés Vrai ou faux ?

Corrigé p. 168

1. La courbe $\mathcal{C}$ possède un point d'abscisse 0. ☐ Vrai ☐ Faux
2. La courbe $\mathcal{H}$ possède un point d'ordonnée 0. ☐ Vrai ☐ Faux
3. La courbe $\mathcal{P}$ possède un point d'ordonnée -2. ☐ Vrai ☐ Faux
4. La courbe $\mathcal{R}$ représentative de la fonction racine carrée possède un point d'ordonnée -1. ☐ Vrai ☐ Faux
5. La courbe $\mathcal{P}$ possède un point d'abscisse 250. ☐ Vrai ☐ Faux
6. La courbe $\mathcal{R}$ représentative de la fonction racine carrée possède un point d'abscisse -4. ☐ Vrai ☐ Faux
7. La courbe $\mathcal{H}$ possède un point d'abscisse -10^{10}. ☐ Vrai ☐ Faux
8. La courbe $\mathcal{H}$ possède un point d'abscisse 10^{-10}. ☐ Vrai ☐ Faux

4 Ensemble de définition - Parité

Corrigé p. 169

1. Soit la fonction f qui à x réel associe le nombre $f(x)=1-x^2$.

a) Quel est l'ensemble de définition de f ?

b) Étudier la parité de la fonction f.

2. Soit la fonction g qui à x réel associe le nombre $g(x)=\dfrac{3x+5}{2}$.

a) Quel est l'ensemble de définition de g ?

b) Étudier la parité de la fonction g.

5 Expression mathématiques d'une fonction

Corrigé p. 169

Donner l'expression des images de x par :

1. La fonction qui a tout réel positif x associe le volume du cube de côté x.
2. La fonction qui a tout réel positif x associe le volume d'une sphère de rayon x.
3. La fonction qui a tout réel positif x associe la longueur de la diagonale du carré de côté x.
4. La fonction qui a tout réel positif x associe la longueur de la hauteur d'un triangle équilatéral de côté x.

6 Résolution graphique d'une inéquation

Corrigé p. 170

En s'aidant d'un graphique, résoudre les inéquations

1. $x^2>2$. **2.** $\dfrac{1}{x}<-4$. **3.** $2x+5>3$.

4. $x^2 \leq 7$.

5. $x^3 \geq -8$.

6. $x^2 > -2$.

7. $\frac{1}{x} > -1$.

8. $x^3 < 1$.

9. $\frac{1}{x} < 10$.

Exercices d'entraînement

7 Ensemble de définition - Parité

5 min ➔ Corrigé p. 171

1. Soit la fonction f qui à x réel associe le nombre $f(x) = \frac{1}{2+x}$.

a) Quel est l'ensemble de définition de f ?

b) Étudier la parité de la fonction f.

2. Soit la fonction g qui à x réel associe le nombre $g(x) = \sqrt{5+x}$.

a) Quel est l'ensemble de définition de g

b) Étudier la parité de la fonction g.

8 Expression mathématiques d'une fonction

★ 20 min ➔ Corrigé p. 171

1. Dans un carré ABCD de côté 1, les diagonales se coupent en leur milieu O, par un point M du côté $[AB]$, on mène la parallèle à la diagonale (AC) qui coupe la diagonale (BD) en K. On pose $AM = x$ avec $0 < x < 1$. On désigne par $f(x)$ l'aire du trapèze AMKO. Donner l'expression de $f(x)$.

2. Nicolas achète des noix à 60 € les 10 kg pour les éplucher et les conditionner sous vide. Sachant qu'il perd 30 % du poids en les sélectionnant et en les épluchant à combien lui revient le prix $f(x)$ en euros de x kg de noix achetées.

3. Dans le plan muni d'un repère orthonormé $(O ; \vec{i}, \vec{j})$, soit $\mathcal{C}$ la cubique d'équation $y = x^3$, M un point de $\mathcal{C}$ d'abscisse non nulle et S le projeté orthogonal de M sur $(O ; \vec{j})$. Exprimer en fonction de x, l'aire $f(x)$ du triangle OMS.

Problèmes

9 Résolution algébrique et graphique d'équations et d'inéquations

★★ 20 min ➔ Corrigé p. 173

Le plan est rapporté à un repère orthonormé $(O ; \vec{i}, \vec{j})$.

On considère les fonctions f et g définies dans $\mathbb{R}$ par $f(x) = \frac{2x-1}{x-1}$ et

$g(x) = -x^2 + 3x + 1$.

1. Préciser les ensembles de définition D_f et D_g des fonctions f et g.

2. a) l'aide de la calculatrice, représenter dans le repère $(O ; \vec{i}, \vec{j})$ les fonctions f et g en se limitant aux abscisses comprises entre -1 et 4.

b) Montrer que si $x > 1$ alors $f(x) > 2$ et si $x < 1$ alors $f(x) < 2$.

3. Déterminer graphiquement les coordonnées des points d'intersection.

4. Résoudre algébriquement dans $\mathbb{R} - \{1\}$ l'équation $f(x) = g(x)$. Retrouver les coordonnées des points d'intersection des deux courbes représentative de f et de g.

5. a) Résoudre graphiquement dans $]-\infty ; 1[$ puis dans $]1 ; +\infty[$ l'inéquation $f(x) \leq g(x)$.

b) Résoudre algébriquement dans $]-\infty ; 1[$ puis dans $]1 ; +\infty[$ l'inéquation $f(x) \leq g(x)$.

10 Résolution algébrique et graphique d'équations et d'inéquations

★★ 20 min Corrigé p. 175

1. Soit l'expression $\sqrt{4x+9}$ où x est un nombre réel.

a) Pour quelle valeur de x, l'expression $\sqrt{4x+9}$ existe-t-elle ?

b) Donner l'ensemble de définition de la fonction définie dans $\mathbb{R}$ par $f(x) = \sqrt{4x+9}$.

2. Déterminer par le calcul les antécédents de 4 et 2 par f.

3. Le plan étant rapporté à un repère orthonormé $(O ; \vec{i}, \vec{j})$, représenter graphiquement la fonction f.

4. Résoudre graphiquement :

a) l'équation $f(x) = 3$;

b) l'inéquation $f(x) \geq 3$.

11 Résolution algébrique et graphique d'équations et d'inéquations

★★ 30 min Corrigé p. 176

1. Soit f la fonction définie pour x réel par $f(x) = \frac{1}{2}(x^2 + 4x - 5)$.

a) Quel est l'ensemble de définition de la fonction f ?

b) Montrer que pour tout réel x, $\frac{1}{2}(x^2 + 4x - 5) = \frac{1}{2}(x+5)(x-1)$.

c) Le plan étant rapporté à un repère orthonormé $\left(\mathrm{O}\,;\vec{i},\vec{j}\right)$, représenter graphiquement la fonction f, on pourra s'aider de la calculatrice. On note $\mathcal{C}$ la courbe représentative de f, déterminer les coordonnées des points d'intersection de $\mathcal{C}$ et les axes de coordonnées.

2. Soit g la fonction définie dans $\mathbb{R}$ par $g(x)=x+5$, représenter graphiquement g dans la repère précédent, on désigne par Δ la représentation graphique de g.

3. a) Déterminer graphiquement les coordonnées des points d'intersections de $\mathcal{C}$ et Δ.

b) Résoudre dans $\mathbb{R}$ l'équation $f(x)=g(x)$. En déduire les coordonnées des points d'intersections de $\mathcal{C}$ et Δ.

4. a) Résoudre algébriquement l'inéquation $f(x)\leq g(x)$.

b) Résoudre graphiquement la double inéquation $g(x)\leq f(x)\leq 8$.

Exercice d'approfondissement

12 Calcul d'une longueur

★★★ 30 min Corrigé p. 179

1. Dans le plan muni d'un repère orthonormé $\left(\mathrm{O}\,;\vec{i},\vec{j}\right)$, représenter la courbe $\mathcal{P}$ d'équation $y=x^2$.

2. Soit p un nombre réel, On désigne par Δ_p la droite d'équation $y=2x+p-1$.

a) Représenter dans le repère de la question **1.** les droites Δ_0 et Δ_3.

b) Déterminer graphiquement les valeurs de p pour lesquelles il existe des points d'intersection de $\mathcal{P}$ et de Δ_p.

3. Pour tout réel p strictement positif, on considère l'équation $(E): x^2=2x+p-1$.

a) Résoudre dans $\mathbb{R}$, l'équation (E) que l'on pourra écrire $x^2-2x+1=p$.

b) Donner les coordonnées des points d'intersections, lorsqu'ils existent, de $\mathcal{P}$ et de Δ_p.

4. Le réel p dans cette question est strictement positif. Soit M_1 et M_2 les points d'intersection, lorsqu'ils existent, de $\mathcal{P}$ et de Δ_p. On pose $\mathrm{M}_1\mathrm{M}_2=g(p)$.

a) Donner l'expression de $g(p)$ en fonction de p.

b) Avec l'aide de la calculatrice, représenter graphiquement les variation de g sur $\mathbb{R}_+^*$.

QCM et Questions courtes

On désigne par $\mathcal{D}$, $\mathcal{P}$, $\mathcal{C}$ et $\mathcal{H}$ respectivement les courbes représentatives des fonctions identité, carré, cube et inverse.

1 **1. Réponse a., b., d.** car −1 est l'image de −1 par la fonction identité car $(-1)^3=-1$ et car $\frac{1}{-1}=-1$.

2. Réponse b., c., d. car 0 est l'image de 0 par la fonction identité car $0^3=0^2=0$.

3. Réponse a. car $\frac{1}{-2}=-\frac{1}{2}$.

2 **1. Faux →** L'image de −1 par la fonction inverse est −1 donc le point de coordonnées $(-1\,;-1)$ appartient à $\mathcal{H}$ et a une ordonnée négative.

2. Vrai → Pour tout réel x on a $x^2\geq 0$ donc tout point de $\mathcal{P}$ a une ordonnée positive ou nulle.

3. Vrai → L'image de −1 par la fonction cube est −1 donc le point de coordonnées $(-1\,;-1)$ appartient à $\mathcal{C}$. Il existe des points de $\mathcal{C}$ ayant des ordonnées strictement négative.

4. Faux → Soit x un réel non nul et M et M′ deux points de $\mathcal{H}$ de coordonnées respectives $\left(x\,;\frac{1}{x}\right)$ et $\left(-x\,;\frac{1}{-x}\right)$ les abscisses sont opposées, les ordonnées aussi. La fonction inverse est impaire.

5. Vrai → Soit M et M′ deux points distincts de $\mathcal{P}$ de coordonnées (x,x^2) et (x',x'^2) avec $x^2=x'^2$, par hypothèse

$$\begin{aligned}x^2=x'^2 &\Leftrightarrow x^2-x'^2=0\\ &\Leftrightarrow (x-x')(x+x')=0\\ &\Leftrightarrow x=x' \text{ ou } x=-x'.\end{aligned}$$

Si $x=x'$, les points sont confondus impossible donc $x=-x'$ avec x et x' non nuls.

6. Vrai → Tous les points de $\mathcal{P}$ ont une ordonnée positive.

3 **1. Vrai →** $0^3=0$ donc le point O appartient à la courbe $\mathcal{C}$.

2. Faux → L'inverse d'un réel non nul est un réel non nul et le nombre 0 n'a pas d'inverse et le réel 0 n'est l'image d'aucun réel par la fonction inverse.

3. Faux → Tout réel x a une image positive ou nulle par la fonction carré.

4. Faux → La racine carrée d'un nombre quand elle existe est toujours un réel positif.

5. Vrai → C'est le point de coordonnées $\left(250\,;250^2\right)$.

6. Faux → La fonction racine carrée est définie sur $\mathbb{R}^+$ donc tous les points de $\mathcal{R}$ ont une abscisse positive.

7. Vrai → Le point M de coordonnées $\left(-10^{10}\,;\dfrac{1}{-10^{10}}\right)$ appartient à la courbe $\mathcal{H}$ et a pour abscisse -10^{10}.

8. Vrai → Le point M de coordonnées $\left(10^{-10}\,;\dfrac{1}{10^{-10}}\right)$ appartient à la courbe $\mathcal{H}$ et a pour abscisse 10^{-10}.

4 **1.** Soit la fonction f définie dans $\mathbb{R}$ par $f(x)=1-x^2$.

a) Ensemble de définition de f, tout réel x admet un carré et on peut toujours ôter ce carré de 1, l'ensemble de définition de f est $\mathbb{R}$.

b) L'ensemble de définition est symétrique par rapport à 0 et pour tout réel x, $f(-x)=f(x)$ donc la fonction f est paire.

2. Soit la fonction g définie dans $\mathbb{R}$ par $g(x)=\dfrac{3x+5}{2}$.

a) Ensemble de définition de g, tout réel x peut-être multiplié par 3, on peut toujours y ajouter 5 et le résultat peut toujours être divisé par 2. L'ensemble de définition de g est $\mathbb{R}$.

b) L'ensemble de définition est symétrique par rapport à 0 et pour tout réel x, on a $g(-x)=\dfrac{-3x+5}{2}$ qui n'est ni égal ni opposé à $g(x)$. La fonction g n'est ni paire ni impaire.

5 **1.** Pour tout réel x positif, le volume du cube de côté x est x^3. La fonction f est définie pour tout réel positif x par $f(x)=x^3$.

2. Pour tout réel x positif, le volume d'une sphère de rayon x est $\dfrac{4}{3}\pi x^3$. La fonction f est définie pour tout réel positif x par $f(x)=\dfrac{4}{3}\pi x^3$.

3. Pour tout réel x positif, la longueur de la diagonale d'un carré de côté x est $x\sqrt{2}$ (d'après le théorème de Pythagore). La fonction f est définie pour tout réel positif x par $f(x)=x\sqrt{2}$.

4. Pour tout réel x positif, la hauteur d'un triangle équilatéral de côté x a pour longueur $\dfrac{x\sqrt{3}}{2}$. La fonction f est définie pour tout réel positif x par $f(x)=\dfrac{x\sqrt{3}}{2}$.

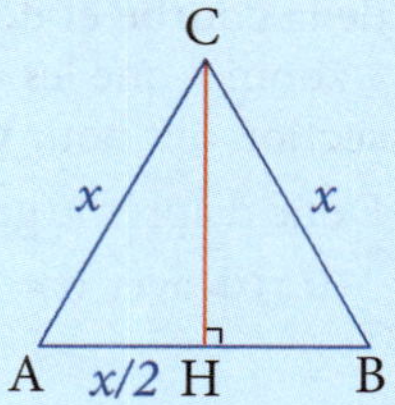

6 **1.** Avec l'aide de la calculatrice on représente graphiquement la fonction carré et la droite d'équation $y = 2$.

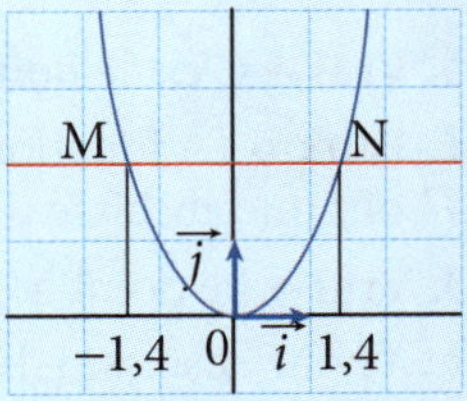

Il existe deux points d'intersection de la parabole et de la droite et on trouve en faisant un « zoom » que les abscisses α et $-\alpha$ des points d'intersections ont pour valeur approchée $-1,4$ et $+1,4$.

Donc d'après le graphique l'ensemble des solutions est $]-\infty\,;-\alpha[\,\cup\,]\alpha\,;+\infty[$ avec $\alpha \approx 1,4$.

2. Avec l'aide de la calculatrice on représente graphiquement la fonction inverse et la droite d'équation $y = -4$.

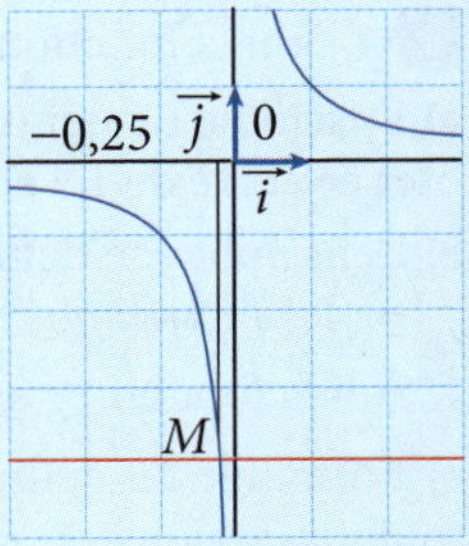

On détermine l'abscisse du point d'intersection et on trouve en faisant un « zoom » que le point d'intersection a pour abscisse $-0,25$.

Donc d'après le graphique l'ensemble des solutions est $]-0,25\,;0[$.

3. Avec l'aide de la calculatrice on représente graphiquement la droite d'équation $y = 2x + 5$ et la droite d'équation $y = 3$.

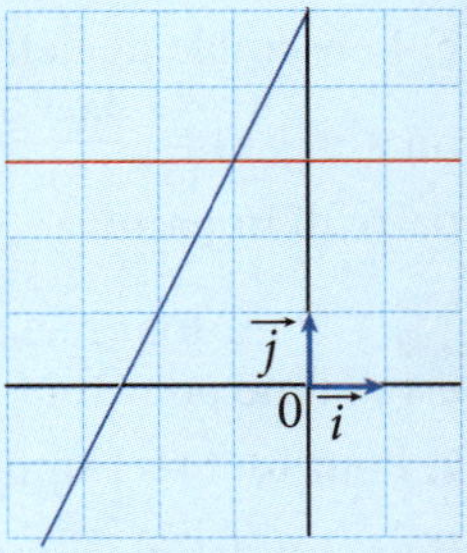

On détermine l'abscisse du point d'intersection et on trouve en faisant un « zoom » que le point d'intersection a pour abscisse -1.

Donc d'après le graphique l'ensemble des solutions est $]-1\,;+\infty[$.

4. Avec l'aide de la calculatrice on représente graphiquement la fonction carré et la droite d'équation $y = 7$.

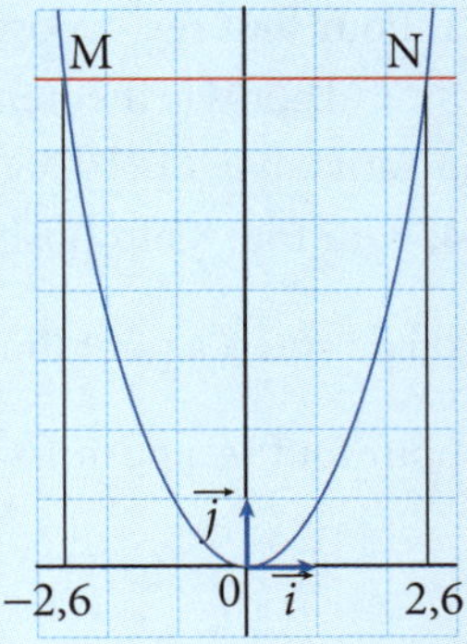

On détermine les abscisses des points d'intersections de la courbe et de la droite et on trouve en faisant un « zoom » que les abscisses α et $-\alpha$ des points d'intersection ont pour valeur approchée $-2,6$ et $+2,6$.

Donc d'après le graphique l'ensemble des solutions est $]-\alpha\,;\alpha[$ avec $\alpha \approx 2,6$.

CORRIGÉS

5. $x^3 \geq -8$. De la même façon que précédemment, on montre que l'ensemble des solutions est l'intervalle $\left[-2\,;+\infty\right[$.

6. $x^2 > -2$. De la même façon que précédemment, on montre que l'ensemble des solutions est $\mathbb{R}$.

7. $\frac{1}{x} > -1$. De la même façon que précédemment, on montre que l'ensemble des solutions est l'ensemble $\left]-\infty\,;-1\right[\cup \left]0\,;+\infty\right[$.

8. $x^3 < 1$. De la même façon que précédemment, on montre que l'ensemble des solutions est l'intervalle $\left]-\infty\,;+1\right[$.

9. $\frac{1}{x} < 10$. De la même façon que précédemment, on montre que l'ensemble des solutions est l'intervalle $\left]-\infty\,;0\right[\cup \left]\frac{1}{10}\,;+\infty\right[$.

Exercices d'entraînement

7 **1.** Soit la fonction f qui a un réel x associe le nombre $f(x) = \frac{1}{2+x}$.

a) Pour tout réel x on sait calculer $2+x$, mais on ne sait calculer l'inverse que d'un réel non nul, donc pour calculer $f(x)$ il est nécessaire que $x+2$ soit non nul donc que x soit différent de –2. L'ensemble de définition de f est $\mathbb{R} - \{-2$.

b) L'ensemble de définition de f n'est pas symétrique par rapport à 0, donc la fonction f n'est ni paire ni impaire.

2. Soit la fonction g qui à x réel associe le nombre $g(x) = \sqrt{5+x}$.

a) On ne sait calculer de racine carrée que de nombres positifs, donc $f(x)$ existe si et seulement si $5 + x \geq 0$ c'est à dire $x \geq -5$. L'ensemble de définition de la fonction g est donc $\left[-5\,;+\infty\right[$.

b) L'ensemble de définition de g n'est pas symétrique par rapport à 0, donc la fonction g n'est ni paire ni impaire.

8 **1.** D'après l'énoncé, on obtient la figure ci-contre :

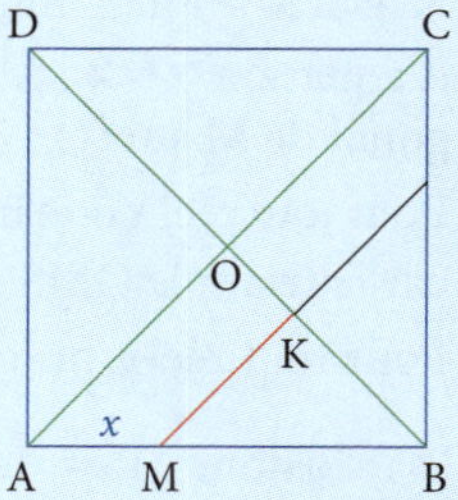

L'aire $f(x)$ du trapèze AMKO est

$$f(x) = \frac{1}{2}(\mathrm{MK} + \mathrm{AO}) \times \mathrm{OK}.$$

D'après le théorème de Thalès dans le triangle BOA on a

$$\frac{\mathrm{BM}}{\mathrm{BA}} = \frac{\mathrm{BK}}{\mathrm{BO}} = \frac{\mathrm{MK}}{\mathrm{AO}} (1)$$

CORRIGÉS

On a $AB=1$, $BM=1-x$ (avec $0<x<1$) et $BO=AO=\frac{1}{2}\sqrt{2}$ (une demi-diagonale d'un carré de côté 1).
On peut donc écrire la double égalité (1)

$$\frac{1-x}{1}=\frac{BK}{\frac{1}{2}\sqrt{2}}=\frac{MK}{\frac{1}{2}\sqrt{2}}.$$

d'où

$$BK=\frac{1}{2}\sqrt{2}(1-x) \text{ et } MK=\frac{1}{2}\sqrt{2}(1-x).$$

On a aussi

$$OK=OB-BK=\frac{1}{2}\sqrt{2}-\frac{1}{2}\sqrt{2}(1-x)=\frac{x\sqrt{2}}{2}.$$

D'où

$$f(x)=\frac{1}{2}\left(\frac{1}{2}\sqrt{2}(1-x)+\frac{1}{2}\sqrt{2}\right)\frac{x\sqrt{2}}{2}$$

$$=\frac{x\sqrt{2}}{4}\left(\sqrt{2}-\frac{x\sqrt{2}}{2}\right)=\frac{x}{2}\left(1-\frac{x}{2}\right).$$

Pour tout réel x de $]0\,;1[$, on a $f(x)=\frac{x}{4}(2-x)$.

2. Nicolas achète des noix à 60 € les 10 kg pour les éplucher et les conditionner sous vide. Soit $f(x)$ le prix de revient de x kg prêt à être vendus.

Pour disposer x kg de noix à la vente, Nicolas doit en acheter $\frac{x}{0{,}7}$ car il en perd 30 %. Le prix d'achat au kilo est de 6 € donc le coût de $\frac{x}{0{,}7}$ kg est donc de

$$f(x)=\frac{6x}{0{,}7}.$$

Le prix de revient de x kg de noix vendues est de $f(x)=\frac{60}{7}x$.

3. Dans le plan muni d'un repère orthonormé $(O\,;\vec{i},\vec{j})$, soit $\mathcal{C}$ la cubique d'équation $y=x^3$, M un point de $\mathcal{C}$ d'abscisse non nulle et S le projeté orthogonal de M sur $(O\,;\vec{j})$.
Pour tout réel x non nul, l'aire $f(x)$ du triangle OMS est égale à $f(x)=\frac{1}{2}OS\times MS$ car le triangle OMS est rectangle en S.
Pour tout réel x non nul, les coordonnées du point M sont $(x\,;x^3$ et celles de S $(0\,;x^3)$ donc $MS=\sqrt{x^2+0^2}=\sqrt{x^2}=|x|$ et $OS=\sqrt{0^2+(x^3)^2}=|x^3|$.

Pour tout réel x non nul, l'aire du triangle OMS est égale à $f(x)=\frac{1}{2}|x^3|\times|x|=\frac{1}{2}|x^4|$. Pour tout réel x non nul, le réel x^4 est positif ou nul donc $|x^4|=x^4$.
Pour tout réel x non nul, l'aire du triangle OMS est égale à $f(x)=\frac{1}{2}x^4$.

Remarque
Si $x=0$ les trois points O, M et S sont confondus l'aire du triangle est nulle donc la fonction f est définie sur $\mathbb{R}$.

Problèmes

9 Le plan est rapporté à un repère orthonormé $(O\,;\vec{i},\vec{j})$.
On considère les fonctions f et g définies dans $\mathbb{R}$ par $f(x)=\dfrac{2x-1}{x-1}$ et $g(x)=-x^2+3x+1$.

1. La fonction f est un quotient, le numérateur et le dénominateur sont calculables pour tout réel x, le dénominateur doit être non nul pour que le quotient soit calculable donc le réel x doit être différent de 1. On a $D_f=\mathbb{R}-\{1\}$.
La fonction g est la somme de trois termes qui sont calculables pour tout réel x donc l'ensemble de définition D_g est $\mathbb{R}$.

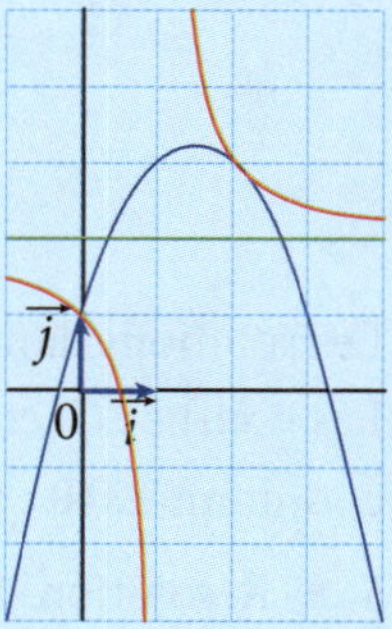

2. a) Représentation graphique des fonctions f et g en se limitant aux abscisses comprises entre -1 et 4.
Le réel 1 n'a pas d'image par f donc la droite d'équation $x=1$ et $\mathcal{C}_f$ n'ont pas de point commun.

b) Pour tout réel x appartenant à D_f, on doit comparer $f(x)$ et 2, pour cela on détermine le signe de $f(x)-2$.
Pour tout réel x de D_f,

$$f(x)-2=\frac{2x-1}{x-1}-2=\frac{2x-1}{x-1}-2\frac{x-1}{x-1}$$
$$=\frac{2x-1-2x+2}{x-1}$$
$$=\frac{1}{x-1}.$$

Si $x>1$ alors $x-1>0$ donc $\dfrac{1}{x-1}>0$ et $f(x)-2>0$, la courbe $\mathcal{C}_f$ est au-dessus de la droite d'équation $y=2$.
Si $x<1$ alors $x-1<0$ donc $\dfrac{1}{x-1}<0$ et $f(x)-2<0$, la courbe $\mathcal{C}_f$ est au-dessous de la droite d'équation $y=2$.

CORRIGÉS

3. Étude graphique : points d'intersection de $\mathcal{C}_f$ et de $\mathcal{C}_g$

Les courbes $\mathcal{C}_f$ et de $\mathcal{C}_g$ se coupent aux points de coordonnées $(0\,;1)$ et $(2\,;3)$.

4. Résolution algébrique dans $\mathbb{R}-\{1\}$ l'équation $f(x)=g(x)$.

Pour tout réel x de $\mathbb{R}-\{1\}$,

$$\begin{aligned}
f(x)=g(x) &\Leftrightarrow \frac{2x-1}{x-1}=-x^2+3x+1\\
&\Leftrightarrow \frac{2x-1}{x-1}-\left(-x^2+3x+1\right)=0\\
&\Leftrightarrow \frac{2x-1-(x-1)\left(-x^2+3x+1\right)}{x-1}=0\\
&\Leftrightarrow \frac{x^3-4x^2+4x}{x-1}=0\\
&\Leftrightarrow \frac{x\left(x^2-4x+4\right)}{x-1}=0\\
&\Leftrightarrow \frac{x(x-2)^2}{x-1}=0\\
&\Leftrightarrow x(x-2)^2=0\\
&\Leftrightarrow x=0 \text{ ou } (x-2)^2=0\\
&\Leftrightarrow x=0 \text{ ou } x-2=0.
\end{aligned}$$

Les solutions dans $\mathbb{R}-\{1\}$ de l'équation $f(x)=g(x)$ sont 0 et 2.

Les courbes $\mathcal{C}_f$ et de $\mathcal{C}_g$ se coupent en deux points d'abscisses 0 et 2 donc de coordonnées $(0\,;f(0))=(0\,;1)$ et $(2\,;f(2))=(2\,;3)$.

5. a) Résolution graphique dans $]-\infty\,;1[$, puis dans $]1\,;+\infty[$, de l'inéquation $f(x)\leq g(x)$.

Dans $]-\infty\,;1[$, $f(x)\leq g(x)\Leftrightarrow x\in[0;1[$.

Dans $]1\,;+\infty[$, $f(x)\leq g(x)\Leftrightarrow x=2$.

Pour tout x de $\mathbb{R}-\{1\}$ l'ensemble des solutions de $f(x)\leq g(x)$ est $[0\,;1[\,\cup\{2\}$.

> **Remarque**
> Le nombre 2 est solution car $f(2)=g(2)$ donc $f(2)\leq g(2)$.

b) Résolution algébrique

Pour tout réel x de $\mathbb{R}-\{1\}$, en reprenant le calcul de la question **4.** on a

$$f(x) \leq g(x) \Leftrightarrow \frac{x(x-2)^2}{x-1} \leq 0.$$

Pour étudier le signe du premier membre on construit un tableau de signes

x		0		1		2	
x	$-$	0	$-$	‖	$+$		$+$
$(x-7)^2$	$+$		$+$	‖	$+$	0	$+$
$x-1$	$-$		$-$	‖	$+$		$+$
$f(x)-g(x)$	$+$	0	$+$	‖	$+$	0	$+$

D'après le tableau de signes, pour tout x de $\mathbb{R}-\{1\}$,
$f(x) \leq g(x) \Leftrightarrow f(x)-g(x) \leq 0 \Leftrightarrow x \in [0\,;1[$ ou $x=2$.
Dans $\mathbb{R}-\{1\}$, l'ensemble des solutions de $f(x) \leq g(x)$ est $[0\,;1[\cup \{2\}$.

10 **1.** Soit l'expression $\sqrt{4x+9}$ où x est un nombre réel.

a) Pour tout réel x on peut calculer le nombre $4x+9$. L'expression $\sqrt{4x+9}$ peut-être calculée lorsque $4x+9$ est un réel positif ou nul donc lorsque $x \geq -\frac{9}{4}$.

b) L'ensemble de définition de la fonction définie par $f(x)=\sqrt{4x+9}$ est $\left[-\frac{9}{4}\,;+\infty\right[$.

2. Un réel x est un antécédent de 4 par la fonction f si $f(x)=4$. On cherche donc à résoudre sur $\left[-\frac{9}{4}\,;+\infty\right[$ l'équation :

$$\begin{aligned} f(x)=4 &\Leftrightarrow \sqrt{4x+9}=4 \\ &\Leftrightarrow \left(\sqrt{4x+9}\right)^2=4^2 \text{ car les deux membres de l'équation sont positifs} \\ &\Leftrightarrow 4x+9=16 \\ &\Leftrightarrow 4x=7 \\ &\Leftrightarrow x=\frac{7}{4}. \end{aligned}$$

$\frac{7}{4}$ appartient à $\left[-\frac{9}{4}\,;+\infty\right[$. **Le réel 4 admet un seul antécédent par *f*, le réel $\frac{7}{4}$.**

Un réel x est un antécédent de 2 par la fonction f si $f(x)=2$. On cherche donc à résoudre sur $\left[-\frac{9}{4}\,;+\infty\right[$ l'équation :

$$
\begin{aligned}
f(x)=2 &\Leftrightarrow \sqrt{4x+9}=2\\
&\Leftrightarrow \left(\sqrt{4x+9}\right)^2=2^2 \text{ car les deux membres de l'équation sont positifs}\\
&\Leftrightarrow 4x+9=4\\
&\Leftrightarrow 4x=-5\\
&\Leftrightarrow x=-\frac{5}{4}.
\end{aligned}
$$

Le nombre $-\frac{5}{4}$ appartient à $\left[-\frac{9}{4};+\infty\right[$.

Le réel 2 admet un seul antécédent par *f*, le réel $-\frac{5}{4}$.

3. Le plan étant rapporté à un repère orthonormé $\left(O;\vec{i},\vec{j}\right)$, la représentation graphique $\mathcal{C}$ de la fonction *f* est

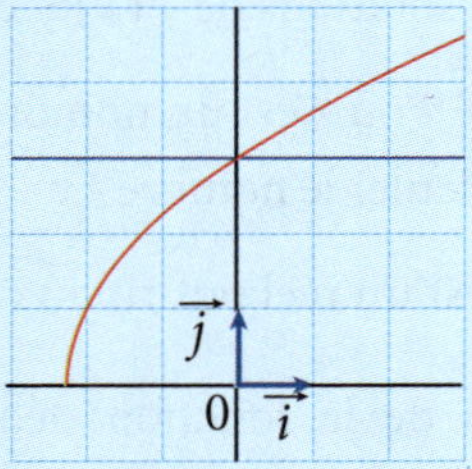

4. Résolution graphique sur $\left[-\frac{9}{4};+\infty\right[$.

a) La droite d'équation $y=3$ coupe la courbe $\mathcal{C}$ au point de coordonnées $(0;3)$. L'équation $f(x)=3$ admet une seule solution 0.

b) Les solutions de l'inéquation $f(x)\geq 3$ sont les abscisses des points de $\mathcal{C}$ situés au-dessus de la droite d'équation $y=3$. L'ensemble des solutions est l'intervalle $[0;+\infty[$.

11 **1.** Soit *f* la fonction définie pour *x* réel par $f(x)=\frac{1}{2}\left(x^2+4x-5\right)$.

a) La fonction *f* est la somme d'expressions que l'on peut calculer pour tout réel *x* donc l'ensemble de définition de *f* est $\mathbb{R}$.

b) Pour tout réel *x*, $\frac{1}{2}(x+5)(x-1)=\frac{1}{2}\left(x^2+5x-x-5\right)=\frac{1}{2}\left(x^2+4x-5\right)$.

c) Le plan étant rapporté à un repère orthonormé $\left(O;\vec{i},\vec{j}\right)$, la représentation graphique $\mathcal{C}$ de *f* est donné ci-contre.

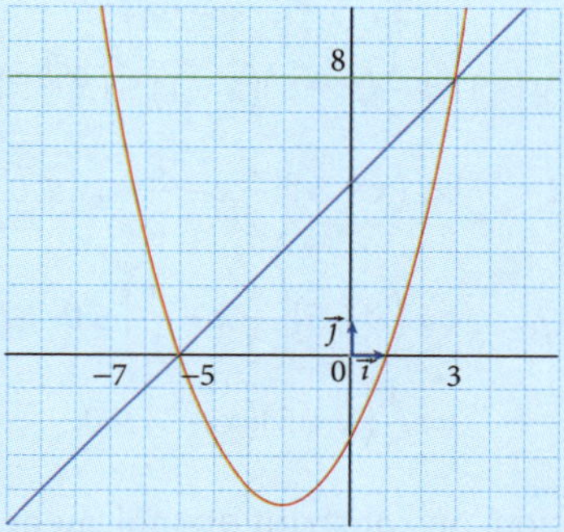

Le point d'intersection de $\mathcal{C}$ avec l'axe des ordonnées a pour coordonnées $(0\,;f(0))=\left(0\,;-\dfrac{5}{2}\right)$.

Le point d'intersection de $\mathcal{C}$ avec l'axe des abscisses a pour coordonnées $(x\,;0)$ où x est solution de l'équation $f(x)=0$.

Pour tout réel x,

$$\begin{aligned} f(x)=0 &\Leftrightarrow \frac{1}{2}(x+5)(x-1)=0 \\ &\Leftrightarrow x=-5 \text{ ou } x=1. \end{aligned}$$

La courbe $\mathcal{C}$ coupe l'axe des abscisses en deux points de coordonnées $(-5\,;0)$ et $(1\,;0)$.

2. Soit g la fonction définie dans $\mathbb{R}$ par $g(x)=x+5$, la représentation graphique Δ de g est une droite passant par les points des axes de coordonnées $(-5\,;0)$ et $(0\,;5)$.

3. a) Par lecture graphique en s'aidant d'un « zoom » sur la calculatrice les coordonnées des points d'intersection de $\mathcal{C}$ et Δ sont $(-5\,;0)$ et $(3\,;8)$.

b) Pour tout réel x,

$$\begin{aligned} f(x)=g(x) &\Leftrightarrow \frac{1}{2}(x+5)(x-1)=(x+5) \\ &\Leftrightarrow (x+5)\left(\frac{1}{2}x-\frac{1}{2}-1\right)=0 \\ &\Leftrightarrow (x+5)\left(\frac{1}{2}x-\frac{3}{2}\right)=0 \\ &\Leftrightarrow x=-5 \text{ ou } x=3. \end{aligned}$$

Les coordonnées des points d'intersection de $\mathcal{C}$ et Δ sont les points de Δ d'abscisses 0 et 3 donc les points de coordonnées $(-5\,;0)$ et $(3\,;8)$.

CORRIGÉS

4. a) Pour tout réel x,

$$f(x)\leq g(x)\Leftrightarrow\frac{1}{2}(x+5)(x-1)\leq(x+5)$$
$$\Leftrightarrow(x+5)\left(\frac{1}{2}x-\frac{1}{2}-1\right)\leq 0$$
$$\Leftrightarrow(x+5)\left(\frac{1}{2}x-\frac{3}{2}\right)\leq 0$$
$$\Leftrightarrow\frac{1}{2}(x+5)(x-3)\leq 0.$$

Pour résoudre l'inéquation, on construit un tableau de signes :

x	$-\infty$		-5		3		$+\infty$
$x+5$		$-$	0	$+$		$+$	
$x-3$		$-$		$-$		$+$	
$\frac{1}{2}(x+5)(x-3)$		$+$	0	$-$	0	$+$	

L'ensemble des solutions de l'inéquation $f(x)\leq g(x)$ est l'intervalle $[-5;3]$. Sur l'intervalle $[-5;3]$, la courbe $\mathcal{C}$ est au-dessous de Δ.

b) Résoudre dans $\mathbb{R}$, la double inéquation $g(x)\leq f(x)\leq 8$ est équivalent à résoudre le système d'inéquations :

$$\begin{cases}f(x)\leq 8\\ g(x)\leq f(x)\end{cases}.$$

Par lecture graphique, l'ensemble des solutions de la première inéquation est l'ensemble des abscisses des points de $\mathcal{C}$ qui ont une ordonnée inférieure ou égale à 8. C'est l'ensemble $[-7;3]$.

Par lecture graphique, l'ensemble des solutions de la deuxième inéquation est l'ensemble des abscisses des points de Δ qui sont au-dessous de $\mathcal{C}$. C'est l'ensemble $]-\infty;-5]\cup[3;+\infty[$.

L'ensemble des solutions du système est l'intersection des deux ensembles solutions de chacune des équations, soit $[-7;3]\cap(]-\infty;-5]\cup[3;+\infty[)=[-7;-5]\cup\{3\}$.

Exercice d'approfondissement

12 **1.** Dans le plan muni d'un repère orthonormé $\left(O\,;\vec{i},\vec{j}\right)$, représentation de la fonction carré.

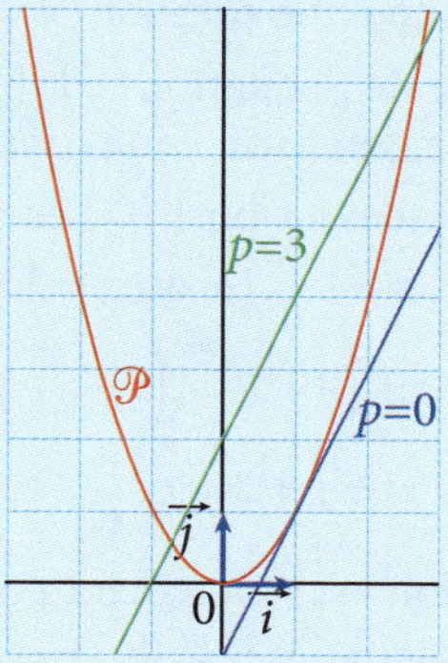

2. Soit p un nombre réel, On désigne par Δ_p la droite d'équation $y = 2x + p - 1$.

a) Dans le repère de la question 1. les droites Δ_0 et Δ_3 d'équations respectives $y = 2x - 1$ et $y = 2x + 2$ sont parallèles car elles ont le même coefficient directeur 2.

b) Toutes les droites Δ_p sont parallèles entre elles. Si $p = 0$ l'ordonnée à l'origine est égale à -1, par lecture graphique si $p < 0$, c'est-à-dire si l'ordonnée à l'origine est strictement inférieure à -1, la droite Δ_p parallèle à Δ_0 ne peut pas couper la parabole $\mathcal{P}$. Si $p = 0$, il semble par lecture graphique qu'il n'y a qu'un point d'intersection, et si $p > 0$ la droite Δ_p semble couper la parabole en deux points.

> **Remarque**
> On peut tracer sur la calculatrice d'autres droites Δ_p pour différentes valeurs de p.

3. Pour tout réel p strictement positif, on considère l'équation $(E) : x^2 = 2x + p - 1$.

a) Pour tout réel p strictement positif et tout réel x,

$$
\begin{aligned}
x^2 = 2x + p - 1 &\Leftrightarrow x^2 - 2x + 1 = p \\
&\Leftrightarrow (x-1)^2 = p \\
&\Leftrightarrow (x-1)^2 - p = 0 \\
&\Leftrightarrow (x-1)^2 - \left(\sqrt{p}\right)^2 = 0 \text{ car } p > 0 \\
&\Leftrightarrow \left[(x-1) + \sqrt{p}\right]\left[(x-1) - \sqrt{p}\right] = 0 \\
&\Leftrightarrow x - 1 + \sqrt{p} = 0 \text{ ou } x - 1 - \sqrt{p} = 0 \\
&\Leftrightarrow x = 1 - \sqrt{p} \text{ ou } x = 1 + \sqrt{p}.
\end{aligned}
$$

Pour tout réel p strictement positif, l'équation (E) admet deux racines distinctes $x=1-\sqrt{p}$ ou $x=1+\sqrt{p}$.

Remarques :

- Si $p=0$ l'équation admet une seule solution, $x=1$.
- Si $p<0$, le premier membre de l'équation $(E):(x-1)^2$ est un réel positif et le second membre est strictement négatif, l'équation n'a pas de solution.

b) Le réel p est supposé strictement positif. Les abscisses des points d'intersection, de $\mathcal{P}$ et de Δ_p sont $x=1-\sqrt{p}$ ou $x=1+\sqrt{p}$, donc les coordonnées des points d'intersection sont $\left(1-\sqrt{p};\left(1-\sqrt{p}\right)^2\right)=\left(1-\sqrt{p};1+p-2\sqrt{p}\right)$ et $\left(1+\sqrt{p};\left(1+\sqrt{p}\right)^2\right)=\left(1+\sqrt{p};1+p+2\sqrt{p}\right)$.

4. Le réel p dans cette question est strictement positif. Soit M_1 et M_2 les points d'intersection, lorsqu'ils existent, de $\mathcal{P}$ et de Δ_p. On pose $M_1M_2=g(p)$.

a) Pour tout $p>0$, les points M_1 et M_2 ont respectivement pour coordonnées $\left(1-\sqrt{p};1+p-2\sqrt{p}\right)$ et $\left(1+\sqrt{p};1+p+2\sqrt{p}\right)$.

Pour tout réel $p>0$,

$$\begin{aligned}
g(p)&=M_1M_2\\
&=\sqrt{\left[\left(1+\sqrt{p}\right)-\left(1-\sqrt{p}\right)\right]^2+\left[\left(1+p+2\sqrt{p}\right)-\left(1+p-2\sqrt{p}\right)\right]^2}\\
&=\sqrt{\left[1+\sqrt{p}-1+\sqrt{p}\right]^2+\left[1+p+2\sqrt{p}-1-p+2\sqrt{p}\right]^2}\\
&=\sqrt{\left[2\sqrt{p}\right]^2+\left[4\sqrt{p}\right]^2}\\
&=\sqrt{4\left(\sqrt{p}\right)^2+16\left(\sqrt{p}\right)^2}=\sqrt{20\left(\sqrt{p}\right)^2}\\
&=\sqrt{20p}\text{ car }\left(\sqrt{p}\right)^2=p\\
&=2\sqrt{5p}\text{ car }20=4\times 5.
\end{aligned}$$

Pour tout réel $p>0$, $g(p)=2\sqrt{5p}$.

b) Avec l'aide de la calculatrice, on trace la représentation graphique de la fonction g sur $\mathbb{R}_+^*$.

Voir ci-contre.

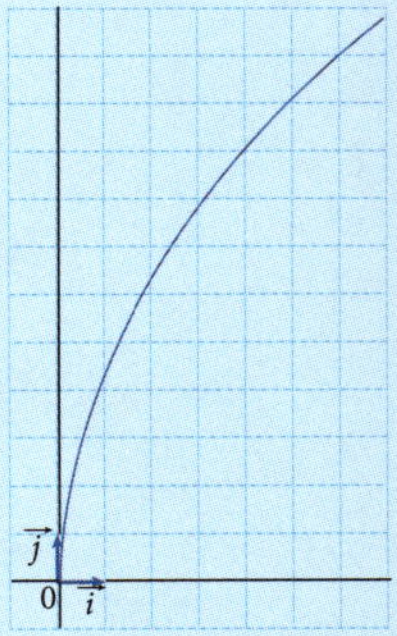

CHAPITRE 8

Étude des fonctions

COMPÉTENCES EXIGIBLES

- Exploiter l'équation d'une courbe : appartenance, calcul de coordonnées.
- Modéliser par des fonctions des situations issues des mathématiques, des autres disciplines.
- Résoudre une équation ou une inéquation du type $f(x) = k$, $f(x) < k$, en choisissant une méthode adaptée.
- Savoir construire un tableau de signes.
- Résoudre en choisissant la méthode une équation ou une inéquation du type $f(x) = g(x)$, $f(x) < g(x)$.
- Relier représentation graphique et tableau de variations. Cas des fonctions affines.
- Déterminer les extremums d'une fonction sur un intervalle.

COURS

1 Sens de variation d'une fonction

1 Définitions

Soit f une fonction et D son ensemble de définition. Soit I un intervalle inclus dans D.

- Si, pour tous éléments x et y de I, $f(x)=f(y)$ on dit que f est **constante** sur I ;
- Si, pour tous éléments x et y de I tels que $x<y$, $f(x)<f(y)$, on dit que f est **strictement croissante** sur I ;
- Si, pour tous éléments x et y de I tels que $x<y$, $f(x)>f(y)$, on dit que f est **strictement décroissante** sur I.
- Lorsqu'une fonction est strictement croissante ou strictement décroissante sur l'intervalle I, on dit qu'elle est **strictement monotone** sur I.

Remarque
Si l'on ne peut établir qu'une inégalité large (≤ ou ≥) on dit que la fonction est croissante ou décroissante.

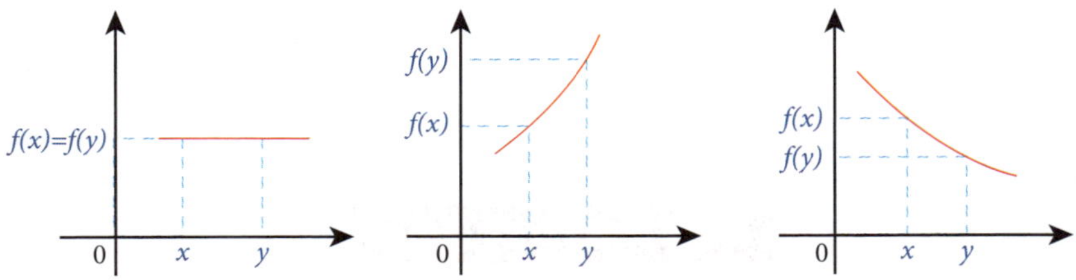

f est constante — *f* est strictement croissante — *f* est strictement décroissante

2 Étude des variations

Étudier les variations de f c'est partager, lorsque c'est possible, l'ensemble de définition D de f en intervalles tels que, sur chacun d'eux, f est constante, strictement croissante ou strictement décroissante.

2 Extremum

Soit f une fonction, D son ensemble de définition, I un intervalle inclus dans D et a un élément de I.
On a donc : $a \in I \subset D$.

Remarques
Sʼil existe, le maximum de f sur I est unique.
Par contre le point en lequel ce maximum est atteint peut ne pas être unique.

1 Maximum

On dit que $f(a)$ est **le maximum** de f sur I si, pour tout x élément de I, $f(x) \leq f(a)$.
On dit aussi que f atteint son maximum en a sur I.

2 Minimum

On dit que $f(a)$ est **le minimum** de f sur I si, pour tout x élément de I, $f(x) \geq f(a)$.
On dit aussi que f atteint son minimum en a sur I.

3 Tableau de variations

Le tableau de variations de la fonction f est un tableau constitué de deux lignes :

- La première ligne s'intitule x. On indique sur cette ligne par ordre croissant, de la gauche vers la droite, les valeurs extrêmes du domaine D ainsi que toute valeur en laquelle la fonction change de sens de variation.
- La deuxième ligne s'intitule f. Sur cette ligne on indique par des flèches le sens de variation de la fonction sur chaque intervalle :

→ : la fonction est constante sur l'intervalle considéré ;

↗ : la fonction croît strictement sur l'intervalle considéré ;

↘ : la fonction décroît strictement sur l'intervalle considéré.

On indique également sur cette ligne la valeur des extremums (maximums ou minimums).

Exemple : Soit f une fonction définie sur le domaine $D = [-3\,;5]$.
On suppose que :
$f(-3) = 0$ et $f(5) = 4$;
Sur $[-3\,;0]$ cette fonction est strictement croissante avec $f(0) = 1$;
Sur $[0\,;2]$ cette fonction est strictement décroissante avec $f(2) = 0$;
Sur $[2\,;5]$ cette fonction est strictement croissante.
Le tableau de variation de f sera alors celui-ci :

x	-3		0		2		5
f	0	↗	1	↘	0	↗	4

Remarques
1 est le maximum de f sur $[-3\,;2]$. Il est atteint en 0.
Mais le maximum de f sur $[-3\,;5]$ est 4 et il est atteint en 5.
Le minimum de f sur $[-3\,;5]$ est 0 et il est atteint deux fois : en -3 et en 2.

Bien comprendre

Le tableau de variation est la dernière étape avant le tracé du graphe de la fonction. Il permet de visualiser schématiquement la forme globale de la courbe ainsi que l'amplitude de ses variations.

4 Taux d'accroissement

1 Définition

Soit f une fonction, D son ensemble de définition et I un intervalle inclus dans D.
Soient x et y deux éléments distincts de I ($x \neq y$).
On appelle **taux d'accroissement** de f entre x et y, le quotient :

$$\frac{f(y)-f(x)}{y-x}$$

2 Taux d'accroissement et sens de variation

- La fonction f est constante sur I si, et seulement si, quels que soient x et y deux éléments distincts de I, le taux d'accroissement de f entre x et y est **nul.**
- La fonction f est strictement croissante sur I si, et seulement si, quels que soient x et y deux éléments distincts de I, le taux d'accroissement de f entre x et y est **strictement positif.**
- La fonction f est strictement décroissante sur I si, et seulement si, quels que soient x et y deux éléments distincts de I, le taux d'accroissement de f entre x et y est **strictement négatif.**

3 Cas des fonctions affines

Une **fonction affine** est une fonction définie sur $\mathbb{R}$ du type :

$$f : x \mapsto ax+b$$

La représentation graphique d'une telle fonction est une droite.
a est **le coefficient directeur** de la droite.
b est **l'ordonnée à l'origine** ($b = f(0)$).

Le taux d'accroissement d'une fonction affine est constant et égal au coefficient directeur *a*.
Pour tous réels distincts x et y, $\dfrac{f(y)-f(x)}{y-x} = a$.
En conséquence :

- Si $a = 0$, la fonction f est constante sur $\mathbb{R}$ (et d'ailleurs, pour tout réel x, $f(x) = b$).
- Si $a > 0$, la fonction f est strictement croissante sur $\mathbb{R}$.
- Si $a < 0$, la fonction f est strictement décroissante sur $\mathbb{R}$.

5 Tableau de variations des fonctions de référence

1 La fonction identité

C'est la fonction définie sur $\mathbb{R}$ par $f(x)=x$.

C'est une fonction affine de coefficient directeur 1 et d'ordonnée à l'origine égale à 0.
Cette fonction est strictement croissante sur $\mathbb{R}$.
Son tableau de variations est le suivant :

x	$-\infty$		0		$+\infty$
x		↗	0	↗	

2 La fonction carré

C'est la fonction définie sur $\mathbb{R}$ par $f(x)=x^2$. Cette fonction est paire.

Elle est strictement décroissante sur $\mathbb{R}^-$ et strictement croissante sur $\mathbb{R}^+$.
Son tableau de variations est le suivant :

x	$-\infty$		0		$+\infty$
x^2		↘	0	↗	

Remarque
Le minimum de cette fonction est 0.
Il est atteint en 0.
Cette fonction n'a pas de maximum.

3 La fonction racine carrée

C'est la fonction définie sur $\mathbb{R}^+$ par $f(x)=\sqrt{x}$.

Cette fonction est strictement croissante sur $\mathbb{R}^+$.
Son tableau de variations est le suivant :

x	0		1		$+\infty$
$\sqrt{x}$	0	↗	1	↗	

4 La fonction cube

C'est la fonction définie sur $\mathbb{R}$ par $f(x)=x^3$.
Cette fonction est strictement croissante sur $\mathbb{R}$.
Son tableau de variations est le suivant :

x	$-\infty$	0	$+\infty$
x^3	↗	0	↗

> **Remarque**
> La fonction cube est impaire.
> Elle n'a ni maximum ni minimum.

5 La fonction inverse

C'est la fonction définie sur $\mathbb{R}^*$ par $f(x)=\dfrac{1}{x}$.
Cette fonction est strictement décroissante sur $]-\infty\,;0[$ et sur $]0\,;+\infty[$.
Son tableau de variations est le suivant :

x	$-\infty$	0	$+\infty$
$\dfrac{1}{x}$	0 ↘	‖	↘ 0

Remarques

- Le double trait vertical signale que 0 ne fait pas partie du domaine de définition de f (valeur interdite).
- Plus x est grand (10, 100, 10^4,…) plus $\dfrac{1}{x}$ est proche de 0 ($\dfrac{1}{10}$, $\dfrac{1}{100}$, 10^{-4},…) et donc plus la courbe représentative « se rapproche » de l'axe des abscisses. On traduit cela en disant que l'axe $(x'0x)$ est une **asymptote horizontale** à la courbe représentative de f.
- De même plus x est proche de 0 ($\dfrac{1}{10}$, $\dfrac{1}{100}$, 10^{-4},…) plus $\dfrac{1}{x}$ devient grand (10, 100, 10^4,…) et donc plus la courbe représentative « se rapproche » de l'axe des ordonnées. On dit alors que l'axe $(y'0y)$ est une **asymptote verticale** à la courbe représentative de f.

QCM et questions courtes

1 Lectures graphiques

Corrigé p. 194

Soit une fonction f dont la courbe représentative sur $[-5;6]$ est :

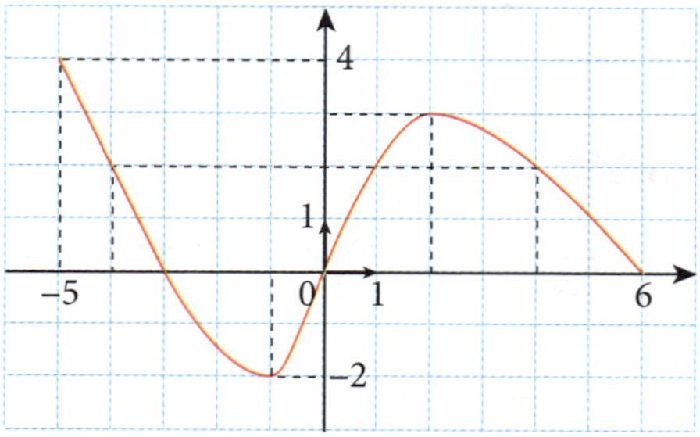

Précisez si chaque proposition est vraie ou fausse.

1. a) L'image de 4 est −5. **b)** $f(4)=2$. **c)** $f(4)=f(-4)$.

2. a) 2 a plusieurs images. **b)** $f(-1)=-2$. **c)** $f(1)=2$.

3. a) L'équation $f(x)=2$ a trois solutions.

b) 2 est solution de l'inéquation $f(x)<0$.

c) 1 a plusieurs antécédents.

2 Tableau de variation

Corrigé p. 194

Soit une fonction g dont le tableau de variation est le suivant :

x	−5	−1	3	5
g	0 ↘	−2 ↗	1 ↘	−3

Précisez si chaque proposition est vraie ou fausse.

1. a) Le minimum de g sur $[-5;5]$ est −2. ☐ Vrai ☐ Faux

b) $g(x)$ est négatif sur $[-5;5]$. ☐ Vrai ☐ Faux

c) Le maximum de g sur $[-5;5]$ est 1. ☐ Vrai ☐ Faux

2. a) $g(3)<g(5)$. ☐ Vrai ☐ Faux

b) $g(-1)<g(3)$. ☐ Vrai ☐ Faux

c) $g(-1)>g(5)$. ☐ Vrai ☐ Faux

3. a) Pour tous x et y appartenant à $\left[-5\,;-1\right]$ tels que $x < y$ on a $g(x) > g(y)$. ☐ Vrai ☐ Faux

b) Pour tous x et y appartenant à $\left[-5\,;-1\right] \cup \left[3\,;5\right]$ tels que $x < y$ on a $g(x) > g(y)$. ☐ Vrai ☐ Faux

3 Vrai ou faux ?

➲ Corrigé p. 194

1. Si f est décroissante sur $\left[-2\,;3\right]$, alors $f(-2) \geq f(3)$.

2. Si $f(2) \leq f(5)$, alors f est croissante sur l'intervalle $\left[2\,;5\right]$.

4 Tableaux de variation

➲ Corrigé p. 195

1. Associer à chaque tableau de variation sa courbe représentative :

❶

x	-3		0		1		2
f	2	↘	0	↗	1	↘	-1

❷

x	-3		0		1		2
g	2	↘	0	↗	1	↘	0

❸

x	-3		-1		1		2
h	2	↘	0	↗	1	↘	-1

a)

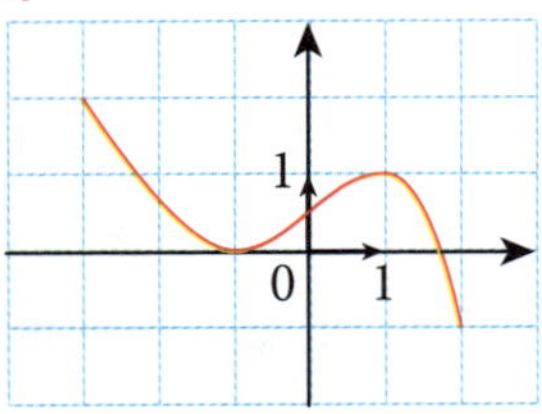

b)

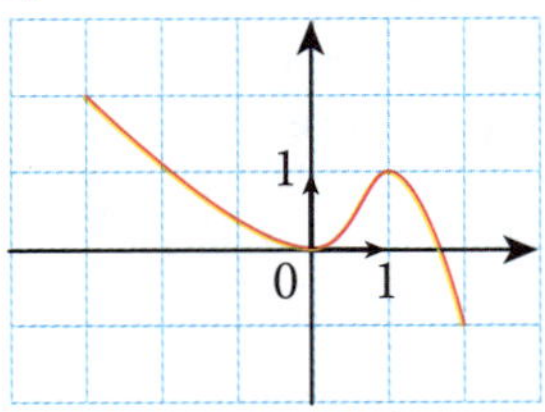

c)

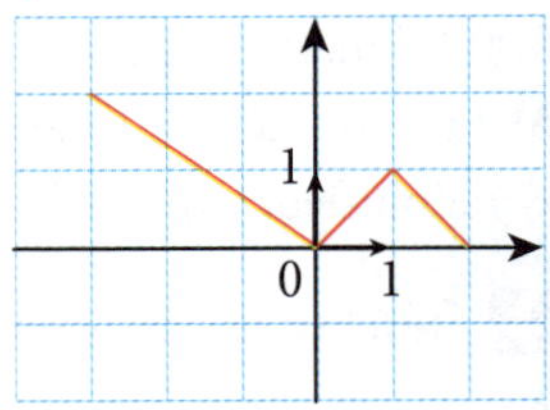

2. Associer à chaque fonction son tableau de variation :

a) $f(x) = 4(x-1)^2 + 3$; **b)** $g(x) = -4(x-1)^2 + 3$; **c)** $h(x) = 4(x-1)^2$.

❶

x	$-\infty$		1		$+\infty$
		↘	0	↗	

❷

x	$-\infty$		1		$+\infty$
		↘	3	↗	

❸

x	$-\infty$		1		$+\infty$
		↗	3	↘	

3. Associer à chaque fonction son tableau de variation :

a) $f(x) = \dfrac{1}{x-2}$; **b)** $g(x) = -\dfrac{1}{x} + 2$; **c)** $h(x) = \dfrac{1}{x}$.

❶

x	$-\infty$	0	$+\infty$
	↗	‖	↗

❷

x	$-\infty$	0	$+\infty$
	↘	‖	↘

❸

x	$-\infty$	2	$+\infty$
	↘	‖	↘

5 Fonctions affines

➔ Corrigé p. 195

1. Reconnaître les fonctions affines :

a) $f(x) = -x$; **b)** $f(x) = \sqrt{x}$; **c)** $f(x) = \dfrac{1}{\sqrt{2}}$; **d)** $f(x) = x + \sqrt{2}$.

2. Le coefficient directeur de la droite $\mathcal{D}$ est :

a) 2 ; **b)** $\dfrac{1}{2}$; **c)** -1 ; **d)** 1.

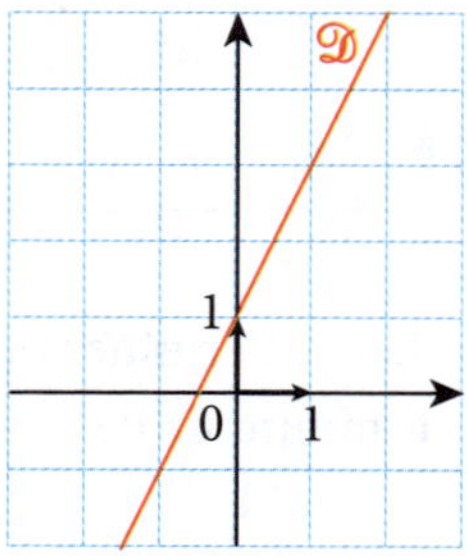

3. La droite $\mathcal{D}$ est la courbe représentative de :

a) $f(x) = 2x + 1$; **b)** $f(x) = \dfrac{1}{2}x$; **c)** $f(x) = x + 1$; **d)** $f(x) = 2x + 3$.

6 Étude des variations

➔ Corrigé p. 196

1. Soit $f : x \mapsto x^2 + 2x - 1$.

a) Démontrer que pour tous réels a et b on a : $f(b) - f(a) = (b - a)(b + a + 2)$.

b) En déduire que la fonction f est décroissante sur $]-\infty ; 1]$ et croissante sur $[1 ; +\infty[$.

2. Soit $f : x \mapsto -\dfrac{2}{x^2}$.

Montrer, en utilisant les règles sur les inégalités, que la fonction f est croissante sur $]0 ; +\infty[$.

3. Soit $f : x \mapsto \dfrac{2x+1}{x-5}$.

a) Quel est son domaine de définition ?

b) Soit a et b deux réels de $]5\,;+\infty[$. Calculer $f(b)-f(a)$ et en déduire que f est strictement décroissante sur $]5\,;+\infty[$.

c) Montrer de même que f est strictement décroissante sur $]-\infty\,;5[$.

7 Lecture graphique

5 min Corrigé p. 198

Une fonction f est représentée sur l'intervalle $[1\,;5]$ par la courbe suivante :

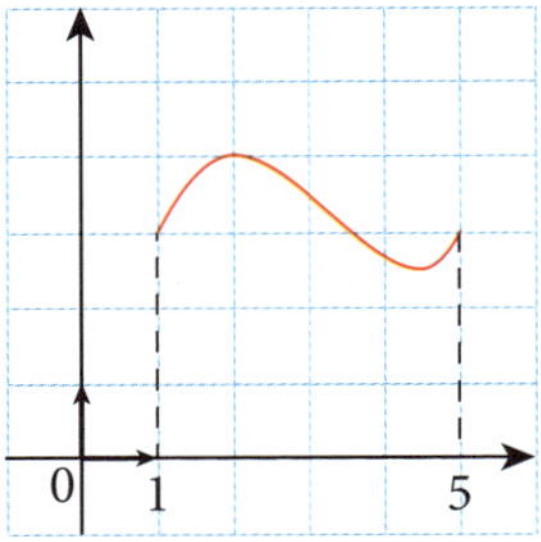

1. À l'aide du graphique précédent, déterminer les variations de f.

2. Déterminer le maximum et le minimum de f sur l'intervalle $[1\,;5]$ ainsi que les points où ils sont atteints.

3. Quelle est l'image de 3 par f ?

4. Quels sont les antécédents de 3 par f ?

5. Résoudre l'équation $f(x)=3$.

8 Position relative

10 min Corrigé p. 198

Florence et Gabriel comparent les abonnements mensuels de leurs téléphones portables.

Florence paie 28 € d'abonnement mensuel avec deux heures de forfait. Au-delà des deux heures, elle paie 0,30 € la minute de communication.

Gabriel paie aussi 28 € d'abonnement mensuel, sans aucune heure de forfait, mais chaque minute de communication lui coûte 0,15 €.

1. Calculer le prix payé pour 3 heures de communication dans le mois par Florence et par Gabriel.

2. Donner, pour un temps de communication de x minutes, le prix $f(x)$ payé par Florence et le prix $g(x)$ payé par Gabriel.

3. Représenter graphiquement les deux fonctions f et g dans un même repère.

4.a) Déterminer graphiquement, en fonction de x, le tarif le plus avantageux.

b) Retrouver ce résultat par le calcul.

5. Romain et Chloé veulent créer un site Internet d'aide à la décision.

Écrire un algorithme qui permet à un internaute d'évaluer le coût et d'afficher le meilleur abonnement en fonction du nombre x de minutes de communication.

9 Méthodes

10 min Corrigé p. 200

Résoudre dans $\mathbb{R}$:

1. a) $\dfrac{2x+4}{x-3}=\dfrac{2x-5}{x+7}$. **b)** $\dfrac{2x+4}{x-3}\leq\dfrac{2x-5}{x+7}$.

2. En déduire l'ensemble des solutions de l'inéquation : $\dfrac{2x+4}{x-3}<\dfrac{2x-5}{x+7}$.

Problèmes

10 Enchaînement de fonctions

20 min Corrigé p. 202

Pour chacune des fonctions suivantes, écrire un enchaînement de fonctions conduisant de x à $f(x)$. Puis étudier le sens de variation de f sur chacun des intervalles donnés :

1. $f(x)=-3x^2+1$ sur $]-\infty\,;0]$ et sur $[0\,;+\infty[$.

2. $f(x)=-3(x+2)^2$ sur $]-\infty\,;-2]$ et sur $[-2\,;+\infty[$.

3. $f(x)=-\dfrac{3}{x}+5$ sur $]-\infty\,;0[$ et sur $]0\,;+\infty[$.

4. $f(x)=\dfrac{3}{x-1}$ sur $]-\infty\,;1[$ et sur $]1\,;+\infty[$.

5. $f(x)=\dfrac{1}{x^2}$ sur $]-\infty\,;0[$ et sur $]0\,;+\infty[$.

11 Lectures graphiques

20 min Corrigé p. 204

Soit f la fonction définie sur $\mathbb{R}\setminus\{-1\}$ par $f(x)=\dfrac{2x+4}{x+1}$.

On notera C sa courbe représentative.

1. a) Montrer que, pour tout $x\in\mathbb{R}\setminus\{-1\}$, $f(x)=2+\dfrac{2}{x+1}$.

b) En déduire que f est strictement décroissante sur $]-\infty ; -1[$ et sur $]-1 ; +\infty[$.

c) Faire le tableau de variation de f.

d) Faire la représentation graphique de f dans un repère orthonormé $(O ; \vec{i}, \vec{j})$. On observera que les droites d'équation $x = -1$ et $y = 2$ sont asymptotes à $\mathcal{C}$.

2. Soit g la fonction définie sur $\mathbb{R}$ par $g(x) = 4 - x^2$.

a) Étudier la parité de g. Qu'en déduit-on pour la représentation graphique de g ?

b) Faire le tableau de variation de g.

c) Représenter g dans le repère $(O ; \vec{i}, \vec{j})$. On notera $\mathcal{P}$ sa courbe représentative.

3. Déterminer graphiquement le nombre de points d'intersection des courbes $\mathcal{C}$ et $\mathcal{P}$, ainsi que les coordonnées de ces points. On vérifiera par le calcul les valeurs lues sur le graphique.

4. Résoudre graphiquement :

a) $f(x) = g(x)$; **b)** $f(x) \leq g(x)$.

5. Soit h la fonction définie sur $\mathbb{R}$ par $h(x) = x + 2$.

a) Représenter h dans le repère $(O ; \vec{i}, \vec{j})$.

b) Résoudre le système : $\begin{cases} f(x) \geq x + 2 \\ g(x) \geq x + 2 \end{cases}$

Exercice d'approfondissement

12 Le principe de dichotomie

30 min ➔ Corrigé p. 207

Soit f une fonction définie et strictement monotone sur l'intervalle $[a ; b]$ $(a < b)$. On suppose que sur cet intervalle, l'équation $f(x) = 0$ admet une solution α.

1. a) Montrer que cette solution est unique. Le but de l'exercice est de calculer une valeur approchée de α à une précision donnée.

b) Montrer que l'on a : $f(a)f(b) \leq 0$.

Soit c le milieu de $[a ; b]$: $c = \dfrac{a+b}{2}$.

2. Montrer que si $f(a)f(c) \leq 0$ alors le réel α est dans l'intervalle $[a ; c]$ et que sinon, c'est-à-dire si $f(a)f(c) > 0$, il est dans l'intervalle $[c ; b]$.

Dans les deux cas, nous avons obtenu un intervalle de longueur moitié dans lequel se trouve la solution α.

Pour calculer une valeur approchée de α à une précision donnée, il suffit d'itérer le processus jusqu'à ce que l'intervalle dans lequel se trouve α ait une longueur inférieure à la précision voulue.

Application

On considère la fonction définie sur $\left[0\,;+\infty\right[$ par $f(x)=x^2-10$.

3. Quel est le sens de variation de cette fonction ?

4. Quelle est l'unique solution α de l'équation $f(x)=0$? Montrer que cette solution appartient à l'intervalle $\left[3\,;4\right]$.

5. Calculer $f(3{,}5)$ et dire si α appartient à $\left[3\,;3{,}5\right]$ ou à $\left[3{,}5\,;4\right]$.

6. En itérant la méthode, donner les deux premières décimales exactes de $\sqrt{10}$.

7. a) Écrire en Pyton la programmation de la fonction f.

c) Expliquer ce que calcule la fonction dicho suivante :

```
def dicho(a,b,precision):
    while b-a>precision:
        c = (a+b)/2
        if f(a)*f(c) <= 0:
            b=c
        else:
            a=c
    return a,b
```

QCM et questions courtes

1 **1. a) Faux** → $f(4)=2$.

b) Vrai.

c) Vrai → $f(4)=f(-4)=2$.

2. a) Faux → un réel ne peut avoir que 0 ou 1 image (0 si le réel ne fait pas partie du domaine de définition de la fonction, 1 s'il en fait partie).

b) Vrai → $f(-1)=-2$.

c) Vrai → $f(1)=2$.

3. a) Vrai → L'équation $f(x)=2$ a trois solutions car il y a trois points de la courbe dont l'ordonnée est 2. Ces trois points ont pour abscisse –4; 1 et 4.

Les solutions de l'équation $f(x)=2$ sont –4; 1 et 4.

b) Faux → $f(2)=3$, donc $f(2)>0$. On en déduit que 2 n'est pas solution de l'inéquation $f(x)<0$.

c) Vrai → La droite d'équation $y=1$ coupe la courbe en trois points donc 1 a trois antécédents.

2 **1. a) Faux** → Le minimum est –3, il est atteint en $x=5$.

b) Faux → $g(3)=1$, donc on n'a pas $g(x)<0$ pour tout x.

c) Vrai → Le maximum de g sur $[-5\,;5]$ est 1 et il est atteint en 3.

2. a) Faux → $g(3)=1$ et $g(5)=-3$, donc $g(3)>g(5)$.

b) Vrai → $g(-1)=-2$ et $g(3)=1$, donc $g(-1)<g(3)$.

On peut dire aussi : g est strictement croissante sur $[-1\,;3]$ et $-1<3$ donc $g(-1)<g(3)$.

c) Vrai → $g(-1)=-2$ et $g(5)=-3$, donc $g(-1)>g(5)$.

Mais ici on ne peut invoquer la monotonie de g sur $[-1\,;5]$.

3. a) Vrai → La fonction g est strictement décroissante sur $[-5\,;-1]$ elle vérifie donc cette propriété par définition même de la stricte décroissance.

b) Faux → La fonction g est bien strictement décroissante sur $[-5\,;-1]$ et sur $[3\,;5]$ mais elle ne l'est pas sur $[-5\,;-1]\cup[3\,;5]$. En effet, pour $x=-5$ et $y=3$ par exemple, on a bien $x<y$ mais $g(x)<g(y)$ puisque $g(-5)=0$ et $g(3)=1$.

3 **1. Vrai** → Par définition d'une fonction décroissante : $-2<3$ donc $f(-2)\geq f(3)$.

2. Faux → Les valeurs de la fonction aux extrémités de l'intervalle ne suffisent pas à connaître le comportement de la fonction entre les bornes. La fonction peut, par exemple, croître sur $[2\,;4]$ puis décroître sur $[4\,;5]$.

CORRIGÉS

4 **1.** Le tableau ❶ est associé à la courbe **b)**.

Le tableau ❷ est associé à la courbe **c)**.

Le tableau ❸ est associé à la courbe **a)**.

2. a) Pour tout réel x, $4(x-1)^2 \geq 0$, donc $f(x) \geq 3$: le minimum de la fonction f est 3 et il est atteint lorsque $4(x-1)^2 = 0$, c'est-à-dire lorsque $x = 1$:

La fonction *f* correspond au tableau ❷.

b) Pour tout réel x, $-4(x-1)^2 \leq 0$, donc $g(x) \leq 3$: le maximum de la fonction g est 3 et il est atteint lorsque $-4(x-1)^2 = 0$, c'est-à-dire lorsque $x = 1$:

La fonction *g* correspond au tableau ❸.

c) $4(x-1)^2$ atteint son minimum lorsque $x = 1$:

La fonction *h* correspond au tableau ❶.

3. a) Le domaine de la fonction f est $\mathbb{R} \setminus \{2\}$. Elle est de plus strictement décroissante sur chacun des intervalles $]-\infty\,;2[$ et $]2\,;+\infty[$:

La fonction *f* correspond au tableau ❸.

b) La fonction inverse : $x \mapsto \frac{1}{x}$ est strictement décroissante sur chacun des intervalles $]-\infty\,;0[$ et $]0\,;+\infty[$ donc la fonction $x \mapsto -\frac{1}{x}$ strictement croissante sur chacun des intervalles $]-\infty\,;0[$ et $]0\,;+\infty[$. Il en va de même pour la fonction g et donc :

La fonction *g* correspond au tableau ❶.

c) La fonction h est la fonction inverse, dont on connaît le tableau de variation :

La fonction *h* correspond au tableau ❷.

5 **1.** Une fonction affine est une fonction du type : $x \mapsto ax + b$.

a) $f(x) = -x$: **f est une fonction affine : $a = -1$ et $b = 0$.**

b) $f(x) = \sqrt{x}$: **f n'est pas une fonction affine, c'est la fonction racine carrée.**

c) $f(x) = \frac{1}{\sqrt{2}}$: **f est une fonction constante, donc affine : $a = 0$ et $b = \frac{1}{\sqrt{2}}$.**

d) $f(x) = x + \sqrt{2}$: **f est une fonction affine : $a = 1$ et $b = \sqrt{2}$.**

2. On voit sur le graphique que la droite $\mathcal{D}$ passe par les points $A(0\,;1)$ et $B(1\,;3)$.

Le coefficient directeur de $\mathcal{D}$ est $a = \frac{y_B - y_A}{x_B - x_A}$. Donc $a = 2$:

Le coefficient directeur de la droite $\mathcal{D}$ est 2.

3. Le choix se fait donc entre **a)** et **d)**. Le point $A(0\,;1)$ est sur la droite $\mathcal{D}$ donc $f(0) = 1$: l'ordonnée à l'origine est 1, donc $b = 1$:

La bonne réponse est a) : $f(x) = 2x + 1$.

CORRIGÉS

Exercices d'entraînement

6 **1. a)** Pour tous réels a et b:

$$f(b)-f(a)=(b^2+2b-1)-(a^2+2a-1)$$
$$=b^2+2b-1-a^2-2a+1$$
$$=b^2-a^2+2b-2a$$
$$=(b-a)(b+a+2).$$

b) Sur $]-\infty\,;-1]$ considérons deux réels a et b tels que $a<b$.

- On a d'une part $a<-1$ et $b\leq -1$ donc $a+b<-2$ et $a+b+2<0$.
- On a d'autre part : $b-a>0$.

On en déduit $(b-a)(b+a+2)<0$, soit $f(b)-f(a)<0$.

Donc pour $a<b\leq -1$ on a $f(a)>f(b)$:

f est strictement décroissante sur $]-\infty\,;-1]$.

Sur $[-1\,;+\infty[$ considérons deux réels a et b tels que $a<b$.

- On a d'une part $-1\leq a$ et $-1<b$ donc $-2<a+b$ et $a+b+2>0$.
- On a d'autre part : $b-a>0$.

On en déduit $(b-a)(b+a-2)>0$, soit $f(b)-f(a)>0$.

Donc pour $-1\leq a<b$ on a $f(a)<f(b)$:

f est strictement croissante sur $[-1\,;+\infty[$.

2. Sur $]0\,;+\infty[$ considérons deux réels a et b tels que $a<b$. On a donc $0<a<b$.
a et b étant strictement positifs, leurs carrés sont strictement positifs et rangés dans le même ordre : $0<a^2<b^2$, et en prenant l'inverse on change le sens des inégalités : $\frac{1}{a^2}>\frac{1}{b^2}$.

Puis on multiplie par -2, ce qui change à nouveau le sens des inégalités : $-\frac{2}{a^2}<-\frac{2}{b^2}$.

Et donc si $0<a<b$, $f(a)<f(b)$:

f est strictement croissante sur $]0\,;+\infty[$.

3. a) La fonction $f:x\mapsto \frac{2x+1}{x-5}$ est définie pour $x-5\neq 0$ donc pour $x\neq 5$:

$$D_f=\mathbb{R}\setminus\{5\}$$

b) $f(b)-f(a)=\dfrac{2b+1}{b-5}-\dfrac{2a+1}{a-5}=\dfrac{(2b+1)(a-5)-(2a+1)(b-5)}{(b-5)(a-5)}$

$=\dfrac{2ab-10b+a-5-(2ab-10a+b-5)}{(b-5)(a-5)}=\dfrac{-10b+a+10a-b}{(b-5)(a-5)}$

$=\dfrac{11a-11b}{(b-5)(a-5)}$.

$$f(b)-f(a)=\frac{11(a-b)}{(b-5)(a-5)}$$

On peut calculer le taux d'accroissement entre a et b, pour tout a et b distincts dans $]5\,;+\infty[$: $\dfrac{f(b)-f(a)}{b-a}=\dfrac{11(a-b)}{(b-a)(b-5)(a-5)}=\dfrac{-11}{(b-5)(a-5)}$.

Or $a\in\,]5\,;+\infty[$, donc $a>5$, donc $a-5>0$. Et de même $b-5>0$.

Donc $(b-5)(a-5)>0$. Il en résulte : pour tous a et b appartenant à $]5\,;+\infty[$ le taux d'accroissement entre a et b: $\dfrac{f(b)-f(a)}{b-a}$ est strictement négatif :

f est strictement décroissante sur $]5\,;+\infty[$.

c) a et b étant deux réels distincts et quelconques de $]-\infty\,;5[$, on a comme précédemment $\dfrac{f(b)-f(a)}{b-a}=\dfrac{-11}{(b-5)(a-5)}$.

On a cette fois $a<5$ et $b<5$, donc $a-5<0$ et $b-5<0$ et donc on a encore $(b-5)(a-5)>0$.

Et donc pour tous a et b distincts appartenant à $]-\infty\,;5[$ le taux d'accroissement entre a et b est encore strictement négatif :

f est strictement décroissante sur $]-\infty\,;5[$.

7

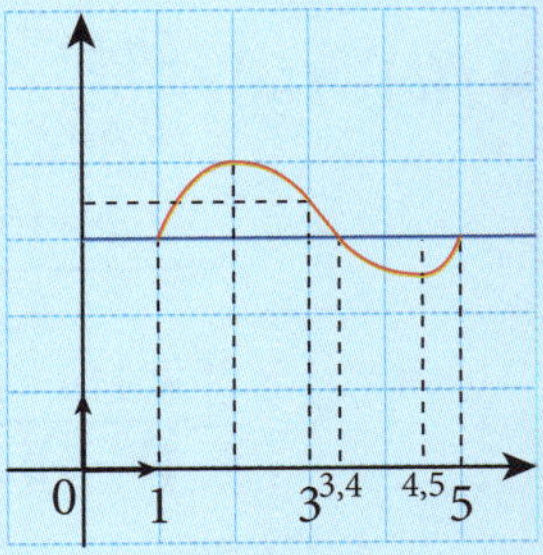

1. Le graphique montre que :

- **sur $\left[1\,;2\right]$, f est strictement croissante ;**
- **sur $\left[2\,;4{,}5\right]$, f est strictement décroissante ;**
- **sur $\left[4{,}5\,;5\right]$, f est strictement croissante.**

2. Sur l'intervalle $\left[1\,;2\right]$:

- **le maximum de f est 4 et il est atteint en 2 ;**
- **le minimum de f est 2,5 et il est atteint en 4,5 ;**

3. Par lecture graphique, l'image de 3 par f est 3,5 : $\boxed{f(3)=3{,}5}$.

4. Les antécédents de 3 par f sont les réels x tels que $f(x)=3$. Ce sont les abscisses des points d'intersection de la courbe avec la droite d'équation $y=3$. Par lecture graphique ce sont les nombres :

$$\boxed{1\,;3{,}5 \text{ et } 5}$$

5. Les solutions de l'équation $f(x)=3$ sont les antécédents de 3 par f et donc ce sont les mêmes réels que ceux de la question précédente : $\boxed{1\,;3{,}5 \text{ et } 5}$

8 **1.** Pour 3 heures :

- Florence paie 28 € pour l'abonnement, plus 60 minutes hors forfait à 0,30 € la minute. Le prix payé est donc $28+60\times 0{,}30$.

Pour 3 heures de communication, Florence paie donc 46 €.

- Gabriel paie 28 € pour l'abonnement, plus 180 minutes à 0,15 € la minute, soit $28+180\times 0{,}15$.

Pour 3 heures de communication, Gabriel paie donc 55 €.

2. Calcul de $f(x)$:

Il faut envisager deux cas : moins de 120 minutes (2 heures) de communication ou plus de 120 minutes.

Si $0\leq x\leq 120$, $f(x)=28$: on ne paie que l'abonnement.

Si $x>120$, $f(x)=28+(x-120)\times 0{,}3$: $x-120$ est le nombre de minutes au-delà de 2 heures, elles sont facturées 0,30 € la minute, d'où :

$f(x)=28+0{,}3x-120\times 0{,}3=28+0{,}3x-36=0{,}3x-8.$

$$\boxed{\begin{cases} Si\, 0\leq x\leq 120,\ f(x)=28 \\ Si\, x>120,\ f(x)=0{,}3x-8 \end{cases}}$$

Calcul de $g(x)$:

$$\boxed{Si\, x\geq 0,\ g(x)=28+0{,}15x}$$

3.

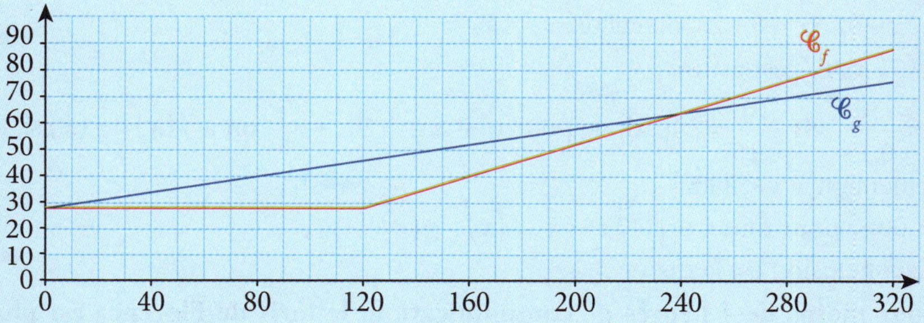

f est une fonction affine par intervalles.

Sur $[0\,;120]$, f est constante, tous les points ont pour ordonnée 28.

Sur $]120\,;+\infty[$ la représentation graphique est une demi-droite, il suffit de déterminer deux points :

x	150	200
$f(x)$	37	52

$g(x)=0{,}15x+28$, g est une fonction affine, on détermine deux points :

x	100	200
$g(x)$	43	58

4. a) Graphiquement :

- Si $x=0$, les deux tarifs sont les mêmes : 28 €.
- Si $0<x<240$, la courbe représentant f est au-dessous de la courbe représentant g, donc le tarif de Florence est plus avantageux.
- Si $x=240$, les deux tarifs sont les mêmes : 64 €.
- Si $x>240$, la courbe représentant g est au-dessous de la courbe représentant f, donc le tarif de Gabriel est plus avantageux.

À partir de 4 heures de communication (240 minutes), le tarif de Gabriel devient plus avantageux. En-dessous de 4 heures, c'est le tarif de Florence le plus avantageux.

b) Par le calcul :

- Sur $[0\,;120]$, g est strictement croissante. Donc pour tout $x\in\,]0\,;120]$, $g(x)>g(0)$. Mais par ailleurs, sur $[0\,;120]$ $f(x)=28=g(0)$, donc pour tout $x\in\,]0\,;120]$, $f(x)<g(x)$.
- Sur $]120\,;+\infty[$, $f(x)<g(x)$ équivaut à :

$0,3x-8<0,15x+28$, soit :

$0,3x-0,15x<8+28$, ou encore :

$0,15x<36$, c'est-à-dire :

$x<\dfrac{36}{0,15}$. Or $\dfrac{36}{0,15}=240$, donc pour tout $x\in\left]120\,;+\infty\right[$, on a $f(x)<g(x)$ si, et seulement si $x<240$.

Et donc pour tout $x\in\left]240\,;+\infty\right[$, $f(x)>g(x)$.

La conclusion est la même :

Pour moins de 4 heures de communication, le tarif de Florence est plus avantageux, pour plus de 4 heures de communication, c'est le tarif de Gabriel le plus avantageux.

5.

```
▼ Variables
│ ├ x de type nombre ;
│ ├ y de type nombre.
▼ Entrées
│ ├ Saisir x « temps de communication envisagé en minutes ».
▼ Traitement
│ ▼ Si x ⩽ 120, alors
│ │ ├ y reçoit 28
│ │ ├ Afficher « choisir l'abonnement de Florence et le coût sera », y
│ └ Fin Si
│ ▼ Si 120 < x ⩽ 240, alors
│ │ ├ y reçoit 0,3*x – 8
│ │ ├ Afficher « choisir l'abonnement de Florence et le coût sera », y
│ └ Fin Si
│ ▼ Si 240 > x, alors
│ │ ├ y reçoit 0,15*x + 28
│ │ ├ Afficher « choisir l'abonnement de Gabriel et le coût sera », y
│ └ Fin Si
└ Fin
```

9 **1. a)** Le premier point est de déterminer l'ensemble de définition de l'équation. L'équation n'a de sens que si $x\neq 3$ et si $x\neq -7$.

L'ensemble de définition de l'équation est donc :

$$\boxed{D=\mathbb{R}\setminus\{-7\,;3\}}$$

Pour tout réel $x\in\mathcal{D}$, le produit $(x-3)(x+7)$ est non nul. On obtient donc une équation équivalente en multipliant les deux membres par le réel $(x-3)(x+7)$:

$$\frac{2x+4}{x-3}=\frac{2x-5}{x+7} \Leftrightarrow \frac{2x+4}{x-3}(x-3)(x+7)=\frac{2x-5}{x+7}(x-3)(x+7)$$

$\Leftrightarrow (2x+4)(x+7)=(2x-5)(x-3)$ après simplification ;

$\Leftrightarrow 2x^2+18x+28=2x^2-11x+15$ en développant ;

$\Leftrightarrow 29x=-13$ en regroupant les x dans le membre de gauche ;

$\Leftrightarrow x=-\frac{13}{29}$.

$-\frac{13}{29}\in\mathcal{D}$ donc c'est bien la solution de l'équation : $\boxed{S=\left\{-\frac{13}{29}\right\}}$.

b) L'ensemble de définition est le même que celui de la première question.

Pour tout $x\in\mathcal{D}$:

$$\frac{2x+4}{x-3}\leq\frac{2x-5}{x+7} \Leftrightarrow \frac{2x+4}{x-3}-\frac{2x-5}{x+7}\leq 0$$

$$\Leftrightarrow \frac{(2x+4)(x+7)-(x-3)(2x-5)}{(x-3)(x+7)}\leq 0$$

$$\Leftrightarrow \frac{29x+13}{(x-3)(x+7)}\leq 0$$

Méthode

On a ainsi ramené la résolution de l'inéquation à l'étude du signe d'une expression. L'expression étant formée d'un quotient et d'un produit, il suffit de connaître le signe de chaque facteur pour connaître le signe de l'expression.

L'expression $29x+13$ change de signe pour $x=-\frac{13}{29}$.

x	$-\infty$		-7		$-\frac{13}{29}$		3		$+\infty$
$29x+13$		$-$		$-$	0	$+$		$+$	
$x+7$		$-$	0	$+$		$+$		$+$	
$x-3$		$-$		$-$		$-$	0	$+$	
$\frac{29x+13}{(x-3)(x+7)}$		$-$	‖	$+$	0	$-$	‖	$+$	

On voit sur ce tableau que l'expression $\dfrac{29x+13}{(x-3)(x+7)}$ est négative ou nulle pour $x \in \left]-\infty\,;-7\right[$ et pour $x \in \left[-\dfrac{13}{29}\,;3\right[$.

L'ensemble des solutions de l'inéquation $\dfrac{2x+4}{x-3} \leq \dfrac{2x-5}{x+7}$ est donc :

$$S' = \left]-\infty\,;-7\right[\cup \left[-\frac{13}{29}\,;3\right[$$

2.

Méthode

On sait que $A \leq B$ signifie $A < B$ ou $A = B$. Pour obtenir les solutions de l'inéquation $A < B$ il suffit donc de retirer des solutions de l'inéquation $A \leq B$ les solutions de l'équation $A = B$.

Ici l'équation $\dfrac{2x+4}{x-3} = \dfrac{2x-5}{x+7}$ a pour unique solution le réel $-\dfrac{13}{29}$.

L'ensemble des solutions de l'inéquation $\dfrac{2x+4}{x-3} < \dfrac{2x-5}{x+7}$ est donc $S'' = S' \setminus \left\{-\dfrac{13}{29}\right\}$, soit :

$$S'' = \left]-\infty\,;-7\right[\cup \left]-\frac{13}{29}\,;3\right[.$$

Problèmes

10 **1.** $x \mapsto x^2 \mapsto -3x^2 \mapsto -3x^2+1$.

- Sur $\left]-\infty\,;0\right]$, si $x < y \leq 0$ alors :
  - $x^2 > y^2$ car la fonction carré est strictement décroissante sur $\left]-\infty\,;0\right]$;
  - $-3x^2 < -3y^2$: lorsqu'on multiplie par -3 on change le sens de l'inégalité ;
  - $-3x^2+1 < -3y^2+1$.

Et donc : si $x < y \leq 0$, alors $f(x) < f(y)$.

f est strictement croissante sur $\left]-\infty\,;0\right]$.

- Sur $\left[0\,;+\infty\right.$, si $0 \leq x < y$ alors :
  - $x^2 < y^2$ car la fonction carré est strictement croissante sur $\left]-\infty\,;0\right]$;
  - puis par le même raisonnement : $-3x^2+1 > -3y^2+1$.

Et donc : si $0 \leq x < y$, alors $f(x) > f(y)$.

f est strictement décroissante sur $[0 ; +\infty[$.

2. $x \mapsto x+2 \mapsto (x+2)^2 \mapsto -3(x+2)^2$.

● Sur $]-\infty ; -2]$, si $x < y \leq -2$ alors :

• $x+2 < y+2 \leq 0$ puis

• $(x+2)^2 > (y+2)^2$ car la fonction carré est strictement décroissante sur $]-\infty ; 0]$, puis

• $-3(x+2)^2 < -3(y+2)^2$.

Et donc : si $x < y \leq -2$, alors $f(x) < f(y)$.

f est strictement croissante sur $]-\infty ; -2]$.

● Sur $[-2 ; +\infty[$, si $-2 \leq x < y$ alors :

• $0 \leq x+2 < y+2$ *puis*

• $(x+2)^2 < (y+2)^2$ car la fonction carré est strictement croissante sur $[0 ; +\infty[$, puis

• $-3(x+2)^2 > -3(y+2)^2$.

Et donc : si $-2 \leq x < y$, alors $f(x) > f(y)$.

f est strictement décroissante sur $[-2 ; +\infty[$.

3. $x \mapsto \frac{1}{x} \mapsto \frac{-3}{x} \mapsto \frac{-3}{x} + 5$.

● Sur $]-\infty ; 0[$, si $x < y < 0$ alors :

• $\frac{1}{x} > \frac{1}{y}$ car la fonction inverse est strictement décroissante sur $]-\infty ; 0[$;

• $\frac{-3}{x} < \frac{-3}{y}$: lorsqu'on multiplie par -3 on change le sens de l'inégalité ;

• $\frac{-3}{x} + 5 < \frac{-3}{y} + 5$.

Et donc : si $x < y < 0$, alors $f(x) < f(y)$

f est strictement croissante sur $]-\infty ; 0[$.

● Sur $]0 ; +\infty[$, si $0 < x < y$ alors :

• $\frac{1}{x} > \frac{1}{y}$ car la fonction inverse est strictement décroissante sur $]0 ; +\infty[$,

• et comme précédemment : $\frac{-3}{x} + 5 < \frac{-3}{y} + 5$.

Et donc : si $0 < x < y$, alors $f(x) < f(y)$.

f est strictement croissante sur $]0 ; +\infty[$.

4. $x \mapsto x-1 \mapsto \dfrac{1}{x-1} \mapsto \dfrac{3}{x-1}$.

● Sur $]-\infty\,;1[$, si $x<y<1$ alors $x-1<y-1<0$. On a ensuite :

• $\dfrac{1}{x-1} > \dfrac{1}{y-1}$ car la fonction inverse est strictement décroissante sur $]-\infty\,;0[$ puis :

• $\dfrac{3}{x-1} > \dfrac{3}{y-1}$.

Et donc si $x<y<1$, alors $f(x)>f(y)$.

f est strictement décroissante sur $]-\infty\,;1[$.

● Sur $]1\,;+\infty[$, si $1<x<y$ alors $0<x-1<y-1$. On a ensuite de la même façon :

• $\dfrac{1}{x-1} > \dfrac{1}{y-1}$ car la fonction inverse est strictement décroissante sur $]0\,;+\infty[$ puis :

• $\dfrac{3}{x-1} > \dfrac{3}{y-1}$.

Et donc si $1<x<y$, alors $f(x)>f(y)$.

f est strictement décroissante sur $]1\,;+\infty[$.

5. $x \mapsto x^2 \mapsto \dfrac{1}{x^2}$.

● Sur $]-\infty\,;0[$, si $x<y<0$ alors :

• $x^2>y^2>0$. car la fonction carré est strictement décroissante sur $]-\infty\,;0[$;

• $\dfrac{1}{x^2} < \dfrac{1}{y^2}$ car la fonction inverse est strictement décroissante sur $]0\,;+\infty[$.

Et donc : si $x<y<0$, alors $f(x)<f(y)$.

f est strictement croissante sur $]-\infty\,;0[$.

● Sur $]0\,;+\infty[$, si $0<x<y$ alors :

• $0<x^2<y^2$ car la fonction carré est strictement croissante sur $]0\,;+\infty[$;

• $\dfrac{1}{x^2} > \dfrac{1}{y^2}$ car la fonction inverse est strictement décroissante sur $]0\,;+\infty[$.

Et donc : si $0<x<y$, alors $f(x)>f(y)$

f est strictement décroissante sur $]0\,;+\infty[$.

11 **1. a)** Soit $x \in \mathbb{R} \setminus \{-1\}$: $2+\dfrac{2}{x+1} = \dfrac{2(x+1)+2}{x+1} = \dfrac{2x+4}{x+1} = f(x)$. Et donc :

Pour tout $x \in \mathbb{R} \setminus \{-1\}$, $f(x)=2+\dfrac{2}{x+1}$

b) ● Sur $]-\infty\,;-1[$, si $x<y<-1$ alors :

• $x+1<y+1<0$. On a ensuite :

• $\dfrac{1}{x+1}>\dfrac{1}{y+1}$ car la fonction inverse est strictement décroissante sur $]-\infty\,;0[$ puis :

• $\dfrac{2}{x+1}>\dfrac{2}{y+1}$ car on peut multiplier par 2 les deux membres une inégalité sans changer son sens, puis :

• $2+\dfrac{2}{x+1}>2+\dfrac{2}{y+1}$ car on peut ajouter 2 aux deux membres d'une inégalité sans changer son sens.

Et donc si $x<y<-1$, alors $f(x)>f(y)$.

f est strictement décroissante sur $]-\infty\,;-1[$.

● Sur $]-1\,;+\infty$, si $-1<x<y$ alors $0<x+1<y+1$. On a ensuite de la même façon :

• $\dfrac{1}{x+1}>\dfrac{1}{y+1}$ car la fonction inverse est strictement décroissante sur $]0\,;+\infty[$ puis :

• $2+\dfrac{2}{x+1}>2+\dfrac{2}{y+1}$.

Et donc si $-1<x<y$, alors $f(x)>f(y)$.

f est strictement décroissante sur $]-1\,;+\infty[$.

c)

x	$-\infty$		-1		$+\infty$
$f(x)$		↘	‖	↘	

d) Représentation graphique de f et g sur l'écran d'une calculatrice.

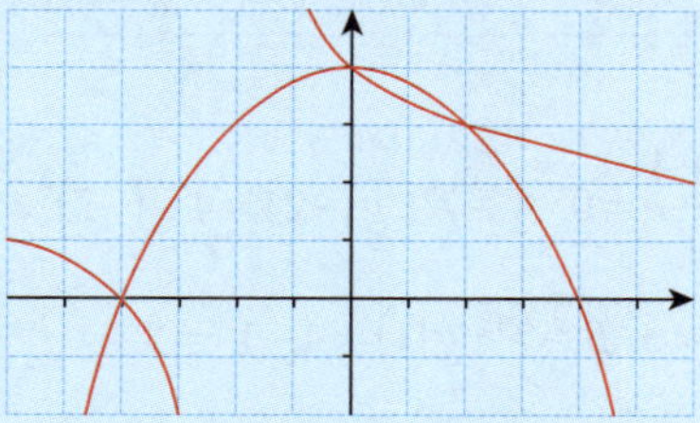

2. a) Soit $x \in \mathbb{R}$: $g(-x) = 4 - (-x)^2 = 4 - x^2$ car $(-x)^2 = (-1)^2 x^2 = (-1) \times (-1) \times x^2 = x^2$.

Donc pour tout $x \in \mathbb{R}$, $g(-x) = g(x)$:

La fonction g est paire.

On en déduit que :

La représentation graphique de la fonction g admet l'axe Oy pour axe de symétrie.

b) ● Sur $]-\infty\,;0]$, si $x < y \leq 0$ alors :

- $x^2 > y^2$ car la fonction carré est strictement décroissante sur $]-\infty\,;0[$;
- $-x^2 < -y^2$ car la multiplication par -1 change le sens des inégalités et :
- $4 - x^2 < 4 - y^2$ et donc :
- $g(x) < g(y)$:

g est strictement croissante sur $]-\infty\,;0]$.

● De même sur $[0\,;+\infty[$, si $0 \leq x < y$ alors :

- $x^2 < y^2$ car la fonction carré est strictement croissante sur $[0\,;+\infty[$ *et* :
- $4 - x^2 > 4 - y^2$ car on a multiplié par -1 et ajouté 4, et donc :
- $g(x) > g(y)$:

g est strictement décroissante sur $]-\infty\,;0]$.

D'où le tableau de variation :

x	$-\infty$		0		$+\infty$
g		↗	4	↘	

3. D'après le graphique obtenu sur la calculatrice, les courbes $\mathcal{C}$ et $\mathcal{P}$ se coupent en trois points :

$$A(-2\,;0),\ B(1\,;3)\ et\ C(0\,;4)$$

On vérifie par le calcul :

$A \in \mathcal{C} : f(-2) = \dfrac{2(-2)+4}{-2+1} = 0$. $A \in \mathcal{P} : g(-2) = 4 - (-2)^2 = 0$.

$B \in \mathcal{C} : f(1) = \dfrac{2 \times 1 + 4}{1+1} = 3$. $B \in \mathcal{P} : g(1) = 4 - 1^2 = 3$.

$C \in \mathcal{C} : f(0) = \dfrac{2 \times 0 + 4}{0+1} = 4$. $C \in \mathcal{P} : g(0) = 4 - 0^2 = 4$.

4. a) La résolution graphique de l'équation $f(x)=g(x)$ consiste à prendre les abscisses des points d'intersection des courbes $\mathcal{C}$ et $\mathcal{P}$, c'est-à-dire des trois points A, B et C.

L'ensemble des solutions de cette équation est :

$$\boxed{S=\{-2\,;0\,;1\}.}$$

b) Soit E l'inéquation $f(x)\leq g(x)$.

Les solutions de cette inéquation sont les abscisses des points de $\mathcal{C}$ situés en dessous de $\mathcal{P}$. Or sur le graphique on voit qu'il y a deux parties de $\mathcal{C}$ situées sous $\mathcal{P}$: l'ensemble des points dont l'abscisse est comprise entre -2 et -1 (à droite du point A) et l'ensemble des points de $\mathcal{C}$ situés entre C et B.

L'ensemble des solutions de l'inéquation E est l'ensemble :

$$\boxed{S=[-2\,;-1[\,\cup\,[0\,;1].}$$

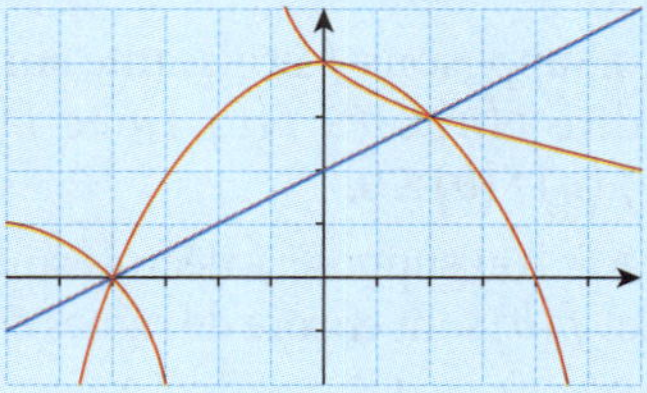

5. a) La fonction h est une fonction affine, donc sa représentation graphique est une droite. $h(-2)=0$ donc cette droite passe par le point A.
$h(1)=3$ donc cette droite passe par le point B.
La représentation graphique de la fonction h est donc la droite $\mathcal{D}=(AB)$.

b) Les deux inéquations $\begin{cases} f(x)\geq x+2 \\ g(x)\geq x+2 \end{cases}$ sont vérifiées lorsque les courbes $\mathcal{C}$ et $\mathcal{P}$ sont toutes deux situées au-dessus de la droite $\mathcal{D}$. Cela se produit lorsque les points de $\mathcal{C}$ et de $\mathcal{P}$ ont des abscisses comprises entre -1 et 1.

L'ensemble des solutions du système est :

$$\boxed{S=\,]-1\,;1].}$$

Exercice d'approfondissement

12 **1. a)** Montrons l'unicité de la solution de l'équation $f(x)=0$.

On sait par hypothèse que la fonction f est strictement monotone sur l'intervalle $[a\,;b]$.

1er cas : supposons f strictement croissante sur $[a\,;b]$:

Pour $x \in [a ; \alpha[$ on a $a \leq x < \alpha \leq b$. Comme f est strictement croissante sur $[a ; b]$ on en déduit $f(x) < f(\alpha)$, c'est-à-dire $f(x) < 0$, puisque $f(\alpha) = 0$. Donc f ne s'annule pas sur $[a ; \alpha[$.

Pour $x \in]\alpha ; b$ on a $a \leq \alpha < x \leq b$. Comme f est strictement croissante sur $[a ; b]$ on en déduit $f(\alpha) < f(x)$, c'est-à-dire $f(x) > 0$, puisque $f(\alpha) = 0$. Donc f ne s'annule pas sur $]\alpha ; b]$.

Donc dans ce cas, f ne s'annule qu'en α.

2ème cas : supposons f est strictement décroissante sur $[a ; b]$.

Le raisonnement est le même, il suffit juste de changer le sens des inégalités : sur $[a ; \alpha[$ on obtiendra $f(x) > 0$ et sur $]\alpha ; b]$ on aura $f(x) < 0$. Donc sur $[a ; b]$, f ne s'annule qu'en α.

Conclusion : sur $[a ; b$, α est l'unique solution de l'équation $f(x) = 0$.

b) On a $a \leq \alpha \leq b$.

- Supposons f croissante sur $[a ; b]$, on en déduit $f(a) \leq f(\alpha) \leq f(b)$. C'est-à-dire $f(a) \leq 0 \leq f(b)$. Donc $f(a)$ et $f(b)$ sont de signes contraires, il en résulte $f(a)f(b) \leq 0$.
- Si l'on suppose f décroissante sur $[a ; b]$, on obtient $f(b) \leq 0 \leq f(a)$. Donc $f(a)$ et $f(b)$ sont encore de signes contraires, et le produit $f(a)f(b)$. est encore négatif.

Dans tous les cas on a donc :

$$\boxed{f(a)f(b) \leq 0.}$$

2. Supposons $f(a)f(c) \leq 0$. On peut donc avoir ou bien $f(a)f(c) = 0$ ou bien $f(a)f(c) < 0$.

Si on a $f(a)f(c) = 0$ c'est qu'on a $f(a) = 0$ ou $f(c) = 0$. Or α est l'unique solution de l'équation $f(x) = 0$. Donc si $f(a) = 0$ c'est que $a = \alpha$ et si $f(c) = 0$ c'est que $c = \alpha$.

Dans les deux cas α est dans l'intervalle $[a ; c]$.

Supposons à présent $f(a)f(c) < 0$.

On sait que f est strictement monotone sur $[a ; b]$, par exemple strictement croissante. On a alors $f(a) < 0$ et $f(c) > 0$. Pour tout $x \in [c ; b]$ on a $c \leq x \leq b$ et par stricte croissance de f on déduit $0 < f(c) \leq f(x) \leq f(b)$. Il en résulte $f(x) > 0$ pour tout $x \in [c ; b]$ donc f ne s'annule pas sur $[c ; b]$ donc $\alpha \in [a ; c]$.

Le raisonnement est le même si f est strictement décroissante sur $[a ; b]$ sauf que les inégalités sont inversées.

Supposons à présent que la condition $f(a)f(c) \leq 0$ n'est pas réalisée. On a donc $f(a)f(c) > 0$ et dans ce cas $f(a)$ et $f(c)$ sont de même signe, aucun des deux n'étant nul. Si f est strictement croissante c'est que $f(a)$ et $f(c)$ sont tous deux strictement négatifs et donc f ne peut s'annuler sur $[a ; c$. Donc, nécessairement, $\alpha \in [c ; b]$.

$$\textbf{Conclusion :} \begin{cases} \textbf{si } f(a)f(c) \leq 0, \alpha \in [a ; c] \\ \textbf{si } f(a)f(c) > 0, \alpha \in [c ; b] \end{cases}$$

3. Soit x et y deux réels de $[0 ; +\infty[$ tels que $0 \leq x < y$. La fonction carré étant strictement croissante sur $[0 ; +\infty[$ on en déduit $x^2 < y^2$. On peut retrancher 10 aux deux membres de l'inégalité, on obtient donc : $x^2 - 10 < y^2 - 10$, soit $f(x) < f(y)$:

La fonction f est strictement croissante sur son domaine.

4. Le domaine de définition de f étant $[0 ; +\infty[$, l'équation $f(x) = 0$ est équivalente à $\begin{cases} x^2 = 10 \\ \text{et} \\ x \in [0 ; +\infty[\end{cases}$. Cette équation a pour unique solution $x = \sqrt{10}$.

L'unique solution de l'équation $f(x) = 0$ est le réel $\sqrt{10}$.

On a $3^2 = 9$ et $4^2 = 16$, donc $3^2 < 10 < 4^2$. La fonction racine carrée étant strictement croissante, on déduit : $3 < \sqrt{10} < 4$:

$$\boxed{\sqrt{10} \in [3 ; 4]}$$

5. $f(3) = 3^2 - 10 = -1$ et $f(3{,}5) = 3{,}5^2 - 10 = 2{,}25$.

$f(3)f(3{,}5) = -2{,}25 < 0$ donc $\sqrt{10} \in [3 ; 3{,}5]$.

6. Au départ on avait $a = 3$ et $b = 4$.

Après la première étape on a obtenu $a = 3$ et $b = 3{,}5$.

Deuxième étape : on pose $c = 3{,}25$, le milieu de $[a ; b]$. $f(3{,}25) = 0{,}5625 > 0$ donc

$\sqrt{10} \in [3 ; 3{,}25]$ et après cette deuxième étape on a $a = 3$ et $b = 3{,}25$.

Troisième étape : on pose $c = 3{,}125$, le milieu de $[a ; b]$. $f(3{,}125) = -0{,}23\ldots < 0$ donc

$\sqrt{10} \in [3{,}125 ; 3{,}25]$ et après la troisième étape $a = 3{,}125$ et $b = 3{,}25$.

Pour répondre à la question posée (trouver les deux premières décimales de $\sqrt{10}$) il faudra s'arrêter lorsque les deux nombres a et b auront les mêmes deux premières décimales.

Voici la suite des étapes :

Au départ : $a=3$ $b=4$.
1re étape : $a=3$ $b=3{,}5$.
2ème étape : $a=3$ $b=3{,}25$.
3ème étape : $a=3{,}125$ $b=3{,}25$.
4ème étape : $a=3{,}125$ $b=3{,}1875$. À ce stade on sait déjà que $\sqrt{10}=3{,}1\ldots$
5ème étape : $a=3{,}15625$ $b=3{,}1875$.
6ème étape : $a=3{,}15625$ $b=3{,}171875$.
7ème étape : $a=3{,}15625$ $b=3{,}164062\ldots$.
8ème étape : $a=3{,}16015\ldots$ $b=3{,}164062\ldots$.

Donc en 8 étapes on obtient l'encadrement : $3{,}160<\sqrt{10}<3{,}165$.

En particulier, on vient d'obtenir les deux premières décimales : $\boxed{\sqrt{10}=3{,}16\ldots}$

7. a) La fonction f se programme ainsi :

```
def f(x) :
return x**2 - 10
```

b) Le but recherché est d'obtenir une valeur approchée de la racine α de l'équation $f(x)=0$.

Pour cela on se fixe une précision ε, par exemple $\varepsilon=10^{-6}$, et on part d'un intervalle $[a\,;b]$ dans lequel on est sûr que se trouve α.

Si la longueur $b-a$ de l'intervalle est supérieure à la précision donnée ε on pose $c=\dfrac{a+b}{2}$, on calcule $f(a)f(c)$ et on fait le test suivant :

• Si $f(a)f(c)\leq 0$, on est sûr que $\alpha\in[a\,;c]$ donc on fait $b\leftarrow c$ (on remplace b par c et on garde a).

• Sinon, c'est que $\alpha\in[c\,;b]$ et donc on fait $a\leftarrow c$ (on remplace a par c et on garde b).

On garantit ainsi à chaque étape d'avoir toujours $a\leq\alpha\leq b$. Le nouvel intervalle $[a\,;b]$ étant soit $[a\,;c]$ soit $[c\,;b]$ il a une longueur deux fois plus petite que le précédent.

On teste alors la longueur $b-a$ du nouvel intervalle : si elle est supérieure à ε on refait un passage dans la boucle, sinon on s'arrête.

Puisqu'à chaque passage la longueur $b-a$ est divisée par 2, on est sûr de finir par avoir un intervalle $[a\,;b]$ dont la longueur $b-a$ sera inférieure à ε.

Lorsque le processus s'arrête on a donc : $a\leq\alpha\leq b$ avec $b-a\leq\varepsilon$.

a et b sont alors deux valeurs approchées de α (l'une par défaut, l'autre par excès) à la précision ε.

CHAPITRE 9

Information chiffrée

COMPÉTENCES EXIGIBLES

- Exploiter la relation entre effectifs, proportions et pourcentages.
- Calculer le taux d'évolution global à partir des taux d'évolution successifs. Calculer un taux d'évolution réciproque.
- Décrire verbalement les différences entre deux séries statistiques, en s'appuyant sur des indicateurs ou sur des représentations graphiques données.
- Pour des données réelles ou issues d'une simulation, lire et comprendre une fonction.

1 Proportion et pourcentage

1 Définition

- Soit E un ensemble ayant n_E éléments ($n_E \in \mathbb{N}^*$) et A une partie de E ayant n_A éléments ($n_A \in \mathbb{N}$).
On appelle **proportion d'éléments de A parmi ceux de E le nombre $\frac{n_A}{n_E}$.**

- On dit aussi que $\frac{n_A}{n_E}$ est **la fréquence** des éléments de A dans E.

Remarque
Pour parler de pourcentage ou de fréquence, il faut toujours préciser deux ensembles, un contenant et un contenu.

- Le nombre $100 \times \frac{n_A}{n_E}$ est appelé **le pourcentage** des éléments de A dans E.

2 Propriétés

- La proportion ou la fréquence des éléments d'un ensemble A dans un ensemble fini E non vide est un réel appartenant à $\left[0\,;1\right]$;
- Le pourcentage des éléments d'un ensemble A dans un ensemble fini E non vide est un réel appartenant à $\left[0\,;100\right]$.

Exemple
Si la proportion d'éléments de *A* dans *E* est de 0,415, le pourcentage d'éléments de *A* dans *E* est de 41,5 %

- Soit E un ensemble fini non vide, A un sous-ensemble non vide de E et B un sous-ensemble de A, si p_1 est la proportion d'éléments de A dans E, et p_2 la proportion d'éléments de B dans A alors la proportion d'éléments de B dans E est $p_1 \times p_2$.

Attention
Si les proportions sont données sous forme de pourcentages, on **ne peut pas faire le produit des pourcentages.**

2 Taux d'évolution Évolutions successives

1 Taux d'évolution et coefficient multiplicateur

- Soit V_i un nombre réel strictement positif appelé **quantité initiale**, et V_f un nombre réel positif appelé **quantité finale**, on appelle **taux d'évolution de V_i à V_f** le nombre réel $t = \frac{V_f - V_i}{V_i}$, **le nombre réel $1+t$ est appelé coefficient multiplicateur** noté CM.

● **Propriétés**

• Si $t > 0$, donc si $CM > 1$ on dit que l'on a une augmentation ($V_f > V_i$), et $V_f = CM \times V_i$

• si $t < 0$, on dit que l'on a une réduction ($V_f < V_i$), et $V_f = CM \times V_i$.

Attention
Le taux d'évolution t est parfois donné en pourcentages T, on a alors $T = 100 \times t$ et $CM = 1 + \frac{T}{100}$

2 Évolution réciproque

● Si t et $CM = 1 + t$ sont respectivement le taux d'évolution et le coefficient multiplicateur qui permet de faire passer une quantité V_i à une quantité V_f, si $CM \neq 0$ le coefficient multiplicateur qui permet de passer de V_f à V_i est $CM' = \frac{1}{CM}$ le taux correspondant t' étant égal à $t' = CM' - 1$.

3 Évolutions successives

Soit une quantité dont la valeur initiale est égale à un réel strictement positif V_0. Cette quantité subit successivement n évolutions à des taux respectifs t_1, t_2 ,...., t_n, la quantité étudiée prend alors successivement les valeurs $V_1, V_2, ..., V_n$.

Le taux $t = \frac{V_n - V_0}{V_0}$ est appelé le **taux d'évolution global** et $CM = 1 + t$ est appelé le **coefficient multiplicateur global**.

● Propriété

Si $CM_1, CM_2, ..., CM_n$ sont les coefficients multiplicateurs associés aux taux successifs $t_1, t_2, ..., t_n$, on a $CM = CM_1 \times CM_2 \times \ldots \times CM_n$.

Attention
On multiplie les coefficients multiplicateurs mais **pas les taux**

3 Série statistique

1 Définition

Un caractère permet de partager une population en classes, selon les p valeurs distinctes, $x_1, x_2, ..., x_p$ du caractère. On désigne par $n_1, n_2, ..., n_p$ les effectifs associés aux valeurs $x_1, x_2, ..., x_p$ du caractère.

On appelle **série statistique** la donnée des p couples $(x_1, n_1), (x_2, n_2), ..., (x_p, n_p)$.

Si n est l'effectif total de la population $n = n_1 + n_2 + \cdots + n_p$, on remplace souvent les effectifs de chaque classe par les fréquences (ou proportions) associées : $f_1 = \frac{n_1}{n}, ..., f_p = \frac{n_p}{n}$. La série statistique est alors donnée sous la forme (x_1, f_1), $(x_2, f_2), ..., (x_p, f_p)$.

COURS

2 Moyenne

Avec les notations précédentes, on appelle **moyenne** de la série statistique $(x_1,n_1),(x_2,n_2),...,(x_p,n_p)$ le réel noté $\overline{x}$:

$$\overline{x}=\frac{1}{n}\left(n_1x_1+n_2x_2+\cdots+n_px_p\right)=f_1x_1+f_2x_2+\cdots+f_px_p$$

- **Propriété**

Soit (x_1,n_1), (x_2,n_2),..., (x_p,n_p) une série statistique de moyenne $\overline{x}$ et a un nombre réel. La série statistique prenant comme valeurs :

- x_1+a, x_2+a,..., x_p+a avec les mêmes effectifs (fréquences) que la série initiale a pour moyenne : $\overline{x}+a$.
- $x_1\times a$, $x_2\times a$,..., $x_p\times a$ avec les mêmes effectifs (fréquences) que la série initiale a pour moyenne : $\overline{x}\times a$.

3 Médiane

On range les n individus de la population par ordre croissant du caractère

- Si n est impair alors $n=2k+1$, la valeur médiane m_e correspond au $(k+1)^e$ individu.
- Si n est pair alors $n=2k$, la valeur médiane m_e est la demi-somme des valeurs des individus de rang k et de rang $(k+1)^e$.

Remarque
Dans le cas où *n* est pair la valeur médiane n'est pas toujours une valeur du caractère.

4 Valeur modale

On considère une série statistique $(x_1,n_1),(x_2,n_2),...,(x_p,n_p)$, on appelle **valeur** modale, la valeur du caractère ayant le plus grand effectif.

5 Indicateurs de dispersion

On considère une série statistique $(x_1,n_1),(x_2,n_2),...,(x_p,n_p)$.

- On appelle **étendue de la série** la différence entre la plus grande et la plus petite valeur du caractère.
- Si Q_1 et Q_3 sont les premier et troisième quartiles, on appelle **intervalle interquartile** le réel Q_3-Q_1.
- Si $\overline{x}$ est la moyenne de la série et $n=n_1+n_2+\cdots+n_p$ l'effectif total, on appelle **variance de la série** le nombre

$$V=\frac{n_1\left(x_1-\overline{x}\right)^2+n_2\left(x_2-\overline{x}\right)^2+\cdots+n_p\left(x_p-\overline{x}\right)^2}{n}.$$

- On appelle **écart-type de la série** le nombre $\sigma=\sqrt{V}$.

Remarque
Le calcul de σ se fait à la calculatrice ou avec un tableur ou avec un programme Python.

Propriétés

- Il y a environ 50 % des valeurs en tenant compte des effectifs de la série statistique qui sont dans l'intervalle $\left[Q_1 ; Q_3\right]$.
- Les nombres V et σ sont des réels positifs.

Remarque
Le nombre V est la moyenne de la série
$\left(\left(x_1-\overline{x}\right)^2 ; n_1\right), \left(\left(x_2-\overline{x}\right)^2 ; n_2\right), \ldots, \left(\left(x_p-\overline{x}\right)^2 ; n_p\right).$

COURS

QCM et questions courtes

1 Vrai ou faux ?

➔ Corrigé p. 224

1. 5 % de 150 € représente plus de 7 €. ☐ Vrai ☐ Faux

2. 12 % de 120 € représente plus de 14 €. ☐ Vrai ☐ Faux

3. J'ai misé 100 €, j'ai gagné 20 % puis perdu 20 %, on me retourne plus de 100 €. ☐ Vrai ☐ Faux

4. J'ai misé 100 €, j'ai perdu 20 % puis gagné 20 %, on me retourne plus de 100 €. ☐ Vrai ☐ Faux

2 Vrai ou faux ?

➔ Corrigé p. 224

1. Deux réductions successives de 10 % sont équivalentes à une réduction de 20 %. ☐ Vrai ☐ Faux

2. Deux réductions successives de 10 % sont équivalentes à une réduction de 19 %. ☐ Vrai ☐ Faux

3. Deux réductions successives de 9 % puis de 8 % sont équivalentes à une réduction de 72 %. ☐ Vrai ☐ Faux

4. Si un prix x subit une augmentation de 100 %, vous devrez payer $100x$ pour acquérir l'objet. ☐ Vrai ☐ Faux

3 Valeur moyenne

➔ Corrigé p. 224

un contrôle commun, la moyenne des 20 élèves de 2^{de}1 est 10 et celle des 30 élèves des 2^{de}2 est 12. La moyenne des deux classes réunies est :

1. 10,8 ; **2.** 11 ; **3.** 11,2 ; **4.** 11,5.

4 Valeur caractéristique

➔ Corrigé p. 285

Voici les notes obtenues par les élèves de 2^{de}1 :

5, 6, 6, 7, 8, 8, 8, 8,9, 9, 9, 10, 11, 11, 12,12, 13, 14, 14, 20.

1. La valeur médiane est :

a) 9 ; **b)** 10 ; **c)** 10,5 ; **d)** 11.

2. L'étendue des valeurs est :

a) 11 ; **b)** 12 ; **c)** 15 ; **d)** 20.

3. Le mode est :

a) 8 ; **b)** 9 ; **c)** 10 ; **d)** 11.

4. La fréquence de 8 est :
a) 0,2 ; b) 0,1 ; c) 0,15 ; d) 0,4.

5 Deux élèves

Corrigé p. 225

Brice a les notes suivantes 8, 8, 11, 11, 13, 15.

1. La moyenne de Brice est de :
a) 11 ; b) 11,5 ; c) 10 ; d) 12.

2. L'écart-type est, à 10^{-2} près, égal à :
a) 2,4 ; b) 2,51 ; c) 2,52 ; d) 2.

Ève a les notes suivantes 12, 7, 4, 10, 15, 18.

3. La moyenne d'Ève est de
a) 11 ; b) 11,5 ; c) 10 ; d) 12.

4. L'écart-type est égal à 10^{-2} près est :
a) 4 ; b) 4,5 ; c) 4,6 ; d) 4,69.

Comparer les moyennes et écart-types de Brice et d'Ève. Que pouvez-vous conclure

6 Vrai ou faux ?

Corrigé p. 225

1. La somme des fréquences d'une série statistique vaut toujours 1. ☐ Vrai ☐ Faux
2. La moyenne est toujours inférieure à la médiane. ☐ Vrai ☐ Faux
3. Si on augmente toutes les notes de 2, la moyenne est augmentée de 2. ☐ Vrai ☐ Faux
4. Si on supprime la valeur la plus basse et la valeur la plus haute, la médiane ne change pas. ☐ Vrai ☐ Faux
5. Si on supprime la valeur la plus basse et la valeur la plus haute, la moyenne ne change pas. ☐ Vrai ☐ Faux

Exercices d'entraînement

7 Une ristourne

5 min Corrigé p. 226

Un commerçant met en vente un objet dont la valeur est 100 € HT et applique dessus une T.V.A à 20 %.

1. Déterminer le prix de vente TTC de l'objet.

2. Voulant appliquer une ristourne, il propose deux solutions à chaque client, appliquer une ristourne de 8 % sur le prix HT puis appliquer la TVA sur le prix réduit ou appliquer la ristourne sur le prix TTC, quelle solution choisissez vous

8 Quelques données

★ 30 min ➔ Corrigé p. 226

Une étude chez un revendeur a relevé des prix d'objets très différents au mois de janvier et au mois de juillet en notant quelques éléments. Compléter toutes les cases du tableau, les prix seront donnés en arrondissant au centime.

Prix en janvier	Prix en juillet	Pourcentage de variation	Coefficient multiplicateur
25 €		+12 %	
	135 €	−15 %	
452 €			0,85
	580 €		1,2
135 €	148 €		
150 €	125 €		
40 €		+20 %	
100 €		−15 %	

9 Investissement

10 min ➔ Corrigé p. 228

Un organisme propose deux formules d'investissement qui annoncent pour l'une une augmentation de 4% par an et pour l'autre le doublement de l'investissement en 20 ans. Pouvez-vous conseiller le meilleur investissement

10 Investissement

10 min ➔ Corrigé p. 228

Une personne achète une action et note pendant 15 séances les variations en pourcentage du cours de son action. Calculer le pourcentage de variation du prix de l'action au terme des 15 séances par rapport au prix d'achat.

Numéro de la séance	1	2	3	4	5	6	7
% de variation	+0,1	+1,85	−0,5	−0,8	+0,9	−0,15	+0,8

Numéro de la séance	8	9	10	11	12	13	14	15
% de variation	+0,4	+0,4	+0,1	+0,8	+1,2	−2,5	−1,5	+0,6

11 Tableau

★ 30 min ➔ Corrigé p. 228

Compléter le tableau suivant, *CM* désigne le coefficient multiplicateur, les résultats seront arrondis avec deux décimales.

Évolution 1	CM_1	Évolution 2	CM_2	*CM* global	Pourcentage global d'évolution
+8 %		+15 %			
	0,6		1,2		
–10 %			1,05		
	1,2	–5 %			
+10 %					+30 %
		–8 %			+15 %
			0,50		–20 %

12 Promotion au magasin de bricolage

15 min ➔ Corrigé p. 229

Valentin veut faire des travaux dans son salon. Au rayon bricolage :

• les rouleaux de papiers peints choisis par Valentin sont affichés au prix de 32 € ;

• la peinture est affichée à 15 € le litre.

1. Il lui faut 12 rouleaux de papier peint et 8 l de peinture, calculer la dépense

2. Il apprend que des promotions auront lieu prochainement. Il y aura 15 % de réduction sur le papier peint et 8 % de réduction sur la peinture. Quel est le pourcentage de réduction global sur l'ensemble de ses achats si Valentin attend les promotions au lieu d'acheter immédiatement.

13 Promotion aux magasins de vêtements

15 min ➔ Corrigé p. 229

Le prix d'un T-shirt dans le magasin *A* est 16 €. La promotion du jour propose pour l'achat de deux T-shirts le 3e T-shirt pour 1 €.

1. Inès profite de la promotion

a) combien lui revient un T-shirt ?

b) Quel est en pourcentage la réduction sur le prix d'un T-shirt par rapport au prix d'achat d'un T-shirt

2. Au retour, Inès passe devant un autre magasin *B* qui propose des T-shirts à 15 €. Quel pourcentage de réduction doit appliquer le magasin *B* sur le prix d'un T-shirt pour que l'achat de trois T-shirts ait un prix de revient inférieur ou égal au prix payé au magasin *A*.

14 Consommation d'eau

10 min Corrigé p. 229

En 2018 la famille d'Ève a consommé 155 m^3 d'eau. Les trois dernières années la consommation a augmenté de 0,6 % par an.

1. Quelle était la consommation en 2017 ?

2. Jusqu'en 2018, dans la commune, le prix de l'eau était de 5 € le m^3. Quelle a été la dépense en eau en 2017, en 2018 ?

3. En 2019 le prix du m^3 d'eau est annoncé à 6 €, la famille ne voudrait pas voir sa facture d'eau être supérieure à la facture de 2018. Quelle doit être alors la consommation en 2019 ? Quel est le pourcentage de diminution de la consommation par rapport à l'année 2018

15 Infographie

★ 15 min Corrigé p. 230

Un sondage est effectué auprès de la population d'une commune sur la nécessité de la construction d'une déviation. Les résultats sont les suivants :

- 36 %de la population sont contre la construction ;
- 42 %de la population sont pour la construction ;
- Le reste de la population est indifférent.

La municipalité veut présenter les résultats du sondage sous la forme d'un diagramme circulaire. Indiquer les angles au centre et construire la représentation graphique.

Problèmes

16 Analyse d'un bilan

★★ 20 min Corrigé p. 231

Un restaurateur veut faire un bilan des consommations des clients. Pendant 20 jours, il note le nombre de clients qui choisissent le plat du jour plutôt qu'un plat de la carte

Numéro du jour	1	2	3	4	5	6	7	8	9	10
Nombre de clients ayant choisi le plat du jour	3	5	10	4	4	6	11	3	5	5

Numéro du jour	11	12	13	14	15	16	17	18	19	20
Nombre de clients ayant choisi le plat du jour	8	8	9	10	9	10	10	9	8	12

1. Calculer la moyenne, la médiane, l'écart-type, l'intervalle interquartile et l'écart interquartile de la série.

2. Un peu plus pard, il propose pour le même prix avec le plat du jour un café en espérant que le nombre de personnes choisissant le plat du jour augmente

Numéro du jour	1	2	3	4	5	6	7	8	9	10
Nombre de clients ayant choisi le plat du jour	10	11	10	15	15	10	11	11	12	10

Numéro du jour	11	12	13	14	15	16	17	18	19	20
Nombre de clients ayant choisi le plat du jour	9	8	9	10	11	11	7	15	15	12

Calculer la moyenne, la médiane, l'écart-type, l'intervalle interquartile et l'écart interquartile de la série. A-t-il réussi

17 Lancers de dés – Python

★★ 20 min ➔ Corrigé p. 232

Valentin lance 25 fois un dé cubique dont les faces sont numérotées de 1 à 6. On s'intéresse à la série statistique obtenue au cours des 25 lancers.

- Si la moyenne des lancers est supérieure à 4 alors Valentin gagne 5 euros, sinon il ne gagne rien.
- Si de plus le 1er quartile inférieur à 2, alors il double son gain.
- Dans le cas où la moyenne est supérieure à 4, le premier quartile inférieur à 2 et le troisième supérieur à 4, Valentin gagne 15 euros.

1. Calculer les gains de Valentin dans les trois cas suivants

a)

Numéro obtenu	1	2	3	4	5	6
Effectif	3	1	2	3	8	8

b)

Numéro obtenu	1	2	3	4	5	6
Effectif	6	2	8	0	0	9

c)

Numéro obtenu	1	2	3	4	5	6
Effectif	6	2	4	0	0	13

2. Reprendre le cas **c.** en écrivant des scripts Python pour déterminer la moyenne et les quartiles.

Exercice d'approfondissement

18 Quelques démonstrations – Python

★★★ 30 min Corrigé p. 238

Soit p un entier naturel non nul, on considère une série statistique (x_1, n_1), (x_2, n_2),..., (x_p, n_p), on note $\overline{x}$ la moyenne de cette série.

1. Calculer successivement

a) la moyenne m_1 et l'écart-type σ_1 de la série statistique $(x_1, 2n_1)$, $(x_2, 2n_2)$,..., $(x_p, 2n_p)$.

b) la moyenne m_2 et l'écart-type σ_2 de la série statistique $(x_1 + a, n_1)$, $(x_2 + a, n_2)$,..., $(x_p + a, n_p)$.

c) la moyenne m_3 et l'écart-type σ_3 de la série statistique (ax_1, n_1), (ax_2, n_2),..., (ax_p, n_p) où a est un réel strictement positif.

d) la moyenne m_4 et l'écart-type σ_4 de la série statistique obtenue en augmentant chacune des valeur de 5 %.

e) la moyenne m_5 et l'écart-type σ_5 de la série statistique (x_1, n_1), (x_2, n_2),..., (x_p, n_p), $(\overline{x}, 1)$.

2. Application Python. On donne la série statistique suivante :

x_i	–5	–4	–1	0	1	2	3	5	6	7
n_i	15	5	12	20	8	10	5	5	10	10

On désignera par l le tableau $l = [-5, -4, -1, 0, 1, 2, 3, 5, 6, 7]$.
et par e le tableau $e = [15, 5, 12, 20, 8, 10, 5, 5, 10, 10]$.

Voici les scripts pour calculer moyenne et écart-type :

Script du calcul de la moyenne

```
from lycee import *
import numpy as numpy
import math as math
def moyenne(l,e) :
m=numpy.average(l,weights=e)
return m
```

Script du calcul de l'écart-type

```
from lycee import *
import numpy as numpy
import math as math
def ecartype(l,e) :
m=numpy.average(l,weights=e)
v=numpy.average((l-m)**2,weights=e)
ecart=math.sqrt(v)
return ecart
```

Dans la console on a

```
...module lycee actif....
>>> l=[-5,-4,-1,0,1,2,3,5,6,7]
>>>
e=[15,5,12,20,8,10,5,5,10,10]
>>> moyenne(l,e)
0.91
```

```
...module lycee actif....
>>> l=[-5,-4,-1,0,1,2,3,5,6,7]
>>>
e=[15,5,12,20,8,10,5,5,10,10]
>>> ecartype(l,e)
3.810761078839764
```

Modifier les scripts pour vérifier dans le cas où $a = 2$ les propriétés trouvées aux questions **1. a., b., c.**

CORRIGÉS

QCM et questions courtes

1 **1. Vrai** → 5 %de 150 € est égal à $\dfrac{5\times150}{100}=7{,}5$ €.

2. Faux → 12 % de 120 € est égal à $\dfrac{12\times120}{100}=14{,}4$ €.

3. Faux → J'ai misé 100 €, j'ai gagné 20 % puis perdu 20 %. Les coefficients multiplicateurs successifs sont $CM_1=1+\dfrac{20}{100}=1{,}2$ et $CM_2=1-\dfrac{20}{100}=0{,}8$ on me retourne :

$$100\times1{,}2\times0{,}8=96\text{ €}.$$

On me retourne donc : 96,0 € donc moins de 100 €.

4. Faux → J'ai misé 100 €, j'ai perdu 20 % puis gagné 20 % . Les coefficients multiplicateurs successifs sont $CM_1=1-\dfrac{20}{100}=0{,}8$ et $CM_2=1+\dfrac{20}{100}=1{,}2$ on me retourne :

$$100\times0{,}8\times1{,}2=96\text{ €}.$$

On me retourne donc : 96,0 € donc moins de 100 €.

2 **1. Faux** → Pour calculer la variation globale, il faut obligatoirement calculer le coefficient multiplicateur global. Les deux réductions successives correspondent à un coefficient multiplicateur de $1-\dfrac{10}{100}=0{,}9$ donc le coefficient global est de $0{,}9\times0{,}9=0{,}81$. La réduction globale est égale à $1-0{,}81=0{,}19$. La réduction est de 19 %.

2. Vrai → Deux réductions successives de 10 % sont équivalentes à une réduction de 19 %. Voir question précédente.

3. Faux → Deux réductions successives de 9 % puis de 8 %. Les coefficients multiplicateurs successifs sont $1-\dfrac{9}{100}=0{,}91$ et $1-\dfrac{8}{100}=0{,}92$, le coefficient multiplicateur global est donc $0{,}91\times0{,}92=0{,}8372$ qui est équivalent à une réduction de $1-0{,}8372=0{,}1628=16{,}28$ %.

4. Faux → Si un prix x subit une augmentation de 100 %, le coefficient multiplicateur est donc $1+\dfrac{100}{100}=2$ donc pour acquérir l'objet il faudra payer $2x$.

3 **Réponse 3.** Soit $x_1,\dots,x_{20}$ les vingt notes de la classe de 2^{de}1, la moyenne de la classe de 2^{de}1 est égale à $\dfrac{x_1+\cdots+x_{20}}{20}=10$, donc $x_1+\cdots+x_{20}=200$.

Soit $y_1, \ldots, y_{30}$ les trente notes de la classe de $2^{de}2$, la moyenne de la classe de $2^{de}2$ est égale à $\frac{y_1 + \cdots + y_{30}}{30} = 12$, donc $y_1 + \cdots + y_{30} = 360$.

La moyenne des deux classes réunies qui comporte alors 50 élèves est

$$m = \frac{(x_1 + \cdots + x_{20}) + (y_1 + \cdots + y_{30})}{50} = \frac{200 + 360}{50} = \frac{560}{50} = 11{,}2.$$

4 **1. Réponse a.** Il y a 20 notes classées dans l'ordre croissant donc un nombre pair d'élèves. Les 10ᵉ et 11ᵉ notes sont 9 donc la moyenne de ces deux notes est 9. La valeur médiane est 9.

2. Réponse c. L'étendue des valeurs est égale à la différence entre la plus grande et la plus petite valeur donc $20 - 5 = 15$.

3. Réponse a. Le mode est une valeur ayant le plus grand effectif (il peut exister plusieurs valeurs modales, qui comportent toutes le plus grand effectif), ici la valeur modale est 8

4. Réponse a. La fréquence de 8 est égale à $\frac{4}{20} = 0{,}2$, quotient du nombre d'élèves ayant 8 par l'effectif total de la classe.

5 **1. Réponse a.** La moyenne de Brice est de $\frac{8+8+11+11+13+15}{6} = 11$.

2. Réponses b.et c. l'aide de la calculatrice, on obtient 2,5166. L'écart-type est, à 10-2 près, égal à 2,51 ou 2,52.

3. Réponse a. La moyenne de Ève est de 11.

4. Réponse d. L'écart-type est, à 10^{-2} près, égal à 4,69. Les moyennes de Ève et de Brice sont identiques, l'écart-type des notes de Ève est beaucoup plus important que l'écart-type des notes de Brice, donc Ève est beaucoup plus irrégulière que Brice.

Remarque
L'écart-type, comme l'étendue et l'écart interquartile, est un paramètre de dispersion qui mesure l'étalement ou la dispersion des valeurs de la série.

6 **1. Vrai** → La somme des fréquences d'une série statistique vaut toujours 1.

2. Faux → Les deux cas sont possibles, la moyenne peut être inférieure ou supérieure à la médiane.

3. Vrai → Si on augmente toutes les notes de 2, la moyenne est augmentée de 2, c'est un des théorèmes du cours.

4. Vrai → Si on supprime la valeur la plus basse et la valeur la plus haute, la médiane ne change pas car le terme du milieu, s'il y a un nombre impair d'individus, ou les deux termes du milieu, s'il y a un nombre pair, ne changent pas.

5. Faux → Si on supprime la valeur la plus basse et la valeur la plus haute, la moyenne change. La moyenne de la 9, 10, 11, 14 est $\frac{44}{4}=11$ et la suite dont on a retiré les valeurs extrêmes est 10, 11 de moyenne : 10,5.

Exercices d'entraînement

7 **1.** Le coefficient multiplicateur associé à la TVA est $1+\frac{20}{100}=1,2$ donc **le prix de vente TTC est $100\times1,2=120$ €.**

2. Première solution, on applique la ristourne sur le prix HT. Le coefficient multiplicateur est $1-\frac{8}{100}=0,92$, le nouveau prix HT est donc $100\times0,92=92$ €, on applique alors la TVA donc un coefficient multiplicateur de 1,2, **le prix de vente TTC est donc alors $92\times1,2=110,40$ €.**

Deuxième solution, on applique la ristourne sur le prix TTC donc un coefficient multiplicateur de $1-\frac{8}{100}=0,92$ sur 120 €. Le prix de vente est $120\times0.92=110,40$ €.

Les deux solutions donnent le même résultat car le coefficient global appliqué au prix HT dans le premier cas est $0,92\times1,2$ et de $1,2\times0,92$ dans le deuxième cas.

8

Prix en janvier	Prix en juillet	Pourcentage de variation	Coefficient multiplicateur
25 €	*a*	+12 %	*b*
c	135 €	−15 %	*d*
452 €	*e*	*f*	0,85
g	580 €	*h*	1,2
135 €	148 €	*i*	*j*
150 €	125 €	*k*	*ℓ*
40 €	*m*	+20 %	*n*
100 €	*o*	−15 %	*p*

• *a* est le prix augmenté de 12 % donc obtenu à l'aide du coefficient multiplicateur $b=1+\frac{12}{100}=1,12$ donc $a=25\times1,12=28$ €.

• d est le coefficient multiplicateur $d = 1 - \frac{15}{100} = 0,85$. Le coefficient multiplicateur réciproque est donc $\frac{1}{0,85} \approx 1,1765$. Le prix c est donc $c = 135 * 1,1765 \approx 158,83$ €.

• $e = 452 \times 0,85 = 384,20$. Le taux de variation est de $0,85 - 1 = -0,15$ soit $f = -15\,\%$, c'est une diminution car le coefficient multiplicateur est strictement inférieur à 1.

• Le coefficient multiplicateur est de 1,2, qui est plus grand que 1 c'est donc une augmentation. Le pourcentage de variation est $1,2 - 1 = 0,2$ donc le pourcentage de variation h est +20 %. Le coefficient multiplicateur réciproque est $\frac{1}{1,2} \approx 0,83333$ donc $g = 580 \times 0,83333 \approx 483,33$ €.

• Le taux de variation est $\frac{148-135}{135} = 0,0963$ soit $i = 9,63\,\%$ et $j = 1 + 0,0963 = 1,0963$.

• Le taux de variation est $\frac{125-150}{150} = -0,1667$ soit $k = -16,67\,\%$ et $\ell = 1 - 0,1667 = 0,8333$.

• m est le prix augmenté de 20 % donc obtenu à l'aide du coefficient multiplicateur $n = 1 + \frac{20}{100} = 1,2$ donc $m = 40 \times 1,2 = 48$ €.

• o est le prix diminué de 15 % donc obtenu à l'aide du coefficient multiplicateur $n = 1 - \frac{15}{100} = 0,85$ donc $o = 100 \times 0,85 = 85$ €.

D'où le tableau complété

Prix en janvier	Prix en juillet	Pourcentage de variation	Coefficient multiplicateur
25 €	**28 €**	+12 %	**1,12**
158,83 €	135 €	**−15 %**	**0,85**
452 €	**384,20 €**	**−15 %**	0,85
483,33 €	580 €	**+20%**	1,2
135 €	148 €	**+9,63 %**	**1,0963**
150 €	125 €	**−16,67 %**	**0,8333**
40 €	**48 €**	+20 %	1,2
100 €	**85 €**	−15 %	0,85

CORRIGÉS

9 Une augmentation de 4% par an chaque année pendant 20 ans correspond à un coefficient multiplicateur global de $\underbrace{(1{,}04)\times(1{,}04)\times\cdots\times(1{,}04)}_{20\text{ fois}}=1{,}04^{20}=2{,}19$.

En vingt ans le capital a été multiplié par 2,19, il a donc un peu plus que doublé. Il faut donc choisir **la première proposition**.

10 On construit le tableau avec une troisième ligne qui indique les coefficients multiplicateurs chaque jour. Attention les variations sont données en pourcentage.

numéro de la séance	1	2	3	4	5	6	7
% de variation	+0,1	+1,85	–0,5	–0,8	+0,9	–0,15	+0,8
CM	**1,001**	**1,0185**	**0,995**	**0,992**	**1,009**	**0.9985**	**1,008**

numéro de la séance	8	9	10	11	12	13	14	15
% de variation	+0,4	+0,4	+0,1	+0,8	+1,2	–2,5	–1,5	+0,6
CM	**1,004**	**1,004**	**1,001**	**1,008**	**1,012**	**0,975**	**0,985**	**1,006**

Le coefficient multiplicateur global est donc le produit des coefficients multiplicateurs. On obtient 1,0163 soit un pourcentage de variation +1,63 %.

Remarque
$CM-1=t$ donc $t=0{,}0163$ soit 1,63 %.

11 Les résultats sont arrondis avec deux décimales.

Évolution 1	CM_1	Évolution 2	CM_2	CM global	% global d'évolution
+8 %	$1+\frac{8}{100}=1{,}08$	+15 %	$1+\frac{15}{100}=1{,}15$	$1{,}08\times1{,}15=1{,}242$	**+24,2 %**
$0{,}6-1=-0{,}4=-40\ \%$	0,6	$1{,}2-1=0{,}2=+20\ \%$	1,2	$0{,}6\times1{,}2=0{,}72$	**–28 %**
–10 %	$1+\frac{10}{100}=0{,}9$	$1{,}05-1=0{,}05=+5\ \%$	1,05	$0{,}9\times1{,}05=0{,}945$	**–5,5 %**
$1{,}2-1=0{,}2=+20\ \%$	1,2	–5 %	$1-\frac{5}{100}=0{,}95$	$1{,}2\times0{,}95=1{,}14$	**+14 %**

+10 %	$1+\frac{10}{100}$ $=1{,}1$	$1{,}182-1=0{,}182$ $=+18.2\ \%$	$\frac{1{,}3}{1{,}1}$ $=1{,}182$	$1+\frac{30}{100}$ $=1{,}3$	+30 %
$1{,}25-1=0{,}25$ $=+25\ \%$	$\frac{1{,}15}{0{,}92}$ $=1{,}25$	−8 %	$1-\frac{8}{100}$ $=0{,}92$	$1+\frac{15}{100}$ $=1{,}15$	+15 %
$1{,}6-1=0{,}60$ $=+60\ \%$	$\frac{0{,}8}{0{,}5}$ $=1{,}6$	$0{,}5-1=-0{,}5$ $=-50\ \%$	0.50	$1-\frac{20}{100}$ $=0{,}8$	−20 %

12 **1.** Il lui faut 12 rouleaux de papier peint et 8 l de peinture, **la dépense est donc de $12\times32+8\times15=504$ €.**

2. Le coefficient multiplicateur associé à la réduction de 15 % est de $1-\frac{15}{100}=0{,}85$ le nouveau prix du rouleau est donc de $32\times0{,}85=27{,}20$ €. La dépense de papier peint est alors de $12\times27{,}20=326{,}40$ €.

Le coefficient multiplicateur associé à la réduction de 8% est de $1-\frac{8}{100}=0{,}92$ le nouveau prix du litre de peinture est donc de $15\times0{,}92=13{,}80$ €. La dépense de peinture est alors de $8\times13{,}80=110{,}40$ €.

La dépense totale avec les réductions est donc de $326{,}40+110{,}40=436{,}80$ €.

Le coefficient d'évolution est donc $\frac{436{,}80-504}{504}=-0{,}1333$ soit **une réduction globale de 13,33 %.**

13 **1. a)** La dépense globale pour les trois T-shirts est donc de $2\times16+1=33$ € donc **le prix de revient d'un T-shirt est de 11 €.**

b) Le taux d'évolution du prix d'un T-shirt est donc $\frac{11-16}{16}=\frac{-5}{16}=-0{,}3125$ soit **une réduction de 31,25 %.**

2. Si le commerçant veut s'aligner sur le prix de 11 € il devra réaliser un taux d'évolution du prix de $\frac{11-15}{15}=-0{,}2667$ soit donc afficher **une réduction supérieure à 26,67 %** pour l'achat de trois T-shirts s'il veut être moins cher que le magasin *A*.

14 **1.** De 2017 à 2018 la consommation a augmenté de 0,6% donc le coefficient multiplicateur est de 1,006 donc le coefficient multiplicateur réciproque est de $\frac{1}{1{,}006}=0{,}994$ donc **la consommation en 2017 est de $155\times0{,}994=154{,}07$ m³.**

2. Dans la commune le prix de l'eau était de 5 € le m^3 en 2017 et 2018.

La dépense en 2017 a été de $154{,}07 \times 5 = 770{,}35$ €.

La dépense en 2018 a été de $155 \times 5 = 775$ €.

3. Si la famille ne veut pas augmenter sa facture, la consommation maximum en 2019 doit être de $\dfrac{775}{6} = 129{,}17$ m^3, le coefficient d'évolution est de $\dfrac{129{,}17 - 155}{155} = -0{,}1666$ soit **une diminution de 16,66% de la consommation annuelle d'eau.**

15 Soit α, β, γ les mesures des angles au centre des trois secteurs circulaires représentant respectivement les 36 % de la population contre la construction, les 42 % pour la construction et les $100 - 42 - 36 = 22$ % de la population indifférents à cette construction.

La somme $\alpha + \beta + \gamma$ est égal à la mesure de l'angle plein soit 360°.

Les mesures α, β, γ sont proportionnelles à 36, 42 et 22 donc $\dfrac{\alpha}{36} = \dfrac{\beta}{42} = \dfrac{\gamma}{22}$, on désigne par k le coefficient de proportionnalité. Les réels α, β, γ sont solutions du système.

$$\begin{cases} \alpha + \beta + \gamma = 360 \\ \dfrac{\alpha}{36} = \dfrac{\beta}{42} = \dfrac{\gamma}{22} = k \end{cases} \Leftrightarrow \begin{cases} \alpha + \beta + \gamma = 360 \\ \alpha = 36k \\ \beta = 42k \\ \gamma = 22k \end{cases}$$

$$\Leftrightarrow \begin{cases} 36k + 42k + 22k = 360 \\ \alpha = 36k \\ \beta = 42k \\ \gamma = 22k \end{cases}$$

$$\Leftrightarrow \begin{cases} 100k = 360 \\ \alpha = 36k \\ \beta = 42k \\ \gamma = 22k \end{cases} \Leftrightarrow \begin{cases} k = 3{,}6 \\ \alpha = 36k \\ \beta = 42k \\ \gamma = 22k \end{cases}.$$

Les mesures α, β, γ sont donc respectivement 129,6°, 151,2° et 79,2°.

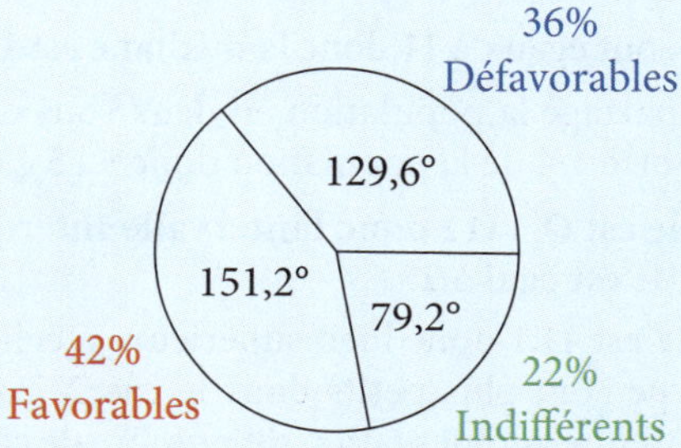

Problèmes

16 **1.** Calcul de la moyenne, de la médiane, de l'écart-type et de l'écart interquartile de la série.

On construit un tableau indiquant le nombre n de clients et le nombre de jours où n clients ont choisi le plat du jour.

Nombre de clients	3	4	5	6	8	9	10	11	12
Nombre de jours	2	2	3	1	3	3	4	1	1

On utilise une calculatrice. La moyenne du nombre de clients sur l'ensemble des vingt jours est $m_1 = 7{,}45$ et **l'écartype est $\sigma_1 = 2{,}75$ à 10^{-2}** près.

La série statistique s'écrit 3, 3, 4, 4, 5, 5, 5, 6, 8, 8, 8, 9, 9, 9, 10, 10, 10, 10, 11, 12.

Les **10e** et 11e termes sont égaux à 8 donc la médiane est 8.

Le premier quartile partage la population en deux sous-ensembles le premier sous-ensemble comporte 1/4 de la population donc ici 5 éléments, on a $Q_1 = 5$.

Le troisième quartile est $Q_3 = 10$ donc l'intervalle interquartile est $\left[5\,;10\right]$ et l'écart interquartile est égal à 5.

2. On construit un tableau indiquant le nombre *n* de clients et le nombre de jours où *n* clients ont choisi le plat du jour.

Nombre de clients	7	8	9	10	11	12	15
Nombre de jours	1	1	2	5	5	2	4

On utilise une calculatrice. **La moyenne** du nombre de clients sur l'ensemble des vingt jours est $m_2 = 11{,}1$ et **l'écartype est $\sigma_2 = 2{,}28$** à 10^{-2} près.

CORRIGÉS

La série statistique s'écrit 7, 8, 9, 9, 10, 10, 10, 10, 10, 11, 11, 11, 11, 11, 12, 12, 15, 15, 15, 15.

Les 10e et 11e termes sont égaux à 11 donc la médiane est 11.

Le premier quartile partage la population en deux sous ensembles le premier sous ensemble comporte 1/4 de la population donc ici 5 éléments, on a $Q_1 = 10$

Le troisième quartile est $Q_3 = 12$ donc l'intervalle interquartile est $\lceil 10 ; 12 \rceil$ et l'écart interquartile est égal à 2.

La nouvelle moyenne est 11,1 donc bien supérieure à celle de 1. l'écart interquartile et l'écart-type sont plus petits dans le cas 2. La deuxième solution semble être favorable à une augmentation du nombre de clients qui choisissent le plat du jour. Le restaurateur a réussi.

17 **1.** Gains de Valentin

a)

Numéro obtenu	1	2	3	4	5	6
Effectif	3	1	2	3	8	8

Si on désigne par m la moyenne, Q_1 et Q_3 les premiers et troisième quartiles. l'aide de la calculatrice, on trouve $m = 4,44$, $Q_1 = 4$ et $Q_2 = 6$ donc **Valentin gagne 5 €.**

b)

Numéro obtenu	1	2	3	4	5	6
Effectif	6	2	8	0	0	9

On a $m = 3,52$, $Q_1 = 2$ et $Q_2 = 6$ donc **Valentin ne gagne rien.**

c)

Numéro obtenu	1	2	3	4	5	6
Effectif	6	2	4	0	0	13

On a $m = 4$, $Q_1 = 2$ et $Q_3 = 6$ donc **Valentin gagne 15 €.**

2. Reprendre le cas **c.** en écrivant des scripts Python pour déterminer, la moyenne et les quartiles.

Soit l la suite des lancers, on a :

l = [1, 1, 1, 1, 1, 1, 2, 2, 3, 3, 3, 3, 6, 6, 6, 6, 6, 6, 6, 6, 6, 6, 6, 6, 6].

Script du calcul de la moyenne

```
1.  from lycee import *
2.  import numpy as numpy
3.  import math as math
4.  def moyenne(l) :
5.  m=numpy.average(l)
6.  return m
```

Script du calcul de l'écart-type

```
1.  from lycee import *
2.  import numpy as numpy
3.  import math as math
4.  def quart1(l) :
5.  q1=numpy.percentile(l,25,
    interpolation='lower')
6.  return q1
```

Dans la console on lit :

```
...module lycee actif....
>>> l=[1,1,1......6,6]
>>> moyenne(l)
4.0
```

```
...module lycee actif....
>>> l=[1,1,1,.....6,6,6]
quart1(l)
2.
```

Pour obtenir le troisième quartile, il suffit dans la ligne 6 de remplacer 25 par 75.

Remarque
Pour obtenir la médiane de l on appelle : me=numpy.median(l)

Exercice d'approfondissement

18 Soit p un entier naturel non nul, on considère une série statistique $(x_1,n_1),(x_2,n_2),...,(x_p,n_p)$, on note $\overline{x}$ la moyenne de cette série et σ l'écart-type de cette série et V sa variance.

Remarque
Pour répondre aux questions on revient ici aux définitions de $\overline{x}$ et de V qui sont à connaître par cœur.

On a :

$$\overline{x}=\frac{n_1x_1+n_2x_2+\cdots+n_px_p}{n_1+n_2+\cdots+n_p}.$$

et

$$V=\frac{n_1\left(x_1-\overline{x}\right)^2+n_2\left(x_2-\overline{x}\right)^2+\cdots+n_p\left(x_p-\overline{x}\right)^2}{n_1+n_2+\cdots+n_p}\text{ et }\sigma=\sqrt{V}.$$

1. On utilise les expressions du cours.

a) Soit la série statistique $(x_1,2n_1),(x_2,2n_2),...,(x_p,2n_p)$, on a :

$$m_1=\frac{(2n_1)x_1+(2n_2)x_2+\cdots+(2n_p)x_p}{2n_1+2n_2+\cdots+2n_p}$$

$$=\frac{2\left(n_1x_1+n_2x_2+\cdots+n_px_p\right)}{2\left(n_1+n_2+\cdots+n_p\right)}$$
$$=\frac{n_1x_1+n_2x_2+\cdots+n_px_p}{n_1+n_2+\cdots+n_p}$$
$$=\overline{x}.$$

La nouvelle série statistique a la même moyenne $\overline{x}$ que la série d'origine.

Si on désigne par V_1 la variance de cette nouvelle série, on a :

$$V_1=\frac{2n_1\left(x_1-\overline{x}\right)^2+2n_2\left(x_2-\overline{x}\right)^2+\cdots+2n_p\left(x_p-\overline{x}\right)^2}{2n_1+2n_2+\cdots+2n_p}$$
$$=\frac{2\left(n_1\left(x_1-\overline{x}\right)^2+n_2\left(x_2-\overline{x}\right)^2+\cdots+n_p\left(x_p-\overline{x}\right)^2\right)}{2\left(n_1+n_2+\cdots+n_p\right)}$$
$$=\frac{n_1\left(x_1-\overline{x}\right)^2+n_2\left(x_2-\overline{x}\right)^2+\cdots+n_p\left(x_p-\overline{x}\right)^2}{n_1+n_2+\cdots+n_p}=V.$$

Et donc

$$\boxed{\sigma_1=\sigma.}$$

La nouvelle série statistique à la même moyenne et le même écart-type que la série d'origine.

b) Soit la série statistique $\left(x_1+a,n_1\right),\left(x_2+a,n_2\right),\ldots,\left(x_p+a,n_p\right)$ on sait d'après le cours que la moyenne $m_2=\overline{x}+a.$

On a :

$$V_2=\frac{n_1\left(\left(x_1+a\right)-m_2\right)^2+n_2\left(\left(x_2+a\right)-m_2\right)^2+\cdots+n_p\left(\left(x_p+a\right)-m_2\right)^2}{n_1+n_2+\cdots+n_p}$$
$$=\frac{n_1\left(\left(x_1+a\right)-\left(\overline{x}+a\right)\right)^2+n_2\left(\left(x_2+a\right)-\left(\overline{x}+a\right)\right)^2+\cdots+n_p\left(\left(x_p+a\right)-\left(\overline{x}+a\right)\right)^2}{n_1+n_2+\cdots+n_p}$$
$$=\frac{n_1\left(x_1+a-\overline{x}-a\right)^2+n_2\left(x_2+a-\overline{x}-a\right)^2+\cdots+n_p\left(x_p+a-\overline{x}-a\right)^2}{n_1+n_2+\cdots+n_p}$$
$$=\frac{n_1\left(x_1-\overline{x}+a-a\right)^2+n_2\left(x_2-\overline{x}+a-a\right)^2+\cdots+n_p\left(x_p-\overline{x}+a-a\right)^2}{n_1+n_2+\cdots+n_p}$$

$$= \frac{n_1(x_1-\overline{x})^2+n_2(x_2-\overline{x})^2+\cdots+n_p(x_p-\overline{x})^2}{n_1+n_2+\cdots+n_p} = V.$$

Donc

$$\boxed{V_2 = V \text{ et } \sigma_2 = \sigma.}$$

La nouvelle série statistique à le même écart-type que la série d'origine.

c) Soit la série statistique $(ax_1,n_1),(ax_2,n_2),...,(ax_p,n_p)$ où a est un réel strictement positif, on sait d'après le cours que la moyenne $m_3 = a\overline{x}$.

La variance V_3 de la série statistique $(ax_1,n_1),(ax_2,n_2),...,(ax_p,n_p)$ est égal à :

$$V_3 = \frac{n_1(ax_1-m_3)^2+n_2(ax_2-m_3)^2+\cdots+n_p(ax_p-m_3)^2}{n_1+n_2+\cdots+n_p}$$

$$= \frac{n_1(ax_1-a\overline{x})^2+n_2(ax_2-a\overline{x})^2+\cdots+n_p(ax_p-a\overline{x})^2}{n_1+n_2+\cdots+n_p}$$

$$= \frac{n_1(a(x_1-\overline{x}))^2+n_2(a(x_2-\overline{x}))^2+\cdots+n_p(a(x_p-\overline{x}))^2}{n_1+n_2+\cdots+n_p}$$

$$= \frac{n_1a^2(x_1-\overline{x})^2+n_2a^2(x_2-\overline{x})^2+\cdots+n_pa^2(x_p-\overline{x})^2}{n_1+n_2+\cdots+n_p}$$

$$= a^2\frac{n_1(x_1-\overline{x})^2+n_2(x_2-\overline{x})^2+\cdots+n_p(x_p-\overline{x})^2}{n_1+n_2+\cdots+n_p}$$

$$= a^2V.$$

Donc

$$\sigma_3 = \sqrt{V_3}) = \sqrt{a^2V} = \sqrt{a^2}\sqrt{V}$$
$$= |a|\sigma.$$

Le réel a est supposé strictement positif donc $|a| = a$. En résumé,

$$\boxed{m_3 = a\overline{x} \text{ et } \sigma_3 = a\sigma.}$$

d) Augmenter chacune des valeurs de la série de 5% revient à multiplier chacune des valeurs par 1,05, cette question est donc un cas particulier de la précédente dans le cas où $a = 1{,}05$ donc

$$\boxed{m_4 = 1{,}05\overline{x} \text{ et } \sigma_4 = 1{,}05\sigma.}$$

CORRIGÉS

e) Soit la série $(x_1, n_1), (x_2, n_2), ..., (x_p, n_p), (\overline{x}, 1)$. On a :

$$m_5 = \frac{n_1 x_1 + n_2 x_2 + \cdots + n_p x_p + 1 \times \overline{x}}{n_1 + n_2 + \cdots + n_p + 1}.$$

On a $\overline{x} = \dfrac{n_1 x_1 + n_2 x_2 + \cdots + n_p x_p}{n_1 + n_2 + \cdots + n_p}$

donc $n_1 x_1 + n_2 x_2 + \cdots + n_p x_p = (n_1 + n_2 + \cdots + n_p)\overline{x}$ d'où :

$$\begin{aligned} m_5 &= \frac{(n_1 + n_2 + \cdots + n_p)\overline{x} + 1 \times \overline{x}}{n_1 + n_2 + \cdots + n_p + 1} \\ &= \frac{(n_1 + n_2 + \cdots + n_p + 1) \times \overline{x}}{n_1 + n_2 + \cdots + n_p + 1} \\ &= \overline{x} \text{ car } n_1 + n_2 + \cdots + n_p + 1 \neq 0. \end{aligned}$$

La moyenne m_5 de la série $(x_1, n_1), (x_2, n_2), ..., (x_p, n_p), (\overline{x}, 1)$ est égale à la moyenne de la série d'origine $(x_1, n_1), (x_2, n_2), ..., (x_p, n_p)$.

$$\begin{aligned} V_5 &= \frac{n_1 (x_1 - m_5)^2 + n_2 (x_2 - m_5)^2 + \cdots + n_p (x_p - m_5)^2 + 1(\overline{x} - m_5)^2}{n_1 + n_2 + \cdots + n_p + 1} \\ &= \frac{n_1 (x_1 - \overline{x})^2 + n_2 (x_2 - \overline{x})^2 + \cdots + n_p (x_p - \overline{x})^2 + 1(\overline{x} - \overline{x})^2}{n_1 + n_2 + \cdots + n_p + 1} \\ &= \frac{n_1 (x_1 - \overline{x})^2 + n_2 (x_2 - \overline{x})^2 + \cdots + n_p (x_p - \overline{x})^2}{n_1 + n_2 + \cdots + n_p + 1} \text{ car } (\overline{x} - \overline{x})^2 = 0 \\ &= \frac{n_1 + n_2 + \cdots + n_p}{n_1 + n_2 + \cdots + n_p + 1} \times \frac{n_1 (x_1 - \overline{x})^2 + n_2 (x_2 - \overline{x})^2 + \cdots + n_p (x_p - \overline{x})^2}{n_1 + n_2 + \cdots + n_p} \\ &= \frac{n_1 + n_2 + \cdots + n_p}{n_1 + n_2 + \cdots + n_p + 1} V. \end{aligned}$$

Si on désigne par n l'effectif total on a :

$$V_5 = \frac{n}{n+1} V \text{ et } \sigma_5 = \sqrt{\frac{n}{n+1}} \sigma.$$

2. Pour tester la question **1. a.** on calcule une nouvelle liste e, e=[i*2 for i in e].

```
from lycee import *
import numpy as numpy
import math as math
def moyenne(l,e) :
e=[i*2 for i in e]
m=numpy.average(l,weights=e)
return m
```

De même dans le script de l'écart-type

Pour tester la question **1. b.** on modifie l en ajoutant la ligne l=[i+2 for i in l].

Pour tester la question **1. c.** on modifie l en ajoutant la ligne l=[i*2 for i in l].

CHAPITRE 10

Probabilités

COMPÉTENCES EXIGIBLES

- Utiliser des modèles théoriques de référence (dé, pièce équilibrée, tirage au sort avec équiprobabilité dans une population) en comprenant que les probabilités sont définies *a priori*.
- Construire un modèle à partir de fréquences observées, en distinguant nettement modèle et réalité.
- Calculer des probabilités dans des cas simples : expérience aléatoire à deux ou trois épreuves.

1 Terminologie

① Expérience aléatoire, éventualité, univers, événement

- Une **expérience aléatoire** est une expérience pouvant comporter plusieurs résultats possibles qu'on ne peut prévoir à l'avance.
- Chaque résultat possible de cette expérience s'appelle une **éventualité**, ou encore un **cas possible** ou encore une **issue**.
- L'ensemble de toutes les éventualités s'appelle **l'univers des possibles**, on le note **Ω**. Il sera toujours supposé **fini** et **non vide**.
- Une partie de l'ensemble Ω s'appelle un **événement**.

② Vocabulaire

Le domaine des probabilités utilise les notions usuelles des mathématiques mais avec un vocabulaire différent. Voici un petit lexique qui traduit en langage des probabilités certains termes mathématiques usuels :

Notion	Langage des ensembles	Langage des probabilités
Ω (grand oméga)	**ensemble** de référence	**univers** des possibles
ω (petit oméga)	un **élément** de Ω	une **éventualité**, une **issue**
$A(A \subset \Omega)$	le **sous-ensemble** A	**l'événement** A
$\omega \in A$	ω **appartient** à A	l'éventualité ω **réalise** l'événement A
$\varnothing$	**l'ensemble vide**	**l'événement impossible**
Ω	**la partie pleine**	**l'événement certain**
$\{\omega\}$	un **singleton**	un **événement élémentaire**
$\overline{A}$	le **complémentaire** de A	l'événement **contraire** de A
$A \subset B$	A **est inclus** dans B	l'événement A **implique** l'événement B
$A \cap B$	A **inter** B	A **et** B
$A \cup B$	A **union** B	A **ou** B
$A \cap B = \varnothing$	A et B sont **disjoints**	A et B sont **incompatibles**

COURS

2 Loi de probabilité sur un univers

1 Définition

Une **loi de probabilité** sur un univers $\Omega = \{\omega_1 ; \omega_2 ; \ldots ; \omega_n\}$ est une application $p : \Omega \to \mathbb{R}$ qui à tout élément ω_i de Ω associe un réel $p_i = p(\omega_i)$ et qui possède les deux propriétés suivantes :

$$\begin{cases} \bullet\, p_i \geq 0 \text{ pour tout } i \in \{1,2,\ldots,n\} \\ \bullet\, p_1 + p_2 + \ldots + p_n = 1 \end{cases}$$

2 Loi uniforme

Lorsque tous les p_i sont égaux à une même valeur c on dit que la loi est **uniforme**. Dans ce cas cette valeur commune c est égale à $\frac{1}{n}$. En effet la relation $p_1 + p_2 + \ldots + p_n = 1$ se traduit par : $\underbrace{c + c + \ldots + c}_{n \text{ fois}} = 1$, soit $nc = 1$, donc $c = \frac{1}{n}$.

3 Probabilité d'un événement

1 Définition

Une loi de probabilité p étant définie sur un univers Ω, on définit **la probabilité d'un événement** A comme étant la somme des $p(\omega)$ pour tous les ω réalisant A.
On la note $p(A)$.
Par exemple :
- si $A = \{\omega_5\}$ alors $p(A) = p_5$,
- si $A = \{\omega_2 ; \omega_6 ; \omega_7\}$ alors $p(A) = p_2 + p_6 + p_7$.

2 Propriétés

$$p(\Omega) = 1 \text{ et } p(\varnothing) = 0.$$

Pour tout couple $(A ; B)$ d'événements incompatibles :

$$p(A \cup B) = P(A) + p(B).$$

Remarque
Pour tout événement A :
$0 \leq p(A) \leq 1$.

Pour tout événement A :

$$p(\overline{A}) = 1 - p(A).$$

Remarque
Si $A \subset B$:
$p(A) \leq p(B)$.

Si $A_1, A_2, \ldots, A_k$ sont des événements deux à deux incompatibles (c'est-à-dire si $A_i \cap A_j = \varnothing$ pour tous i et j de $\{1 ; 2 ; \ldots ; k\}$ avec $i \neq j$) alors :

$$p(A_1 \cup A_2 \cup \ldots \cup A_k) = P(A_1) + p(A_2) + \ldots + p(A_k).$$

Pour tout couple $(A;B)$ d'événements :

$$p(A \cup B) = P(A) + p(B) - p(A \cap B).$$

3 Équiprobabilité

Lorsque la loi est uniforme, tous les événements élémentaires $\{\omega\}$ ont la même probabilité : $p(\{\omega\}) = \frac{1}{n}$.

On dit qu'il y a **équiprobabilité des événements élémentaires**.

Dans ce cas, la probabilité d'un événement A constitué de k éventualités sera égale à $\underbrace{\frac{1}{n} + \frac{1}{n} + \ldots + \frac{1}{n}}_{k \text{ fois}} = k\frac{1}{n}$ et donc en nommant « cas favorables » les éventualités qui réalisent A, on obtient la formule suivante :

Remarque
Le terme d'équiprobabilité ne s'applique qu'aux événements élémentaires. L'événement impossible n'aura jamais la même probabilité que l'événement certain !

$$p(A) = \frac{\text{nombre de cas favorables}}{\text{nombre de cas possibles}}.$$

COURS

QCM et questions courtes

1 Vrai ou faux ?

➔ Corrigé p. 251

Cochez la (ou les) bonne(s) réponse(s).

1. Si A et B sont deux événements distincts non vides tels que $A \subset B$ alors :

a) $p(A) < p(B)$; ☐ Vrai ☐ Faux

b) $p(A \cup B) \leq p(A) + p(B)$; ☐ Vrai ☐ Faux

c) $p(A) \leq p(B)$. ☐ Vrai ☐ Faux

2. A et B étant deux événements d'un univers Ω tels que $p(A) = \frac{1}{4}$ et $p(B) = \frac{3}{4}$, alors :

a) $A \cup B = \Omega$; ☐ Vrai ☐ Faux

b) $A \subset B$; ☐ Vrai ☐ Faux

c) $p(A \cup B) = p(A) + p(B)$. ☐ Vrai ☐ Faux

3. On lance simultanément deux dés équilibrés, la probabilité d'obtenir un double est :

a) $\frac{1}{6}$; ☐ Vrai ☐ Faux

b) $\frac{1}{3}$; ☐ Vrai ☐ Faux

c) égale à la probabilité que la somme des nombres lus soit 7. ☐ Vrai ☐ Faux

4. On lance simultanément deux dés équilibrés.

La probabilité pour que la somme des nombres lus soit 8 est strictement supérieure à celle pour laquelle la somme est 6. ☐ Vrai ☐ Faux

5. Soit, en situation d'équiprobabilité, deux événements A et B tels que $p(A \cup B) = p(A) + p(B)$ alors :

a) $A \cap B = \varnothing$; ☐ Vrai ☐ Faux

b) $A \cup B = A \cap B$; ☐ Vrai ☐ Faux

c) $B = \overline{A}$. ☐ Vrai ☐ Faux

6. Si A et B sont deux événements tels que $p(A) = \frac{1}{3}$, $p(B) = \frac{1}{4}$ et $p(A \cap B) = \frac{1}{12}$ alors :

a) $p(\overline{A}) = \frac{2}{3}$; ☐ Vrai ☐ Faux

EXERCICES

b) $p(A \cup B) = \dfrac{7}{12}$; ☐ Vrai ☐ Faux

c) $p(\overline{A} \cap \overline{B}) = \dfrac{1}{2}$: ☐ Vrai ☐ Faux

d) $p(\overline{A} \cup \overline{\mathrm{B}}) = \dfrac{1}{2}$. ☐ Vrai ☐ Faux

7. A et B sont deux événements tels que $p(A) = p(B)$ alors :

a) A et B ont le même nombre d'éléments ; ☐ Vrai ☐ Faux

b) $A = B$; ☐ Vrai ☐ Faux

c) $p(A \cup B) = p(A) + p(B)$. ☐ Vrai ☐ Faux

Exercices d'entraînement

2 Construction d'une probabilité

10 min Corrigé p. 252

1. Peut-on trouver une probabilité p sur l'univers $\Omega = \{1,2,3\}$ telle que :

$$p(\{1,2\}) = \frac{1}{4},\ p(\{1,3\}) = \frac{1}{4},\ p(\{2,3\}) = \frac{1}{2}\ ?$$

Méthode

Il faut déterminer les probabilités des événements élémentaires et contrôler que les p_i ainsi obtenus vérifient les propriétés d'une loi de probabilité.

2. Reprendre la question précédente avec $\Omega = \{1,2,3,4\}$ et :

$$p(\{1,2,3\}) = \frac{5}{8},\ p(\{1,3\}) = \frac{3}{8},\ p(\{2,3,4\}) = \frac{7}{8}.$$

3 Reconnaître une probabilité

10 min Corrigé p. 253

Soit Ω l'univers fini $\{a,b,c\}$, lesquelles des applications p_1, p_2, p_3 suivantes sont des probabilités sur Ω ?

	p_1	p_2	p_3
$\{a\}$	$\frac{1}{2}$	$\frac{1}{2}$	$\frac{1}{2}$
$\{b\}$	$\frac{1}{4}$	$\frac{1}{4}$	$\frac{1}{4}$
$\{a, b\}$	$\frac{1}{2}$	$\frac{3}{4}$	$\frac{3}{4}$
$\{a, c\}$	$\frac{1}{2}$	$\frac{3}{4}$	$\frac{3}{4}$
$\{b, c\}$	$\frac{1}{2}$	$\frac{1}{2}$	$\frac{1}{4}$
$\{a, b, c\}$	1	1	1

4 Probabilité d'une union

10 min Corrigé p. 253

Soit Ω un univers muni d'une probabilité p, A et B deux événements tels que :

$$p(A)=\frac{1}{3},\ p(B)=\frac{1}{4} \text{ et } p(A\cap B)=\frac{1}{6}.$$

Calculer $p(A\cup B)$, $p(A\cup \overline{B})$ et $p(\overline{A}\cup B)$.

5 Lancer de dés

10 min Corrigé p. 254

Deux dés non pipés sont lancés sur une table. Soit S la somme des points lus sur les faces supérieures des dés.

1. Déterminer les différentes valeurs possibles de S.

2. Déterminer les probabilités d'obtenir chacune de ces valeurs.

6 Construction d'un arbre

10 min Corrigé p. 255

Une personne possède trois chemises différentes C_1, C_2 et C_3 ; deux cravates différentes K_1 et K_2 et deux pantalons différents P_1 et P_2.

1. Déterminer toutes les manières que cette personne a de s'habiller.

2. Si elle prend au hasard une chemise, une cravate et un pantalon, quelle est la probabilité qu'elle porte trois vêtements de même indice ?

7 Une urne

10 min Corrigé p. 255

Une urne contient trois boules rouges et deux boules noires, toutes indiscernables au toucher. On tire simultanément deux boules de l'urne.

1. Décrire l'univers des possibles Ω.

2. Déterminer la probabilité d'obtenir une boule rouge et une boule noire.

8 Construction d'un arbre

10 min Corrigé p. 256

1. Déterminer le nombre de mots de deux lettres que l'on peut former à l'aide des lettres du mot MOI (chaque lettre peut être doublée).

2. Déterminer la probabilité que le mot soit formé de deux lettres identiques.

9 Lancer de dés

10 min Corrigé p. 256

On lance deux dés cubiques non pipés. Soient A et B les événements suivants :

- A : « la somme des points lus sur les faces supérieures est inférieure ou égale à 8 ».
- B : « la somme des points lus sur les faces supérieures est divisible par 3 ».

Calculer la probabilité des événements A, B, $A \cap B$ et $A \cup B$.

10 Pile ou face

5 min Corrigé p. 257

On lance trois fois de suite une pièce de monnaie non truquée.

1. Décrire l'univers des possibles (face se notera F, pile se notera P).

2. Quelle est la probabilité d'obtenir exactement deux faces ?

11 Construction d'un arbre

5 min Corrigé p. 257

Dans une école, il y a 60 % de filles et 40 % de garçons, 30 % des garçons et 15 % des filles font de l'informatique. On choisit un élève au hasard.

Quelle est la probabilité qu'il fasse de l'informatique ?

12 Une urne

5 min Corrigé p. 258

Une urne contient trois boules rouges et deux boules noires, toutes indiscernables au toucher. On tire au hasard deux boules simultanément.

Déterminer la probabilité d'obtenir au moins une boule rouge.

13 Étudier une langue

5 min Corrigé p. 258

Dans une classe, 70 % des élèves étudient l'anglais, 10 % l'allemand et 5 % l'anglais et l'allemand. On choisit un élève au hasard.

Quelle est la probabilité qu'il étudie l'anglais ou l'allemand ?

14 Publipostage

★ 10 min Corrigé p. 259

On prépare trois colis différents et trois étiquettes portant les noms et adresses des trois destinataires.

On colle une étiquette sur chacun des colis, sans faire attention.

1. Décrire l'univers des possibles Ω.

2. Quelles sont les probabilités que 3, 2, 1 ou 0 colis arrivent à leur vrai destinataire ?

15 Math ou chimie ?

★ 10 min Corrigé p. 259

Dans une classe de première, 88 % des élèves ont déclaré aimé les mathématiques, 20 % ont déclaré aimé la chimie et 15 % ont déclaré aimé les maths et la chimie.

On choisit un élève au hasard.

1. Quelle est la probabilité qu'il aime les mathématiques et pas la chimie ?

2. Quelle est la probabilité qu'il aime la chimie et pas les mathématiques ?

3. Quelle est la probabilité qu'il n'aime ni les mathématiques ni la chimie ?

16 Les nombres à trois chiffres

★ 10 min Corrigé p. 260

On tire au hasard un nombre entier n compris entre 100 et 999.

1. Calculer la probabilité de l'événement : « L'entier n est un multiple de 7 ».

2. Calculer la probabilité de l'événement : « La somme des chiffres de l'entier n est 4 ».

17 Au moins un 1

★ 10 min Corrigé p. 261

On tire au hasard un nombre entier n compris entre 100 et 499.

Calculer la probabilité que dans l'entier n tiré figure au moins un chiffre 1.

Problèmes

18 Jeu de cartes

★★ 30 min Corrigé p. 261

On donnera les probabilités sous forme de fractions irréductibles.

1. On tire au hasard une carte dans un jeu de 32 cartes, on la remet dans le jeu et on tire une deuxième carte.

a) Trouver la probabilité de tirer un seul as au cours des deux tirages.

b) Trouver la probabilité de tirer au moins un as au cours des deux tirages.

2. Répondre aux mêmes questions **a)** et **b)** lorsqu'on tire au hasard une carte du jeu puis une deuxième sans remettre la première carte dans le jeu.

19 Génétique

★★ 20 min Corrigé p. 263

Une cellule humaine contient 22 paires d'autosomes plus une paire de gonosomes déterminant le sexe. Cette paire est XX chez la femme et XY chez l'homme.

Lors de la fécondation, les cellules se divisent.

1. Génétiquement parlant, quelle est la probabilité d'avoir un garçon ?

2. On a relevé le nombre de naissances en milliers de garçons et de filles ces dernières années :

Année	2009	2010	2011	2012	2013	2014	2015	2016	2017	2018
Garçons	408	413	410	383	393	389	392	395	393	398
Filles	389	393	390	366	375	371	373	376	375	380

a) Calculer la proportion de garçons pour chacune des 10 années observées. En déduire la proportion de garçons sur les 10 années.

b) Que peut-on en conclure ?

20 La loterie

★★ 20 min Corrigé p. 263

Une loterie comporte 50 billets numérotés de 1 à 50.

1. Calculer la probabilité des événements suivants :

A : « Le gros lot est un numéro pair ».

B : « Le numéro du gros lot est divisible par 5 ».

2. En déduire la probabilité de l'événement :

C : « Le numéro du gros lot est un numéro pair ou divisible par 5 ».

21 Le jeu de dominos

★★★ 30 min Corrigé p. 264

1. a) Déterminer le nombre de dominos dans un jeu de dominos.

b) Déterminer la probabilité d'obtenir un double lorsque l'on tire au hasard un domino.

2. On rappelle que deux dominos sont dits « juxtaposables » lorsqu'ils ont un numéro en commun.

D étant un domino fixé du jeu, combien de dominos sont juxtaposables avec *D*, lorsque :

a) *D* n'est pas un double ?

b) *D* est un double ?

3. Une expérience consiste à tirer l'un après l'autre et sans remise deux dominos de la boîte. On forme ainsi un couple (*D*, *D'*) de deux dominos distincts, où *D* désigne le premier domino tiré et *D'* le second.

a) Combien y a-t-il de tirages différents possibles ?

b) Quelle est la probabilité que les deux dominos *D* et *D'* ainsi tirés soient juxtaposables ?

Indication : on distinguera les cas selon que *D* est un double ou non.

Exercices d'approfondissement

22 Lancer de trois dés

★★★ 30 min Corrigé p. 266

On lance trois dés et on s'intéresse à la somme S des résultats obtenus par ces trois dés.

Le Grand Duc de Toscane a constaté qu'il est plus fréquent d'obtenir $S=10$ que $S=9$, alors que ces deux sommes s'obtiennent chacune de six façons :

$1+3+6$, $1+4+5$, $2+2+6$, $2+3+5$, $2+4+4$, $3+3+4$ pour $S=10$;

$1+2+6$, $1+3+5$, $1+4+4$, $2+2+5$, $2+3+4$, $3+3+3$ pour $S=9$.

C'est Galilée (1564-1642) qui élucida cette question en 1620.

On dispose de trois dés : un dé bleu, un dé rouge et un dé vert.

À chaque fois qu'on lance ces trois, on note le résultat obtenu (b,r,v) où :

$$\begin{cases} b \text{ est le résultat obtenu avec le dé bleu ;} \\ r \text{ est le résultat obtenu avec le dé rouge ;} \\ v \text{ est le résultat obtenu avec le dé vert.} \end{cases}$$

1. Combien obtient-on de résultats possibles ?

2. Parmi ces résultats, combien réalisent l'événement $S = 10$?

De même, combien de résultats réalisent $S = 9$?

3. En déduire $p(S = 10)$, puis $p(S = 9)$ et conclure.

23 Simulation à l'aide d'un tableur

★★★ 30 min ➔ Corrigé p. 267

Une urne contient cinq boules indiscernables au toucher, trois rouges et deux noires. On tire simultanément et au hasard deux boules de cette urne.

1. Écrire tous les résultats possibles d'un tirage.

2. Calculer la probabilité de l'événement A : « obtenir deux boules rouges ».

3. Calculer la probabilité de l'événement B : « obtenir deux boules de couleurs différentes ».

4. À l'aide d'un tableur, simuler l'expérience précédente 50, 100, 1 000, 2 000, 5 000, 10 000 fois.

5. Calculer dans chacun des cas précédents la fréquence f de réalisation de l'événement A.

Comparer avec le résultat obtenu à la question **2.**

CORRIGÉS

QCM et questions courtes

1 **1. a) Faux** → Il n'y a pas forcément équiprobabilité : les éventualités qui sont dans B et pas dans A peuvent avoir une probabilité nulle.

b) Vrai → $p(A \cap B) \geq 0$.

c) Vrai → Si on note $C = B \setminus A$, alors on a : $B = A \cup C$, A et C étant incompatibles. Donc $p(B) = p(A) + p(C)$ avec $p(C) \geq 0$, ce qui établit : $p(A) \leq p(B)$.

2. a) Faux → On peut avoir $A \subset B$.

b) Faux.

c) Faux.

3. a) Vrai → Il y a 36 cas possibles et 6 cas favorables (les 6 doubles).

b) Faux.

c) Vrai → Il y a 6 façons d'obtenir 7 : (1, 6), (2, 5), …, (6, 1).

4. Faux → Il y a 5 façons d'obtenir une somme égale à 6 : (1, 5), (2, 4), …, (5, 1) et 5 façons d'obtenir une somme égale à 8 : (2, 6), (3, 5), …, (6, 2).

Donc $p(S = 6) = p(S = 8) = \frac{5}{36}$.

5. a) Vrai → Nécessairement $p(A \cap B) = 0$ et comme on est dans un cas d'équiprobabilité, $A \cap B = \varnothing$.

b) Faux.

c) Faux.

6. a) Vrai → $p(\overline{A}) = 1 - p(A)$.

b) Faux → $p(A \cup B) = p(A) + p(B) - p(A \cap B) = \frac{1}{3} + \frac{1}{4} - \frac{1}{12} = \frac{4 + 3 - 1}{12} = \frac{1}{2}$.

c) Vrai → $p(\overline{A} \cap \overline{B}) = p(\overline{A \cup B}) = 1 - p(A \cup B) = \frac{1}{2}$.

d) Faux → $p(\overline{A} \cup \overline{B}) = p(\overline{A \cap B}) = 1 - p(A \cap B) = \frac{11}{12}$.

7. a) Faux → S'il n'y a pas équiprobabilité.

b) Faux.

c) Faux.

Exercices d'entraînement

2 **1.** Les événements élémentaires sont ici $\{1\}$, $\{2\}$ et $\{3\}$. Notons p_1, p_2 et p_3 les probabilités de ces événements.

$p(\{1;2\}) = p_1 + p_2 = \frac{1}{4}$;

$p(\{1;3\}) = p_1 + p_3 = \frac{1}{4}$;

$p(\{2;3\}) = p_2 + p_3 = \frac{1}{2}$.

Il s'agit donc de résoudre le système suivant :

$$\begin{cases} p_1 + p_2 = \frac{1}{4} \\ p_1 + p_3 = \frac{1}{4} \\ p_2 + p_3 = \frac{1}{2} \\ p_1 + p_2 + p_3 = 1 \end{cases} \Leftrightarrow \begin{cases} p_2 - p_3 = 0 \\ p_1 + p_2 = \frac{1}{4} \\ p_2 + p_3 = \frac{1}{2} \\ p_1 + p_2 + p_3 = 1 \end{cases} \Leftrightarrow \begin{cases} p_2 = p_3 = \frac{1}{4} \\ p_1 = 0 \\ p_1 + p_2 + p_3 = 1 \end{cases}.$$

Ce système est impossible, donc :

Il n'y a pas de probabilité répondant aux hypothèses.

2. Les événements élémentaires sont ici $\{1\}$, $\{2\}$, $\{3\}$ et $\{4\}$. Notons p_1, p_2, p_3 et p_4 les probabilités de ces événements.

Le système à résoudre est à présent le suivant :

$$\begin{cases} p_1 + p_2 + p_3 = \frac{5}{8} \\ p_1 + p_3 = \frac{3}{8} \\ p_2 + p_3 + p_4 = \frac{7}{8} \\ p_1 + p_2 + p_3 + p_4 = 1 \end{cases} \Leftrightarrow \begin{cases} p_2 = \frac{1}{4} \\ p_1 + p_3 = \frac{3}{8} \\ p_3 + p_4 = \frac{5}{8} \\ p_1 = \frac{1}{8} \end{cases} \Leftrightarrow \begin{cases} p_1 = \frac{1}{8} \\ p_2 = \frac{1}{4} \\ p_3 = \frac{1}{4} \\ p_4 = \frac{3}{8} \end{cases}.$$

L'unique probabilité vérifiant les conditions données est définie par :

$$p(\{1\}) = \frac{1}{8}, p(\{2\}) = \frac{1}{4}, p(\{3\}) = \frac{1}{4}, p(\{4\}) = \frac{3}{8}.$$

3 Si $p(\{a\})=\frac{1}{2}$ et $p(\{b\})=\frac{1}{4}$ alors nécessairement $p(\{a,b\})=\frac{3}{4}$.

Donc p_1 n'est pas une probabilité.

Par contre, jusque là, p_2 et p_3 peuvent convenir.

Les conditions : $p(\{a\})=\frac{1}{2}$ et $p(\{a,c\})=\frac{3}{4}$ imposent : $p(\{c\})=\frac{1}{4}$.

On en déduit $p(\{b,c\})=p(\{b\})+p(\{c\})=\frac{1}{2}$ et donc :

p_3 n'est pas une probabilité.

Par contre **p_2 est une probabilité, à savoir la probabilité définie par :**

$$p_2(\{a\})=\frac{1}{2}, p_2(\{b\})=\frac{1}{4}, p_2(\{c\})=\frac{1}{4}.$$

4 • $p(A\cup B)=p(A)+p(B)-p(A\cap B)=\frac{1}{3}+\frac{1}{4}-\frac{1}{6}.$

$$p(A\cup B)=\frac{5}{12}.$$

• $p(A\cup \overline{B})=p(A)+p(\overline{B})-p(A\cap \overline{B})$ (1)

$p(A)=\frac{1}{3}$ et $p(\overline{B})=1-\frac{1}{4}=\frac{3}{4}.$

Calculons $p(A\cap \overline{B})$ à l'aide des données :

$A=(A\cap B)\cup(A\cap \overline{B}).$

$A\cap B$ et $A\cap \overline{B}$ étant incompatibles, on a :

$p(A)=p(A\cap B)+p(A\cap \overline{B}),$

d'où : $p(A\cap \overline{B})=p(A)-p(A\cap B)=\frac{1}{3}-\frac{1}{6}=\frac{1}{6}.$

On en déduit d'après (1) :

$p(A\cup \overline{B})=p(A)+p(\overline{B})-p(A\cap \overline{B})=\frac{1}{3}+\frac{3}{4}-\frac{1}{6}.$

$$p(A\cup \overline{B})=\frac{11}{12}.$$

• De même : $p(\overline{A}\cup B)=p(\overline{A})+p(B)-p(\overline{A}\cap B)$ (2)

$p(\overline{A})=1-p(A)=\frac{2}{3}$ et $p(B)=\frac{1}{4}.$

Calculons $p(\overline{A} \cap B)$ à l'aide des données :

$B = (A \cap B) \cup (\overline{A} \cap B)$. $A \cap B$ et $\overline{A} \cap B$ étant incompatibles, on a :

$p(B) = p(A \cap B) + p(\overline{A} \cap B)$, d'où : $p(\overline{A} \cap B) = p(B) - p(A \cap B) = \frac{1}{4} - \frac{1}{6} = \frac{1}{12}$.

On en déduit d'après (2) :

$$p(\overline{A} \cup B) = p(\overline{A}) + p(B) - p(\overline{A} \cap B) = \frac{2}{3} + \frac{1}{4} - \frac{1}{12} = \frac{8+3-1}{12}.$$

$$\boxed{p(\overline{A} \cup B) = \frac{5}{6}.}$$

5 Lorsqu'on lance 2 dés (un bleu et un rouge par exemple) un résultat possible est un couple (b, r) où b est le résultat du dé bleu (un nombre entre 1 et 6) et r celui du dé rouge (aussi un nombre entre 1 et 6).

Il y a donc $6 \times 6 = 36$ cas possibles, tous équiprobables puisque les dés sont équilibrés.

On a : $S = b + r$.

1. La plus petite valeur de S est 2 ($b = r = 1$) et la plus grande est 12 ($b = r = 6$).

Les différentes valeurs de S sont tous les entiers compris entre 2 et 12.

2. $[S=2] = \{(1,1)\}$: c'est un événement élémentaire, donc $p(S=2) = \frac{1}{36}$.

$[S=12] = \{(6,6)\}$: c'est aussi événement un élémentaire, donc $p(S=12) = \frac{1}{36}$.

$[S=3] = \{(1,2),(2,1)\}$ donc $p(S=3) = \frac{2}{36}$.

$[S=4] = \{(1,3),(2,2),(3,1)\}$ donc $p(S=4) = \frac{3}{36}$.

$[S=5] = \{(1,4),(2,3),(3,2),(4,1)\}$ donc $p(S=5) = \frac{4}{36}$.

$[S=6] = \{(1,5),(2,4),(3,3),(4,2),(5,1)\}$ donc $p(S=6) = \frac{5}{36}$.

$[S=7] = \{(1,6),(2,5),(3,4),(4,3),(5,2),(6,1)\}$ donc $p(S=7) = \frac{6}{36}$.

$[S=8] = \{(2,6),(3,5),(4,4),(5,3),(6,2)\}$ donc $p(S=8) = \frac{5}{36}$.

$[S=9] = \{(3,6),(4,5),(5,4),(6,3)\}$ donc $p(S=9) = \frac{4}{36}$.

$[S=10] = \{(4,6),(5,5),(6,4)\}$ donc $p(S=10) = \frac{3}{36}$.

$[S=11] = \{(5,6),(6,5)\}$ donc $p(S=11) = \frac{2}{36}$.

6 **1.** Construisons un arbre qui détermine toutes les façons de s'habiller :

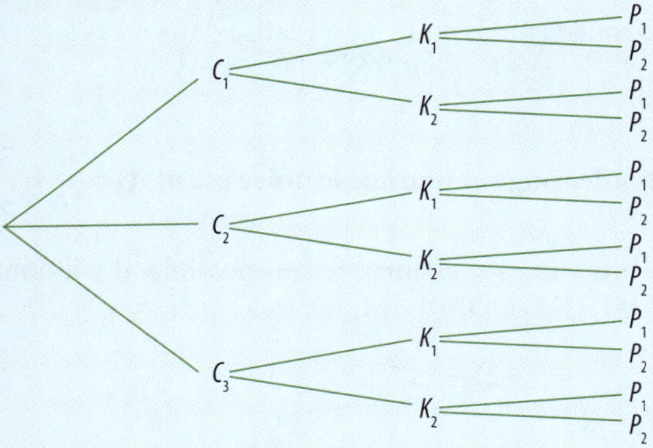

> **Remarque**
> Chaque chemin est une façon différente de se vêtir ; il y a 12 chemins, donc 12 tenues différentes.

2. Les choix se font au hasard, toutes les tenues sont équiprobables. Il y a deux cas favorables : C_1-K_1-P_1 et C_2-K_2-P_2 donc :

La probabilité que la personne porte trois vêtements de même indice est $\mathbf{\frac{2}{12}=\frac{1}{6}}$**.**

7 Remarques préliminaires :

> **Remarque**
> Ce sont les boules qui sont tirées au hasard, non les couleurs

- Tout d'abord il s'agit d'un tirage **simultané.** On tire **en même temps** 2 boules : l'ordre des boules n'intervient pas.
- En second lieu, considérer qu'il y a alors 3 cas possibles :*N-N*, *N-R* et *R-R* n'est pas correct. En effet, il n'y a pas le même nombre de noires que de rouges, les cas ne sont pas équiprobables. En conséquence, même si les 3 boules rouges sont identiques il convient de les distinguer (en mettant un numéro sur chacune par exemple).

On a donc 3 boules rouges : R_1, R_2 et R_3. Et 2 boules noires : N_1 et N_2.

- L'urne est alors l'ensemble $U=\{R_1\,;\,R_2\,;\,R_3\,;N_1\,;\,N_2\}$.

1. Un tirage est alors une paire d'éléments de cet ensemble :

$$\Omega=\{\{R_1\,;R_2\},\{R_1\,;R_3\},\{R_1\,;N_1\},\{R_1\,;N_2\},\{R_2\,;R_3\},\{R_2\,;N_1\},\{R_2\,;N_2\},\{R_3\,;N_1\},\{R_3\,;N_2\},\{N_1\,;N_2\}\}.$$

2. • Il y a 10 tirages différents possibles.

• Les boules sont indiscernables au toucher : les 10 tirages sont équiprobables.

• L'événement A : « tirer une rouge et une noire » est réalisé dans 6 cas :
$A=\{\{R_1\,;N_1\},\{R_1\,;N_2\},\{R_2\,;N_1\},\{R_2\,;N_2\},\{R_3\,;N_1\},\{R_3\,;N_2\}\}$.

Donc :

La probabilité de tirer une boule rouge et une boule noire est $p(A)=\dfrac{6}{10}=\dfrac{3}{5}$**.**

8 **1.** On peut utiliser un arbre ; un mot est un chemin possible, il y a donc 9 mots possibles : MM, MO, MI, OM, OO, OI, IM, IO, II.

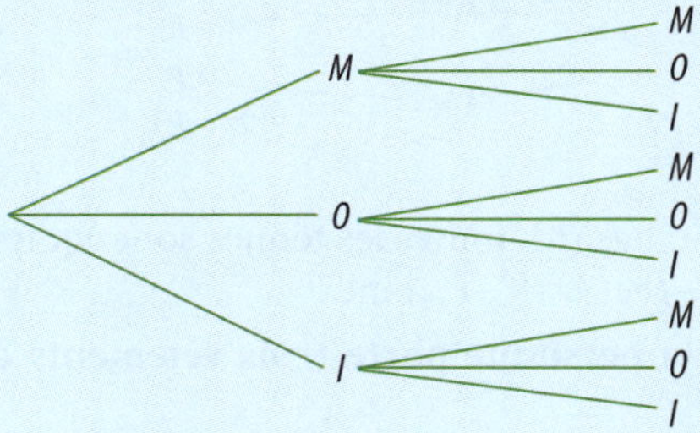

2. Il y a équiprobabilité (des événements élémentaires) et 3 cas favorables : MM, OO, II.

La probabilité que le mot soit formé de deux lettres identiques est $\dfrac{3}{9}=\dfrac{1}{3}$**.**

9 L'événement $A=[S\leq 8]$ est réalisé 26 fois (*cf.* exercice 5). Les dés étant non pipés on est dans un cas d'équiprobabilité, d'où :

$$\boxed{p(A)=\frac{26}{36}=\frac{13}{18}.}$$

S est divisible par 3 lorsque $S=3$, 6, 9 ou 12, et donc :
$B=[S=3]\cup[S=6]\cup[S=9]\cup[S=12]$.

Ces événements sont deux à deux incompatibles (on ne peut pas avoir simultanément $S=3$ et $S=9$ par exemple), donc :
$p(B)=p(S=3)+p(S=6)+p(S=9)+p(S=12)=\dfrac{2+5+4+1}{12}$ (voir exercice 5).

$$\boxed{p(B)=\frac{12}{36}=\frac{1}{3}.}$$

$A \cap B$ est l'événement : « $S \leq 8$ et S est divisible par 3 », ce qui laisse deux possibilités pour S, à savoir $S = 3$ et $S = 6$.

$A \cap B = [S=3] \cup [S=6]$ donc $p(A \cap B) = p(S=3) + p(S=6) = \frac{2+5}{12}$ (voir exercice 5).

$$\boxed{p(A \cap B) = \frac{7}{36}.}$$

$$p(A \cup B) = p(A) + p(B) - p(A \cap B) = \frac{26}{36} + \frac{12}{36} - \frac{7}{36}.$$

$$\boxed{p(A \cup B) = \frac{31}{36}.}$$

10 **1.** À chaque fois qu'on lance la pièce on note le résultat du lancer (P ou F). Un résultat possible lorsqu'on lance trois fois la pièce sera alors un triplet (x, y, z) où x est le résultat du premier lancer (P ou F), y le résultat du deuxième lancer (P ou F) et z le résultat du troisième lancer (P ou F).

Pour alléger les écritures, on écrira simplement xyz au lieu de (x, y, z).

L'univers Ω est l'ensemble de tous les triplets de ce type :

$$\Omega = \{PPP\,;\, PPF\,;\, PFP\,;\, FPP\,;\, FFP\,;\, FPF\,;\, PFF\,;\, FFF\}.$$

Il y a 8 cas possibles.

2. La pièce est non truquée donc les 8 événements élémentaires sont équiprobables.

Soit A l'événement : « obtenir exactement deux faces ».

$A = \{FFP\,;\, FPF\,;\, PFF\}$. Il y a donc 3 cas favorables :

La probabilité d'obtenir exactement deux faces est $\frac{3}{8}$.

11 Soit N le nombre d'élèves de cette école, N_G le nombre de garçons et N_F le nombre de filles.

Il y a 40 % de garçons, donc $N_G = 0{,}4 \times N$.

Il y a 30 % de garçons qui font de l'informatique, donc le nombre de garçons qui font de l'informatique est : $0{,}3 \times N_G = 0{,}3 \times 0{,}4 \times N = 0{,}12 \times N$.

De même le nombre de filles est $N_F = 0{,}6 \times N$ et le nombre de filles qui font de l'informatique est : $0{,}15 \times N_F = 0{,}15 \times 0{,}6 \times N = 0{,}09 \times N$.

L'expérience aléatoire consiste ici à choisir un élève dans l'école. Comme l'élève est choisi au hasard, on est dans une situation d'équiprobabilité.

Considérons les événements suivants :

I : « l'élève choisi fait de l'informatique » ;

G : « l'élève choisi est un garçon » ;

F : « l'élève choisi est une fille ».

On a donc $p(G \cap I) = \frac{0{,}12 \times N}{N} = 0{,}12$ et $p(F \cap I) = \frac{0{,}09 \times N}{N} = 0{,}09$.

De plus : $I = (G \cap I) \cup (F \cap I)$. Les événements $G \cap I$ et $F \cap I$ sont incompatibles (un élève choisi au hasard ne peut être à la fois garçon et fille) et donc :

$$\boxed{p(I) = p(G \cap I) + p(F \cap I) = 0{,}12 + 0{,}09 = 0{,}21.}$$

12 On reprend ici les notations de l'exercice 7 : même si les 3 boules rouges sont identiques, on les numérote pour les différencier. De même pour les noires.

L'urne est alors l'ensemble $U = \{R_1 ; R_2 ; R_3 ; N_1 ; N_2\}$.

Un tirage est alors une paire d'éléments de cet ensemble et l'univers contient 10 éventualités, les événements élémentaires étant équiprobables.

Soit A l'événement : « obtenir au moins une boule rouge ».

L'événement contraire $\overline{A}$ est l'événement : « n'obtenir que des noires ».

Cet événement est l'événement élémentaire : « tirer N_1 et N_2 » : $\overline{A} = \{\{N_1, N_2\}\}$.

Donc $p(\overline{A}) = \frac{1}{10}$ et

$$\boxed{p(A) = 1 - p(\overline{A}) = \frac{9}{10}.}$$

13 Définissons les événements suivants :

A : « l'élève choisi étudie l'anglais » ;

D : « l'élève choisi étudie l'allemand » ;

C : « l'élève choisi étudie l'anglais ou l'allemand ».

$$p(A) = 0{,}7 \text{ , } p(D) = 0{,}1 \text{ et } p(A \cap D) = 0{,}05.$$

On cherche $p(C)$ or $C = A \cup D$ donc

$$p(C) = p(A) + p(D) - p(A \cap D) = 0{,}7 + 0{,}1 - 0{,}05.$$

$$\boxed{p(C) = p(A \cup D) = 0{,}75.}$$

14 **1.** On peut convenir d'appeler C_1 le premier colis et E_1 l'étiquette du destinataire de ce colis. De même C_2 a pour étiquette E_2 et E_3 est l'étiquette attachée à C_3.

Il y a 6 manières de coller les étiquettes :

$$E_1E_2E_3 \; ; \; E_1E_3E_2 \; ; \; E_2E_1E_3 \; ; \; E_2E_3E_1 \; ; \; E_3E_1E_2 \; ; \; E_3E_2E_1.$$

Le cas $E_2E_3E_1$ signifie qu'on colle l'étiquette E_2 sur C_1, l'étiquette E_3 sur C_2 et l'étiquette E_1 sur C_3. De même pour les cinq autres cas.

Le fait de coller les étiquettes « sans faire attention » signifie qu'on est dans un cas d'équiprobabilité : chacun des six cas a la même probabilité de se réaliser.

2. Définissons les événements suivants :

D_0 : « Aucun destinataire ne reçoit de colis ».

D_1 : « Un destinataire et un seul reçoit son colis » ;

D_2 : « Deux destinataires exactement reçoivent leur colis » ;

D_3 : « Les trois destinataires reçoivent leur colis ».

- D_3 est un événement élémentaire : $D_3 = \{E_1E_2E_3\}$. Donc $p(D_3) = \frac{1}{6}$:

La probabilité que les trois destinataires reçoivent leur colis est donc $\frac{1}{6}$.

- Deux destinataires ne peuvent recevoir leur colis sans que le troisième le reçoive : D_2 est l'événement impossible.

La probabilité que deux destinataires exactement reçoivent leur colis est nulle.

- $D_1 = \{E_1E_3E_2 \; ; E_2E_1E_3 \; ; E_3E_2E_1\}$. L'événement D_1 est réalisé trois fois.

La probabilité qu'un destinataire et un seul reçoive son colis est donc $\frac{1}{2}$.

- Le complémentaire de D_0 est l'événement : « au moins un destinataire reçoit son colis ». Mais « au moins un » veut dire ici un, deux ou trois, c'est-à-dire : $\overline{D_0} = D_1 \cup D_2 \cup D_3 = D_1 \cup D_3$, puisque D_2 est impossible.

$D1$ et $D3$ étant incompatibles, on a $p(\overline{D_0}) = p(D_1) + p(D_3) = \frac{1}{2} + \frac{1}{6} = \frac{4}{6} = \frac{2}{3}$.

Et $p(D_0) = 1 - p(\overline{D_0}) = \frac{1}{3}$:

La probabilité qu'aucun destinataire ne reçoive de colis est $\frac{1}{3}$.

15 On définit les événements suivants :

M : « l'élève choisi aime les mathématiques » ;

C : « l'élève choisi aime la chimie ».

Les hypothèses de l'énoncé se traduisent ainsi :

$$p(M) = 0{,}88 \text{ , } p(C) = 0{,}2 \text{ et } p(M \cap C) = 0{,}15.$$

1. On cherche ici la probabilité de $M \cap \overline{C}$.

$M \cap C$ et $M \cap \overline{C}$ sont incompatibles et $(M \cap C) \cup (M \cap \overline{C}) = M$ donc :

$p(M \cap C) + p(M \cap \overline{C}) = p(M)$ donc :

$p(M \cap \overline{C}) = p(M) - p(M \cap C) = 0{,}88 - 0{,}15.$

$$\boxed{p(M \cap \overline{C}) = 0{,}73.}$$

2. De même pour déterminer $p(\overline{M} \cap C)$, on remarque que $M \cap C$ et $\overline{M} \cap C$ sont incompatibles, d'union égale à C. Donc :

$p(C) = p(M \cap C) + (\overline{M} \cap C)$ donc $p(\overline{M} \cap C) = p(C) - p(M \cap C) = 0{,}2 - 0{,}15.$

$$\boxed{p(\overline{M} \cap C) = 0{,}05.}$$

3. L'événement « l'élève n'aime ni les mathématiques ni la chimie » est l'événement $\overline{M} \cap \overline{C}$, qui est l'événement contraire de $M \cup C$.

$p(M \cup C) = p(M) + p(C) - p(M \cap C) = 0{,}88 + 0{,}2 - 0{,}15 = 0{,}93$ et

$p(\overline{M} \cap \overline{C}) = 1 - p(M \cup C) = 1 - 0{,}93.$

$$\boxed{p(\overline{M} \cap \overline{C}) = 0{,}07.}$$

16 **1.** Un entier n multiple de 7 est un entier de la forme $7k$. La condition $100 \leq n \leq 999$ impose que k vérifie : $100 \leq 7k \leq 999$, soit $\frac{100}{7} \leq k \leq \frac{999}{7}$.

$\frac{100}{7} = 14{,}29$ et $\frac{999}{7} = 142{,}71$; k étant un nombre entier, il doit vérifier : $15 \leq k \leq 142$.

Il y a 142 nombres entiers entre 1 et 142, dont 14 sont entre 1 et 14. Il y a donc $142 - 14 = 128$ entiers k compris entre 15 et 142, donc 128 entiers multiples de 7 entre 100 et 999.

Par ailleurs, il y a 900 entiers compris entre 100 et 999.

Le tirage se faisant au hasard, il y a équiprobabilité des tirages élémentaires. Donc, en notant A l'événement : « L'entier n est multiple de 7 », on a :

$$\boxed{p(A) = \frac{128}{900} = \frac{32}{225} = 0{,}142.}$$

2. Soit B l'événement : « La somme des chiffres de l'entier n est 4 ».

$B = \{103, 112, 121, 130, 202, 211, 220, 301, 310, 400\}$, soit 10 cas favorables, et donc :

$$\boxed{p(B) = \frac{10}{900} = \frac{1}{90} = 0{,}011.}$$

17 Soit cdu l'écriture du nombre n tiré (c : chiffre des centaines, d : chiffre des dizaines et u : chiffe des unités). Le nombre étant compris entre 100 et 499 on a :

$$1 \leq c \leq 4, 0 \leq d \leq 9, 0 \leq u \leq 9 .$$

Il y a donc 4 choix possibles pour c (tous les entiers de 1 à 4), 10 choix possibles pour d (tous les entiers compris entre 0 et 9) et de même 10 choix possibles pour u.

> **Remarque**
> Effectivement, il y a bien 400 entiers compris entre 100 et 499 !!

Le nombre de cas possibles est donc : $4 \times 10 \times 10 = 400$.

Soit A l'événement : « Dans l'entier n tiré figure au moins un chiffre 1 ».

Alors $\overline{A}$ est l'événement : « Il n'y a aucun chiffre 1 dans l'écriture de l'entier n ».

Pour réaliser $\overline{A}$ il faut donc :

1- Choisir c parmi 2, 3 et 4, soit 3 possibilités.

2- Choisir d parmi 0, 2, 3, 4, 5, 6, 7, 8, 9 : soit 9 possibilités.

3- Choisir u de la même façon, soit 9 possibilités aussi.

Ce qui fait $3 \times 9 \times 9 = 243$ cas favorables pour $\overline{A}$, et donc $p\left(\overline{A}\right) = \dfrac{243}{400}$.

Il en résulte : $p(A) = 1 - p\left(\overline{A}\right) = 1 - \dfrac{243}{400}$:

$$\boxed{p(A) = \frac{157}{400} = 0{,}3925.}$$

Problèmes

18 **1. a)** Il y a 32 choix de cartes possibles au premier tirage et 32 au second, donc en tout 32×32 cas possibles.

Considérons les événements suivants :

A : « Tirer un seul as au cours des deux tirages » ;

A_1 : « Tirer un as au premier tirage et pas d'as au second » ;

A_2 : « Ne pas tirer d'as au premier tirage et en tirer un au second ».

Le nombre de cas réalisant A_1 est 4×28 et le nombre de cas réalisant A_2 est 28×4.

Par ailleurs $A = A_1 \cup A_2$, A_1 et A_2 étant incompatibles.

Donc $p(A) = p(A_1) + p(A_2) = \dfrac{4 \times 28}{32 \times 32} + \dfrac{28 \times 4}{32 \times 32} = \dfrac{28 \times 8}{32 \times 32}$.

$$\boxed{p(A)=\frac{7}{32}.}$$

b) Soit B l'événement : « Tirer au moins un as au cours des deux tirages ».
1re méthode : l'événement contraire de B est l'événement $\overline{B}$ = « Ne pas tirer d'as au premier tirage ni au second ».

Il y a 4 as dans le jeu donc 28 choix possibles au premier tirage et également 28 au second, soit 28×28 façons de réaliser $\overline{B}$, donc $p(\overline{B})=\frac{28\times28}{32\times32}=\frac{7\times7}{8\times8}=\frac{49}{64}$.

$$\boxed{p(B)=1-p(\overline{B})=\frac{15}{64}.}$$

2e méthode : sans passer par l'événement contraire.

Soit C l'événement : « Tirer un as à chacun des deux tirages ».

On a $B=A\cup C$. Les événements A et C sont incompatibles.

Il y a 4×4 façons de réaliser C, donc $p(C)=\frac{4\times4}{32\times32}=\frac{1}{64}$. Et donc :
$p(B)=p(A)+p(C)=\frac{7}{32}+\frac{1}{64}$:

$$\boxed{p(B)=\frac{15}{64}.}$$

2. a) Dans le cas où il n'y a pas remise de la première carte, il n'y a plus que 31 choix possibles au second tirage, soit en tout 32×31 cas possibles.

Le nombre de cas possibles pour A_1 et A_2 sont les mêmes qu'à la question **1. a)**.

Donc $p(A)=p(A_1)+p(A_2)=\frac{4\times28}{32\times31}+\frac{28\times4}{32\times31}=\frac{28\times8}{32\times31}$.

$$\boxed{p(A)=\frac{7}{31}.}$$

b) On peut encore utiliser l'une des deux méthodes de la question **2. b)**. En utilisant par exemple la première méthode et avec les mêmes notations, il y a cette fois 28×27 façons de réaliser $\overline{B}$, donc $p(\overline{B})=\frac{28\times27}{32\times31}=\frac{7\times27}{8\times31}=\frac{189}{248}$.

$$\boxed{p(B)=1-p(\overline{B})=\frac{59}{248}.}$$

19 **1.** On fait un tableau : il y a 4 combinaisons possibles, dont 2 donnent des garçons et 2 donnent des filles :

Mère \ Père	X	Y
X	XX	XY
X	XX	XY

Si l'on suppose que le regroupement des chromosomes se fait au hasard, alors la probabilité d'avoir un garçon est égale à $p = \frac{2}{4} = \frac{1}{2}$.

Génétiquement parlant, on peut penser qu'il y a autant de chances d'avoir un garçon que d'avoir une fille.

2.a) On note p_1, p_2, …, p_{10} les proportions de garçons pour les années 2009, 2010, …, 2018 : $p_1 = \frac{408}{408+389} = \frac{408}{797} = 0{,}512$.

On obtient :

Année	2009	2010	2011	2012	2013	2014	2015	2016	2017	2018
Garçons	408	413	410	383	393	389	392	395	393	398
Filles	389	393	390	366	375	371	373	376	375	380
Proportion de garçons	0,512	0,512	0,513	0,511	0,512	0,512	0,512	0,512	0,512	0,512

Sur les dix années observées :

$$p = \frac{3974}{7762} \approx 0{,}512.$$

Ce dernier résultat était prévisible, la proportion de garçons étant pratiquement constante d'année en année.

b) On constate qu'il y a plus de chances d'avoir un garçon qu'une fille.

Les premières études statistiques ont été faites à Londres au XVIIe et XVIIIe siècle. Ces études ont montré que la proportion de garçons est pratiquement constante.

Par la suite, les statisticiens ont montré que cette proportion varie très peu d'une région à l'autre, d'un pays à l'autre, et ce, quelle que soit l'année.

20 L'expérience aléatoire consiste ici à choisir un nombre au hasard entre 1 et 50 et à décider d'attribuer le gros lot au billet portant ce numéro. L'univers est donc ici l'ensemble des billets numérotés de 1 à 50. Le gros lot étant attribué au hasard, on utilisera la formule : $p(E)=\dfrac{\text{card}(E)}{\text{card}(\Omega)}$.

1. • Parmi les 50 billets numérotés, 25 portent un numéro pair (et 25 un numéro impair), donc $\text{card}(A)=25$ et :

$$\boxed{p(A)=\frac{25}{50}=\frac{1}{2}.}$$

• Pour dénombrer les numéros divisibles par 5, on peut :
– soit les énumérer tous (ce qui est possible car le nombre de billets est petit) ;
– soit dire qu'un nombre divisible par 5 est de la forme $5k$ où k est un entier, on a alors ici :
$1\leq 5k\leq 50$ soit $\frac{1}{5}\leq k\leq 10$ soit $1\leq k\leq 10$ puisque k est un entier.
Il y a donc 10 numéros divisibles par 5, d'où $\text{card}(B)=10$ et :

$$\boxed{p(A)=\frac{10}{50}=\frac{1}{5}.}$$

2. On a ici $C=A\cup B$, mais les événements A et B ne sont pas incompatibles (certains numéros étant à la fois pairs et divisibles par 5).
Précisément, $A\cap B$ est l'ensemble des billets dont le numéro est divisible par 10. Il y en a 5 : 10, 20, 30, 40 et 50. Et donc $p(A\cap B)=\frac{5}{50}=\frac{1}{10}$.
Et donc :

$$p(C)=p(A\cup B)=p(A)+p(B)-p(A\cap B)=\frac{1}{2}+\frac{1}{5}-\frac{1}{10}=\frac{5+2-1}{10}:$$

$$\boxed{p(C)=\frac{3}{5}.}$$

21 **1. a)** Un domino est un rectangle comprenant deux nombres compris entre 0 (le blanc) et 6. Mais on ne peut assimiler un domino à un couple d'entiers entre 0 et 6 dans la mesure où il n'y a pas lieu de distinguer entre le domino (2, 6) et le domino (6,2).
On conviendra de noter $[2-6]$ le domino comprenant les numéros 2 et 6.
Il y a 49 couples (a,b) où a et b sont des entiers entre 0 et 6 (7 choix pour a et 7 choix pour b).
Parmi ces 49 couples, il en y a 7 du type (a, a) : (0, 0), (1, 1), …, (6,6). Ces 7 couples peuvent s'apparenter aux doubles (c'est-à-dire les dominos du type $[a-a]$).
Il reste donc 42 couples (a,b) avec $a\neq b$. Ces 42 couples

Remarque
Une autre façon de procéder est de prendre une boîte (complète) de dominos et de les compter !

fournissent en fait 21 dominos différents $[a-b]$ puisqu'il n'y a pas lieu de distinguer (a,b) de (b,a).

Une boîte de dominos contient donc 21 non doubles et 7 doubles, soit en tout 28 dominos.

b) • L'univers est ici représenté par la boîte de dominos, soit 28 cas possibles.

• Le tirage se faisant au hasard il y a équiprobabilité des événements élémentaires (chaque domino a la même probabilité $\frac{1}{28}$ d'être tiré).

• L'événement A : « tirer un double » est réalisé dans 7 cas. Donc :

$$p(A)=\frac{7}{28}=\frac{1}{4}.$$

2.a) Ici D n'est pas un double : il est donc constitué de deux numéros distincts a et b. On dénombre 7 dominos comprenant le nombre a, à savoir les dominos :

$$[a-0],[a-1],[a-2],[a-3],[a-4],[a-5] \text{ et } [a-6].$$

Parmi ces 7 dominos figure le domino D, donc il y a 6 dominos juxtaposables à D par le côté a (parmi lesquels le double $[a-a]$).

De même, il y a 6 dominos juxtaposables à D par le côté b.

Ces 6 dominos sont tous différents des 6 dominos obtenus précédemment, donc :

12 dominos sont juxtaposables à *D* lorsque *D* n'est pas un double.

b) Lorsque D est le double $[a-a]$, il y a 6 autres dominos comprenant le chiffre a et donc : **6 dominos sont juxtaposables à *D* lorsque *D* est un double.**

3.a) Il y a 28 choix possibles pour le domino D et une fois ce domino tiré il reste 27 dominos dans la boîte, soit 27 possibilités pour D'.

Soit au total $28\times 27=756$ **tirages possibles de deux dominos *D* et *D'*.**

b) Désignons par J l'événement : « les deux dominos D et D' tirés sont juxtaposables ».

• Dénombrons les cas favorables.

– Soit on tire en premier un domino D qui n'est pas un double (21 choix possibles), puis un second D' juxtaposable à D (12 choix possibles d'après **2.a)**),

donc 21×12 façons de réaliser J lorsque le premier domino tiré n'est pas un double.

– Soit le domino D tiré en premier est un double (7 choix possibles) et le second est juxtaposable à D (6 choix possibles d'après **2.b)**),

donc 7×6 façons de réaliser J lorsque le premier domino tiré est un double.

Soit au total : $21\times 12+7\times 6=294$ couples de dominos (D, D') juxtaposables.

Les deux dominos D et D' ayant été tirés au hasard, tous les couples (D, D') ont la même probabilité $\left(\frac{1}{756}\right)$ d'être obtenus, on est donc dans le cas d'équiprobabilité des événements élémentaires. Il en résulte que la probabilité de tirer deux dominos juxtaposables est :

$$p(J) = \frac{294}{756} = \frac{7}{18} \approx 0{,}39.$$

Exercices d'approfondissement

22 **1.** Pour chaque numéro obtenu par le dé bleu, il y a 6 numéros possibles pour le dé rouge, et comme il y a 6 numéros possibles pour le dé bleu, cela donne $6 \times 6 = 36$ possibilités de couples (b, r) possibles (selon le principe de multiplication).

Pour chacun de ces 36 couples, il y a 6 possibilités pour le dé vert, et donc toujours selon ce même principe $36 \times 6 = 216$ triplets (b, r, v) possibles :

$$card(\Omega) = 6^3 = 6 \times 6 \times 6 = 216.$$

2. Les dés étant supposés équilibrés, chacun de ces 216 cas à la probabilité $\frac{1}{216}$ de se réaliser. Par exemple, le cas (1, 1, 1) (le dé bleu donne 1, le dé rouge donne 1 et le dé vert 1 aussi) a exactement la même probabilité de se réaliser que (2, 5, 3), et de même pour tous les cas possibles.

- À partir de là, le cas 1 + 3 + 6 peut être obtenu de 6 façons différentes :

(1, 3, 6), (1, 6, 3), (3,1, 6), (3, 6, 1), (6, 1, 3) et (6, 3, 1).

Il en est de même du cas 1 + 4 + 5, du cas 2 + 3 + 5, du cas 1 + 2 + 6, du cas 1 + 3 + 5 et du cas 2 + 3 + 4 :

À chaque fois qu'il y a trois nombres différents, il y a 6 façons d'obtenir ce cas.

- Par contre, le cas 2 + 2 + 6 ne peut être obtenu que de 3 façons :

(2, 2, 6), (2, 6, 2) et (6, 2, 2).

Il en est de même pour chaque cas ne comportant que deux nombres distincts :

À chaque fois qu'il y a deux nombres différents, il y a 3 façons d'obtenir ce cas.

- Enfin, il n'y a qu'une seule façon de réaliser le cas 3 + 3 + 3, c'est-à-dire d'avoir $b = 3$, $r = 3$ et $v = 3$.

De sorte que, parmi les 216 cas possibles, 27 réalisent $S = 10$:

– 6 pour faire chacun des cas 1 + 3 + 6, 1 + 4 + 5 et 2 + 3 + 5, soit 18 façons de faire une somme égale à 10 avec trois nombres distincts,

– 3 pour faire chacun des cas 2 + 2 + 6, 2 + 4 + 4 et 3 + 3 + 4, soit 9 façons de faire une somme égale à 10 avec deux nombres distincts.

Alors que pour obtenir $S = 9$ il n'y a que 25 façons :

– 6 pour faire 1 + 2 + 6, 1 + 3 + 5 et 2 + 3 + 4, soit 18 façons avec trois nombres distincts,

– 3 pour faire 1 + 4 + 4 et 2 + 2 + 5, soit 6 façons avec deux nombres distincts.

1 façon pour faire 3 + 3 + 3.

De sorte que $\boxed{p(S=10)=\frac{27}{216}=\frac{1}{8}}$ et $\boxed{p(S=9)=\frac{25}{216}}$.

Et donc on a bien :

$$\boxed{p(S=10)>P(S=9).}$$

23 **1.** Remarque 1 : bien que les boules soient indiscernables au toucher, il faut distinguer les trois boules rouges, par exemple en ajoutant un petit numéro dessus. Et de même pour les deux boules bleues. Donc on désignera par R_1, R_2 et R_3 les trois boules rouges et par B_1 et B_2 les deux boules bleues.

Remarque 2 : il s'agit ici d'un tirage simultané (on tire les boules en même temps) donc l'ordre des boules tirées n'intervient pas. Un cas possible sera donc ici une paire (un ensemble à deux éléments), par exemple $\{R_3\ ; B_2\}$ et non un couple : $(R_3\ ; B_2)$.

En effet, dans une paire, l'ordre ne compte pas : les deux ensembles $\{R_3\ ; B_2\}$ et $\{B_2\ ; R_3\}$ ayant les mêmes éléments, sont égaux.

Alors que dans un couple, l'ordre compte : $(R_3\ ; B_2) \neq (B_2\ ; R_3)$.

À RETENIR

Lorsqu'on tire deux éléments **simultanément** dans une urne U, un cas possible s'exprimera comme **une paire** $\{x\ ; y\}$ d'éléments de U.
Par contre lorsqu'on tire les deux éléments **l'un après l'autre**, on écrira un résultat de cette expérience comme **un couple** $(x\ ; y)$.

$$\boxed{\begin{array}{l}\Omega=\{\{R_1\ ; R_2\},\{R_1\ ; R_3\},\{R_1\ ; B_1\},\{R_1\ ; B_2\},\{R_2\ ; R_3\}\\ \quad\{R_2\ ; B_1\},\{R_2\ ; B_2\},\{R_3\ ; B_1\},\{R_3\ ; B_2\},\{B_1\ ; B_2\}\}\end{array}}$$

2. Dans ce contexte, les éventualités qui réalisent A sont : $\{R_1\ ; R_2\}$, $\{R_1\ ; R_3\}$ et $\{R_2\ ; R_3\}$.

Les boules sont indiscernables au toucher, ce qui signifie que les 10 cas possibles ont la même probabilité de se réaliser : on a équiprobabilité des événements élémentaires et comme on a ici 3 cas favorables,

$$p(A)=\frac{3}{10}=0,3.$$

3. Les éventualités qui réalisent B sont : $\{R_1\,;B_1\}$, $\{R_1\,;B_2\}$, $\{R_2\,;B_1\}$, $\{R_2;B_2\}$, $\{R_3;B_1\}$ et $\{R_3;B_2\}$, soit ici 6 cas favorables :

$$p(B)=\frac{6}{10}=0,6.$$

4. On associe les nombres 1, 2, 3 respectivement aux tirages $\{R_1\,;R_2\}$, $\{R_1\,;R_3\}$ et $\{R_2\,;R_3\}$ pour lesquels A est réalisé. On associe les nombres 4, 5, 6, 7, 8, 9, 10 aux autres tirages possibles.

Simulons sur le tableur Excel le tirage aléatoire d'un nombre entier entre 1 et 10 à l'aide de la fonction ENT(ALEA()*10+1 que l'on entre précédée du signe =, dans la cellule A1. En recopiant cette fonction 10 000 fois vers le bas on obtient un échantillon de 10 000 nombres entiers compris entre 1 et 10.

Remarque

La fonction ALEA renvoie un nombre au hasard appartenant à [0,1[,
donc ALEA*10 renvoie un nombre appartenant à [0,10[
donc ALEA*10+1 renvoie un nombre appartenant à [1,11[,
donc la partie entière sera un entier au hasard entre 1 et 10.

À l'aide de la fonction NB.SI(A1 :A50 ;"<=3") que l'on entre précédée du signe = dans la cellule B1, on obtient le nombre N de fois où l'événement A est réalisé. En remplaçant successivement 50 par 100, 1 000, 2 000, 5 000, 10 000, on obtient par exemple :

- Pour 50, $N=9$, d'où la fréquence $f=\dfrac{9}{50}=0,18.$
- Pour 100, $N=27$, d'où la fréquence $f=\dfrac{27}{100}=0,27.$
- Pour 1 000, $N=293$, d'où la fréquence $f=\dfrac{293}{1000}=0,293.$
- Pour 2 000, $N=581$, d'où la fréquence $f=\dfrac{581}{2000}=0,2905.$
- Pour 5 000, $N=1546$, d'où la fréquence $f=\dfrac{1546}{5000}=0,3092.$
- Pour 10 000, $N=3031$, d'où la fréquence $f=\dfrac{3031}{10000}=0,3031.$

Ainsi, lorsque le nombre de tirages augmente, la fréquence d'apparition « se rapproche » de la probabilité théorique 0,3 trouvée à la question 2.

CHAPITRE 11

Échantillonnage

COMPÉTENCES EXIGIBLES

- Lire et comprendre une fonction Python renvoyant le nombre ou la fréquence de succès dans un échantillon de taille n pour une expérience aléatoire à deux issues.
- Observer la loi des grands nombres à l'aide d'une simulation sur Python ou tableur.
- Simuler N échantillons de taille n d'une expérience aléatoire à deux issues.

1 Répétition d'une expérience aléatoire

• On considère une expérience aléatoire et un événement S relatif à cette expérience.
L'événement S sera appelé le succès.
Lorsqu'on ne s'intéresse qu'à la réalisation ou la non-réalisation de cet événement on dit qu'on a une expérience à deux issues possibles (succès-échec).
On notera $p = p(S)$ la probabilité du succès.

• On répète à présent plusieurs fois cette expérience aléatoire. On dit qu'on la répète **dans des conditions identiques et indépendantes** lorsque le résultat de chaque expérience (succès ou échec) ne dépend pas des résultats des expériences précédentes et si, à chaque fois qu'on fait l'expérience, la probabilité du succès reste identique et égale à p.

❶ Conditions identiques et indépendantes
Pour l'expérience aléatoire : « jeter une pièce en l'air », on considère l'événement P : « obtenir PILE », appelé ici succès.
Si la pièce est équilibrée alors $p = p(P) = \frac{1}{2}$.
Si on jette n fois cette pièce en l'air, chaque résultat (PILE ou FACE) est indépendant de ceux obtenus précédemment, et à chaque fois la probabilité d'obtenir PILE est $\frac{1}{2}$.
Donc on peut dire dans ce cas qu'on répète n fois cette expérience aléatoire dans des conditions identiques et indépendantes.

❷ Répétition d'expériences identiques et indépendantes
On considère une urne composée de deux catégories de boules : les blanches et les noires. On suppose que les blanches sont en proportion p dans l'urne.
Soit alors l'expérience aléatoire consistant à tirer au hasard une boule de cette urne, et notons B l'événement : « tirer une blanche », qui sera ici le succès.
Les boules ont toutes la même probabilité d'être tirées, il en résulte : $p(B) = p$.
Tirons successivement et **avec remise** des boules de cette urne, c'est-à-dire :

- on tire une boule,
- on note sa couleur,
- on la remet dans l'urne et
- on mélange les boules avant de procéder au tirage suivant.

Remarque
Si les tirages se font sans remise, la proportion de blanches dans l'urne change à chaque tirage, on n'est donc plus dans des conditions identiques et indépendantes.

Dans ces conditions, on a une **répétition d'expériences identiques et indépendantes** : la couleur de la boule tirée ne dépend pas des boules tirées précédemment puisque l'urne reste toujours identique et que la probabilité d'avoir une blanche reste égale à p à n'importe quel tirage.

❸ Expériences non indépendantes

Soit à présent une population dans laquelle certains individus possèdent un certain caractère C.
On suppose que ces individus sont en proportion p dans la population.
On a donc :

$$p = \frac{n_C}{N} \text{ où } \begin{cases} n_C \text{ est le nombre d'individus ayant le caractère } C\,; \\ N \text{ est l'effectif total de la population.} \end{cases}$$

On peut alors considérer l'expérience aléatoire consistant à tirer au hasard un individu de cette population et définir l'événement C : « l'individu tiré possède le caractère C ».
Chaque individu ayant la même probabilité $\frac{1}{N}$ d'être tiré, on est en situation d'équiprobabilité et donc

$$p(C) = \frac{\text{nombre d'individus ayant le caractère } C}{\text{nombre de cas possibles}} = p.$$

> **Remarque**
> On notera l'analogie entre cet exemple et le précédent où seule la terminologie a changé (urne population).

Si on prélève avec remise des individus de cette population on a une répétition d'expériences identiques et indépendantes pour les mêmes raisons que dans l'exemple précédent.

> **Bien comprendre**
> Par contre, si les individus sont tirés sans remise, les expériences successives : « choisir un individu au hasard dans la population » ne sont plus identiques et indépendantes.

En effet, **si on tire sans remise,** la proportion d'individus ayant le caractère C dans la population se modifie au cours des tirages. Par exemple la probabilité d'avoir un individu ayant le caractère C au deuxième tirage vaut :

- $\frac{n_C - 1}{N - 1}$ si au premier tirage on a tiré un individu ayant le caractère C;
- $\frac{n_C}{N - 1}$ sinon.

> **Remarque**
> Néanmoins, lorsque l'effectif total N est très grand par rapport au nombre d'individus tirés, il y a peu de différence entre tirages avec remise et tirages sans remise.

Les expériences ne sont donc pas indépendantes.

COURS

2 Échantillon de taille *n*

1 Définition

Considérons une expérience aléatoire à deux issues possibles : S (succès) et E (échec).
Répétons n fois cette expérience dans des conditions identiques et indépendantes.
À chaque répétition, notons le résultat S ou E de l'expérience. On obtient ainsi une liste à n éléments constituée de S et de E.
Une telle liste s'appelle un échantillon de taille n de l'expérience aléatoire.

Exemples

❶ On lance 5 fois de suite une pièce en l'air ; on obtient PILE au 1er lancer, FACE au 2e, PILE aux 3e et 4e et FACE au 5e. La liste (P, F, P, P, F) ainsi obtenue s'appelle un échantillon de taille 5 de l'expérience aléatoire : « jeter une pièce en l'air ».
❷ On tire 10 fois au hasard et avec remise dans une urne contenant des blanches et des noires. On a obtenu une blanche au 1er tirage, au 3e, au 5e, 6e, 7e et 10e. La liste (B,N,B,N,B,B,B,N,N,B) constitue un échantillon de taille 10 relatif à l'expérience : « tirer une boule dans l'urne ».
❸ Dans une population on s'intéresse aux individus présentant le caractère C. On prélève au hasard et avec remise 8 individus de cette population et on note à chaque fois s'il présente ou non le caractère C. Dans ces conditions, la liste $(\overline{C},\overline{C},C,\overline{C},C,C,\overline{C},\overline{C})$ représente un échantillon de taille 8 de cette population pour le caractère C.

2 Fréquence de réalisation de S sur un échantillon

Soit $e = \underbrace{(E,S,S,E,\dots,E,S)}_{n \text{ termes}}$ un échantillon de taille n d'une expérience aléatoire à deux issues possibles. Cet échantillon e est donc une liste formée de S et de E. On s'intéresse alors à **la fréquence** de S figurant dans cette échantillon, c'est-à-dire au réel f défini par :

$$f = \frac{n_e}{n} \text{ où } \begin{cases} n_e \text{ est le nombre de } S \text{ présents dans } e\,; \\ n \text{ est la taille de l'échantillon.} \end{cases}$$

Remarque
$0 \leq f \leq 1$

Exemples

❶ Pour l'échantillon observé à l'exemple 1, $f = \frac{3}{5} = 0{,}6$.

❷ Pour l'échantillon observé à l'exemple 2, $f = \frac{6}{10} = 0{,}6$.

❸ Pour l'échantillon observé à l'exemple 3, $f = \frac{3}{10} = 0{,}3$.

3 Échantillonnage

COURS

1 Fluctuation d'échantillonnage

• On comprend bien que si on calcule la fréquence f pour un autre échantillon, le résultat ne sera pas le même.
• On conçoit aussi que si n est suffisamment grand, la fréquence f varie autour de p tout en restant assez proche de p.
On appelle ce phénomène **fluctuation d'échantillonnage**.
Plus précisément, on démontre et on admettra que, lorsque les trois conditions suivantes sont réunies :

$$\begin{cases} n \geq 30, \\ np \geq 5, \\ n(1-p) \geq 5, \end{cases}$$

alors au moins 95% des échantillons de taille n ont une fréquence f vérifiant :

$$|p-f| \leq \frac{1}{\sqrt{n}} \qquad (1)$$

Comme lorsque n est grand, $\frac{1}{\sqrt{n}}$ est petit, f sera donc proche de p, du moins si l'échantillon considéré fait partie des 95% d'échantillons qui vérifient l'inégalité (1).
On exprime cette propriété en disant :
« Lorsque n est grand, la fréquence f observée sur l'échantillon est, sauf exception, proche de la probabilité p. »

Remarque
L'exception se réalise dans 5% des cas au maximum.

2 Intervalle de fluctuation

L'intervalle $\left[\boldsymbol{p - \frac{1}{\sqrt{n}}} \; ; \boldsymbol{p + \frac{1}{\sqrt{n}}} \right]$ dans lequel se trouvent 95% des fréquences f observées s'appelle **l'intervalle de fluctuation de f au seuil de 95%**.

3 Intervalle de confiance

Si la proportion p est inconnue, on pourra constituer un échantillon de taille n assez grande et on déterminera la fréquence f sur cet échantillon.
Lorsque les trois conditions suivantes sont vérifiées :

$$\begin{cases} n \geq 30, \\ nf \geq 5, \\ n(1-f) \geq 5, \end{cases}$$

on a au moins 95 % de chances d'avoir $p \in \left[f - \frac{1}{\sqrt{n}} ; f + \frac{1}{\sqrt{n}} \right]$.

L'intervalle $\left[\boldsymbol{f - \frac{1}{\sqrt{n}} ; f + \frac{1}{\sqrt{n}}} \right]$ s'appelle **l'intervalle de confiance pour *p* au seuil de 95 % (ou au risque de 5 %)**.

4 Simulation

Lorsqu'on tire au hasard un réel $x \in [0 ; 1[$, on a autant de chance qu'il se trouve dans $\left[0 ; \frac{1}{100}\right[$ ou dans $\left[\frac{1}{100} ; \frac{2}{100}\right[$ ou dans $\left[\frac{2}{100} ; \frac{3}{100}\right[$ … ou dans $\left[\frac{99}{100} ; 1\right[$.

La somme de toutes ces probabilités valant 1, cette probabilité commune vaut donc $\frac{1}{100}$. Il en résulte :

$$p\left(x \in \left[0 ; \frac{k}{100}\right[\right) = \frac{k}{100} \text{ pour tout } k \in \{1,2,\ldots,100\}.$$

Remarque
Par exemple
$p\left(x \in \left[0 ; \frac{1}{2}\right[\right) = \frac{1}{2}$

On déduit de cela une méthode pour simuler informatiquement un événement S de probabilité p :
On tire au hasard un réel $x \in [0 ; 1[$.

- Si on réalise $x \in [0 ; p[$, on affiche 1 et on considère que S est réalisé.
- Sinon, on affiche 0 et on considère que S n'est pas réalisé.

En effet, l'événement : « 1 s'affiche » correspond à l'événement « $x \in [0 ; p[$ » dont la probabilité, d'après ce qui précède, vaut p.

Remarque
Dans cette simulation :
Succès = 1
Échec = 0

La fonction ALEA() affiche un nombre réel au hasard entre 0 et 1.
La fonction SI(ALEA()<=p ; 1 ; 0) affichera :

- 1 avec la probabilité p (ce qui correspondra à un succès) et
- 0 avec la probabilité $1 - p$ (ce qui correspondra à un échec).

On saisit la formule = SI (ALEA() <=p ; 1 ; 0) dans la cellule A1 d'un tableur.
En recopiant vers le bas cette formule jusqu'à la cellule A500 on obtient un échantillon de taille 500 de cette expérience aléatoire, les 1 correspondant aux succès et les 0 aux échecs.
Pour déterminer la fréquence f de succès de cet échantillon, il suffit de compter les 1 et de diviser par 500.
On saisira donc dans la case A501 la formule :
= SOMME(A1 : A500)/500.

Remarque
Comme les nombres dans les cellules ne sont que des 0 ou des 1, il suffit de tout additionner pour compter les 1 !

QCM et questions courtes

1 Vrai ou faux ?

➲ Corrigé p. 282

1. Simulations

a) ALEA() permet de simuler un réel choisi au hasard dans $[0\,;1[$. ☐ Vrai ☐ Faux

b) ENT(ALEA()*11) permet de simuler un entier au hasard entre 1 et 10. ☐ Vrai ☐ Faux

c) ALEA.ENTRE.BORNES(15 ; 40) permet de simuler un entier au hasard entre 15 et 40 (bornes incluses). ☐ Vrai ☐ Faux

d) ENT(ALEA()+0,7) renvoie 1 avec la probabilité 0,3 et 0 avec la probabilité 0,7. ☐ Vrai ☐ Faux

2. Un intervalle de confiance $I=[a\,;b]$ d'une proportion p au risque de 5 % :

a) contient p avec une probabilité au moins égale à 5 % ; ☐ Vrai ☐ Faux

b) contient p avec une probabilité au moins égale à 95 % ; ☐ Vrai ☐ Faux

c) contient $1-p$ avec une probabilité inférieure ou égale à 5 %. ☐ Vrai ☐ Faux

3. $[0\,;1]$ est un intervalle de confiance d'une proportion p au risque de :

a) 10 % ; ☐ Vrai ☐ Faux

b) 5 % ; ☐ Vrai ☐ Faux

c) 1 %. ☐ Vrai ☐ Faux

2 Panel

➲ Corrigé p. 282

Sur un panel (échantillon) de 2 500 téléspectateurs choisis au hasard parmi tous les téléspectateurs on a constaté que 26 % d'entre eux regardaient TF1 hier soir à 21 heures.

En déduire, avec un risque de 5 %, une fourchette de la proportion de téléspectateurs qui regardaient TF1 hier soir à 21 heures.

3 Pile ou face

➲ Corrigé p. 283

En lançant 10 000 fois de suite une pièce on a observé 4 857 PILE au total. Peut-on considérer dans ces conditions que cette pièce est équilibrée ?

4 Sondage

10 min Corrigé p. 283

Avant le second tour de l'élection présidentielle où deux candidats A et B sont en lice, un institut de sondage a interrogé 625 électeurs qui constituent un échantillon aléatoire du corps électoral.

Sur ces 625 personnes, 52 % d'entre elles ont déclaré vouloir voter pour A. On suppose qu'entre la date du sondage et la date du scrutin les intentions de vote ne changent pas.

1.a) Estimer la proportion p de personnes votant pour A par un intervalle de confiance au seuil de 95 %.

b) L'institut de sondage peut-il déclarer dans ces conditions que A a au moins 95 % de chances d'être élu ?

2. Un autre institut de sondage a interrogé un échantillon de n électeurs et a recueilli également 52 % de votes favorables à A sur cet échantillon. Quelle était la taille de son échantillon sachant que cet institut a déclaré que A serait élu avec un risque de 5 % ?

5 Intervalle de fluctuation

10 min Corrigé p. 284

À l'oral d'un examen, 30 % des candidats ont obtenu une note inférieure à 12.

Un examinateur a fait passer 120 candidats, tirés au hasard. On pourra assimiler ces 120 candidats à un échantillon prélevé au hasard et avec remise dans la population des candidats.

On constate que parmi ces 120 candidats, 23 % seulement ont eu une note inférieure à 12.

Doit-on considérer que cet examinateur a été plus indulgent que les autres ?

6 Poissons dans le lac

5 min Corrigé p. 284

On souhaite estimer le nombre de poissons d'un lac. Pour cela, on capture 100 poissons que l'on marque et que l'on relâche.

Quelques jours plus tard, on capture 300 poissons, l'un après l'autre que l'on relâche immédiatement.

Parmi les 300 poissons pêchés, 120 étaient marqués.

1. Soit p la proportion de poissons marqués dans le lac. Déterminer un intervalle de confiance pour p au risque de 5 %.

2. En déduire un encadrement du nombre total de poissons dans le lac avec un niveau de confiance de 95 %.

7 Simulation d'un lancer de dé

5 min Corrigé p. 285

1. En utilisant une calculatrice, écrire une ligne de commande qui permet de simuler, en la répétant, le lancer de 100 fois un dé.

2. Calculer la fréquence d'apparition de chacune des faces dans la simulation suivante :

3	3	1	4	6	5	3	1	3	2
2	2	2	5	4	5	4	6	1	1
3	5	6	1	5	6	6	4	2	6
6	5	2	4	2	1	4	4	1	5
5	3	5	1	5	5	2	2	6	2
3	1	5	2	3	1	4	2	4	3
5	1	6	6	4	1	5	3	2	3
3	2	1	6	3	3	6	4	3	4
1	3	5	5	2	5	6	6	6	4
2	6	2	5	1	5	4	2	1	6

8 Simulation du lancer de deux dés

★ 10 min Corrigé p. 285

En voulant simuler l'expérience suivante : « lancer deux dés et lire la somme des points lus sur leur face supérieure », Marc et Nicolas ont saisi les lignes de commandes suivantes :

- Marc : $\text{TRONC}(\text{RANDOM} \times 11 + 2)$.
- Nicolas : $\text{TRONC}(\text{RANDOM} \times 6 + 1) + \text{TRONC}(\text{RANDOM} \times 6 + 1)$.

En répétant 100 fois ces lignes de commande ils ont obtenu les tableaux suivants :

- Marc :

2	3	11	3	2	9	5	11	2	6
7	8	7	4	7	5	11	12	10	8
12	10	5	4	10	6	5	3	2	3
4	11	10	4	12	11	9	8	10	12
6	5	11	11	11	2	6	8	8	8
10	9	11	7	12	11	7	12	5	4
11	8	7	8	7	6	4	4	9	5
6	12	8	4	4	7	4	9	6	2
7	7	6	2	6	7	11	5	9	6
3	9	9	5	6	6	8	7	2	9

• Nicolas :

10	6	10	2	6	5	4	8	8	7
8	8	7	7	6	5	5	6	11	4
7	7	3	6	4	9	7	5	5	8
7	7	10	5	5	6	8	7	9	5
7	8	6	4	10	8	8	9	5	6
7	7	5	11	9	7	5	6	9	5
3	5	7	6	9	7	10	8	8	11
5	6	3	8	7	7	4	9	12	7
9	8	7	8	7	4	9	4	10	8
7	10	11	3	11	5	5	3	7	5

1. Déterminer les fréquences d'apparition de chacune des valeurs dans les deux cas.

2. Des deux simulations précédentes, quelle est celle qui correspond le mieux à la réalité ?

9 Écriture d'un programme

★★ 10 min ➔ Corrigé p. 286

Deux joueurs A et B jouent au jeu suivant.

Un dé équilibré est lancé ; si le 6 apparaît le joueur A gagne, sinon on relance le dé selon la même règle, etc. Si au bout de 6 lancers, le 6 n'est pas apparu, le joueur B gagne.

1. Trouver une simulation de ce jeu et utiliser le tableau suivant pour prévoir celui qui a le plus de chances de gagner. Voir tableau ci-après.

2.a) On lance un dé 6 fois de suite. À chaque lancer on note le nombre qui apparaît sur la face du dessus de façon à constituer une liste de six nombres pris dans l'ensemble $\{1,2,3,4,5,6\}$. Combien y a-t-il de listes différentes possibles ?

b) Combien y a-t-il de listes dans lesquels le nombre 6 n'apparaît pas ?

En déduire la probabilité pour que B gagne le jeu.

Quelle est la probabilité pour que A gagne le jeu ?

Tableau de la question 1.

2	1	3	2	3	3	3	4	3	6	6	4
6	6	4	6	4	5	6	2	5	3	3	4
1	2	1	2	6	1	4	5	6	4	2	2
1	6	2	4	4	6	5	6	3	5	5	4
3	6	1	5	2	6	4	5	3	2	1	6
5	4	5	4	3	4	6	4	4	1	2	4
2	1	1	3	1	1	6	6	1	4	4	3
5	4	4	2	1	3	1	3	2	3	2	2
5	2	4	3	2	1	1	4	6	6	4	4
1	5	1	6	3	4	6	4	1	1	5	3
2	5	4	5	5	1	6	6	1	4	5	1
3	4	1	5	3	3	2	1	5	4	5	6
6	5	5	4	1	6	4	2	5	3	2	3
1	6	4	3	5	6	1	3	5	1	2	5
5	5	1	5	2	2	4	4	4	4	3	5
1	1	2	2	4	2	6	1	6	1	1	2
2	5	4	2	6	1	1	2	1	6	3	6
2	4	6	5	4	4	1	4	6	4	6	3
6	1	1	3	3	4	3	3	4	1	2	2
2	1	2	2	4	6	5	3	6	6	1	5
4	5	1	3	6	2	6	4	1	2	3	6
2	6	2	6	1	6	3	5	1	1	6	3
4	4	2	5	3	5	3	2	4	1	4	1
6	1	3	2	4	1	3	3	6	1	4	1
5	1	5	3	5	2	2	4	3	2	5	1

Exercices d'approfondissement

10 Intervalle de fluctuation

★★★ 30 min Corrigé p. 287

On a constaté que 30 % des moutons d'un élevage sont affectés par un parasite.

Un laboratoire a mis au point un traitement antiparasitaire et testé sur un échantillon de 100 moutons : sur les 100 moutons traités, seuls 22 moutons ont été atteints par le parasite.

1. Ce test permet-il de mettre en évidence l'efficacité du traitement avec un seuil de confiance de 95 % ?

2. Combien faut-il de moutons atteints par le parasite sur un échantillon de 100 moutons traités pour qu'on puisse mettre en évidence l'efficacité du traitement au seuil de confiance de 95 % ?

11 Simulation de N échantillons de taille n

★★★ 30 min Corrigé p. 287

Soit S un événement relatif à une certaine expérience aléatoire qui se réalise avec la probabilité p.

1. Écrire la fonction Python appelée simul_S(p) qui renvoie 1 lorsque S est réalisé et 0 sinon.

2. On répète n fois l'expérience précédente dans des conditions identiques et indépendantes de façon à constituer un échantillon de taille n de l'événement S.

Compléter la fonction Python freq_de_S(n, p) dont le but est de calculer la fréquence de réalisations de S dans cet échantillon :

```
def freq_de_S(n, p):
    nb_S=0
    for k in range (..., ...): nb_S= simul_S(p) + ...
    f=...
    return f
```

3. Un tel échantillon est dit « conforme » si l'écart entre la probabilité p de S et la fréquence f de réalisations de S dans cet échantillon est inférieure ou égale à $\frac{1}{\sqrt{n}}$, c'est-à-dire si l'on a : $|p-f| \leq \frac{1}{\sqrt{n}}$.

On fait alors un test de conformité sur cet échantillon qui retourne la valeur 1 si l'échantillon est « conforme », 0 sinon.

Compléter la fonction Python conforme(p, f, n) suivante :

```
def conforme(p, f, n):
    if abs(p-f)<=1/sqrt(n):
    return ...
    ...
    ...
```

4. On constitue N échantillons semblables à celui-ci. Que fait alors la fonction suivante ?

```
def PEC(N, n, p):
    nb=0
    for k in range (1, N+1):
        f = freq_de_S(n, p)
        nb = nb + conforme(p, f, n)
    return nb/N
```

5. Une urne contient 30 % de boules blanches et 70 % de boules noires. Lorsqu'on prélève une boule dans cette urne, on dit qu'il y a succès si l'on obtient une boule blanche.

Samuel en prélève 400 avec remise. Il obtient 136 boules blanches dans son échantillon.

a) Son échantillon est-il « conforme » ?

b) Dans quel intervalle doit se trouver la fréquence de blanches dans un échantillon de 400 pour que cet échantillon soit dit « conforme » ?

6. Samuel a prélevé dans les mêmes conditions 60 échantillons de 400 boules. Pour chaque échantillon, il a noté la fréquence f d'apparition de blanches.

Voici ses résultats :

0,34	0,26	0,28	0,33	0,35	0,29	0,31	0,35	0,27	0,25	0,32	0,25
0,27	0,28	0,36	0,28	0,34	0,31	0,33	0,29	0,30	0,26	0,32	0,31
0,33	0,30	0,29	0,26	0,28	0,34	0,25	0,31	0,32	0,26	0,27	0,32
0,25	0,31	0,32	0,35	0,26	0,27	0,30	0,29	0,28	0,34	0,23	0,33
0,32	0,29	0,34	0,25	0,32	0,33	0,27	0,26	0,35	0,33	0,31	0,28

Quelle est la proportion d'échantillons dits « conformes » parmi ces 60 échantillons ?

Quelle remarque peut-on faire ?

QCM et questions courtes

1 **1. a) Vrai**

b) Faux → Si $x \in [0\,;1[$ alors $11.x \in [0\,;11[$ et $11.x$ est un entier naturel compris entre 0 et 10. Pour avoir un entier entre 1 et 10 il faut prendre $10.x+1$ puisque $10.x$ est un entier naturel compris entre 0 et 9. La bonne formule est donc : ENT(ALEA()*10)+1.

c) Vrai

d) Faux → Si $x \in [0\,;1[$ alors $x+0{,}7 \in [0{,}7\,;1{,}7[$ et $x+0{,}7$ vaut 0 ou 1.
$x+0{,}7=1 \Leftrightarrow 1 \leq x+0{,}7 < 1{,}7 \Leftrightarrow 0{,}3 \leq x < 1 \Leftrightarrow x \in [0{,}3\,;1[$. La longueur de l'intervalle $[0{,}3\,;1[$ est 0,7 donc si le réel x est choisi au hasard dans $[0\,;1[$ la probabilité de réaliser $x+0{,}7=1$ est égale à 0,7. Donc la commande ENT(ALEA()+0,7) renvoie 1 avec la probabilité 0,7.

Remarque : les deux commandes ENT(ALEA()+p) et SI(ALEA()<=p ; 1 ; 0) produisent le même effet : toutes les deux renvoient la valeur 1 avec la probabilité p et la valeur 0 avec la probabilité $1-p$.

2. b) est **VRAI**, **a)** et **c)** sont **FAUX**

3. On est sûr d'avoir $p \in [0\,;1]$. Comme on a 100 % de chances d'avoir $p \in [0\,;1]$, on a au moins 90 % de chances, au moins 95 % de chances, au moins 99 % de chances d'avoir $p \in [0\,;1]$.

Donc **a) b)** et **c)** sont vrais.

2 Le nombre de téléspectateurs qui regardent la télé chaque soir est de l'ordre de plusieurs millions. Ce nombre est donc très grand comparé à l'effectif de l'échantillon considéré (2 500). Donc, que l'échantillon soit prélevé avec ou sans remise est ici sans incidence.

Dans cet exercice, il s'agit de trouver un intervalle de confiance au risque de 5 %.

On a $n=2500$ et $f=0{,}26$.

Les trois conditions sont réalisées : $\begin{cases} n=2500 \geq 30 \\ nf=650 \geq 5 \\ n(1-f)=1850 \geq 5 \end{cases}$. De plus : $\dfrac{1}{\sqrt{n}}=\dfrac{1}{50}=0{,}02$.

L'intervalle de confiance au risque de 5 %, $\left[f-\dfrac{1}{\sqrt{n}}, f+\dfrac{1}{\sqrt{n}}\right]$, est donc ici égal à $I=[0{,}24\,;0{,}28]$. On peut donc affirmer :

Au risque de 5 %, la proportion des téléspectateurs qui regardaient TF1 hier soir à 21 heures était comprise entre 24 % et 28 %.

3 On cherche ici à savoir si, avec le résultat observé (4 857 PILE sur 10 000 lancers), il est raisonnable de considérer que la probabilité d'avoir pile avec cette pièce est bien égale à 0,5.

Le test donne $f=\dfrac{4857}{10000}=0,4857$.

Les trois conditions sont réalisées : $\begin{cases} n=10\,000 \geq 30 \\ nf=4\,857 \geq 5 \\ n(1-f)=5143 \geq 5 \end{cases}$

Et comme $\dfrac{1}{\sqrt{n}}=\dfrac{1}{100}=0,01$, l'intervalle de confiance est ici : $I=[0,4757\,;0,4957]$.

On constate que la valeur 0,5 n'est pas dans cet intervalle, ce qui conduit à rejeter l'hypothèse selon laquelle la pièce est équilibrée. On énonce ceci en disant : **Au seuil de confiance de 95% la pièce n'est pas équilibrée.**

Exercices d'entraînement

4 **1. a)** On cherche ici un intervalle de confiance de p (proportion du corps électoral favorable à A) au risque de 5 %. On a $n=625$ et $f=0,52$.

Les trois conditions sont réunies : $\begin{cases} n=625 \geq 30 \\ nf=325 \geq 5 \\ n(1-f)=300 \geq 5 \end{cases}$.

Or $\dfrac{1}{\sqrt{n}}=\dfrac{1}{25}=0,04$, l'intervalle de confiance est donc ici : $I=[0,48\,;0,56]$.

b) La borne inférieure de cet intervalle (0,48) étant inférieure à 0,5, **l'institut de sondage ne peut pas déclarer que le candidat à au moins 95% de chances d'être élu.**

2. L'intervalle de confiance est de la forme $I=\left[0,52-\dfrac{1}{\sqrt{n}}\,;0,52+\dfrac{1}{\sqrt{n}}\right]$. Pour pouvoir déclarer que A est élu au risque de 5 % on doit avoir $0,52-\dfrac{1}{\sqrt{n}}>0,5$, de façon à ce que toute valeur p de cet intervalle soit supérieure à 0,5. Il faut donc réaliser $\dfrac{1}{\sqrt{n}}<0,02$ ou encore $\sqrt{n}>50$.

L'échantillon doit comprendre au moins 2501 électeurs pour qu'avec 52 % de votes favorables à A dans cet échantillon on puisse déclarer A élu au risque de 5 %.

5 Ici $n = 120$ et $p = 30\ \%$.

Les trois conditions sont réunies : $\begin{cases} n = 120 \geq 30 \\ np = 36 \geq 5 \\ n(1-p) = 84 \geq 5 \end{cases}$.

Par ailleurs $\sqrt{n} = 10{,}95$ et $\frac{1}{\sqrt{n}} = 9{,}13\ \%$. L'intervalle de fluctuation de f au seuil de 95% est donc : $I = \left[20{,}87\ \% \,;\, 39{,}13\ \%\right]$.

Ici $f = 23\ \%$, donc $f \in I$. **Au risque de 5 % on ne peut pas affirmer que cet examinateur a été plus indulgent que les autres.**

6 **1.** On a constitué un échantillon de taille $n = 300$.
La fréquence de poissons marqués sur cet échantillon est $f = \frac{120}{300} = 40\ \% = 0{,}4$.

Bien comprendre

On peut se poser la question suivante : comment est-il possible d'avoir 120 poissons marqués dans l'échantillon alors qu'on n'en avait marqué que 100 en tout ? La réponse est évidente : l'échantillon a été constitué avec remise, il est donc tout à fait possible de prélever plusieurs fois le même poisson.

Les trois conditions pour déterminer un intervalle de confiance sont réalisées :

$$\begin{cases} n = 300 \geq 30 \\ nf = 120 \geq 5 \\ n(1-f) = 180 \geq 5 \end{cases}$$

Par ailleurs $\sqrt{n} = 17{,}32$ et $\frac{1}{\sqrt{n}} = 5{,}77\ \%$.

Un intervalle de confiance pour p au seuil de 95 % est $I = [34{,}23\ \%; 45{,}77\ \%]$.

2. Soit N le nombre de poissons dans le lac. On a marqué 100 poissons, donc la proportion de poissons marqués est $p = \frac{100}{N}$.

On a donc :

$0{,}3423 \leq \frac{100}{N} \leq 0{,}4577$ au seuil de 95 %. Et donc :

$\frac{1}{0{,}4577} \leq \frac{N}{100} \leq \frac{1}{0{,}3423}$ au seuil de 95 %.

Remarque

Pour a, b, c réels strictement positifs,
$a < b < c$ équivaut à :
$\frac{1}{c} < \frac{1}{b} < \frac{1}{a}$.

Soit encore, en multipliant par 100 les trois membres :
$218{,}48 \leq N \leq 292{,}14$ avec un niveau de confiance de 95 %.

Bien comprendre

N étant un entier, il faut donc arrondir. Mais si l'on veut garantir le niveau de confiance de 95 %, il faut élargir l'intervalle et non le réduire.

On peut donc affirmer avec un niveau de confiance de 95 % que le nombre de poissons dans le lac est compris entre 218 et 293.

7 **1.** La ligne de commande RANDOM affiche un réel choisi au hasard dans $\left[0\,;1\right[$. Il en résulte que $6x+1$ sera un réel au hasard de l'intervalle $\left[1\,;7\right[$ et que $6x+1$ (partie entière de TRONC $6x+1$) sera un entier au hasard entre 1 et 6.

Donc la ligne de commande TRONC(RANDOM × 6 + 1) simule le lancer d'un dé équilibré.

En répétant 100 fois cette ligne, on obtient un tableau semblable au tableau proposé.

2. On trouvera dans le tableau ci-dessous le nombre d'apparition de chaque face ainsi que leur fréquence :

	1	2	3	4	5	6
Nombre d'apparitions	16	18	16	14	19	17
Fréquence d'apparition	0,16	0,18	0,16	0,14	0,19	0,17

8 **1.** Lorsqu'on lance deux dés, la somme des nombres lus est un entier compris entre 2 et 12.

- Dans le tableau de Marc, le nombre d'apparitions des entiers 2, 3, 4, 5, 6, 7, 8, 9, 10 et 12 sont respectivement 8, 5, 10, 9, 12, 12, 10, 9, 6, 12 et 7. Comme l'échantillon est constitué de 100 répétitions, les fréquences d'apparition sont les suivantes :

Marc	2	3	4	5	6	7	8	9	10	11	12
Fréquence d'apparition	0,08	0,05	0,1	0,09	0,12	0,12	0,1	0,09	0,06	0,12	0,07

- Dans le tableau de Nicolas, les effectifs des nombres 2, 3, 4, 5, 6, 7, 8, 9, 10 et 12 sont respectivement 1, 5, 7, 17, 11, 22, 15, 9, 7, 5 et 1. D'où le tableau des fréquences :

Nicolas	2	3	4	5	6	7	8	9	10	11	12
Fréquence d'apparition	0,01	0,05	0,07	0,17	0,11	0,22	0,15	0,09	0,07	0,05	0,01

CORRIGÉS

2. La commande RANDOM $\times$ 11 renvoie un nombre réel x tiré au hasard dans $[0\,;11[$, $x+2$ sera alors un réel au hasard de $[2\,;13[$, donc la commande de Marc, qui consiste à prendre la partie entière de $x+2$, revient à choisir un entier au hasard entre 2 et 12.

La simulation proposée par Nicolas consiste à choisir au hasard deux entiers entre 1 et 6 et à les additionner. **C'est donc la simulation proposée par Nicolas qui correspond le mieux à la réalité.** En effet, lancer un dé une fois revient à choisir un entier au hasard entre 1 et 6.

Problèmes

9 **1.** On peut adapter ce jeu de la façon suivante.

On lance un dé six fois. Si au cours des six lancers le 6 apparaît au moins une fois, c'est A qui a gagné, sinon, c'est-à-dire si le 6 n'apparaît pas, B a gagné.

Cette adaptation ne change rien quant aux probabilités de A et de B de gagner la partie.

La ligne de commande TRONC(RANDOM $\times 6+1$) simule le lancer d'un dé.

En appuyant six fois sur la touche ENTER, on obtient une suite de six nombres tirés au hasard dans l'ensemble $\{1,2,3,4,5,6\}$.

Si l'on répète 50 fois l'opération précédente, on obtient un tableau du type proposé dans l'énoncé.

Dans ce tableau, il y a 33 suites contenant au moins un 6 et 17 suites ne contenant pas de 6.

Le joueur A gagne dans $\frac{33}{50} = 66\ \%$ des cas. Le joueur B dans $\frac{17}{50} = 34\ \%$ des cas.

C'est le joueur A qui a le plus de chances de gagner.

2. a) Il y a 6 résultats possibles pour le premier lancer. Pour chacun de ces résultats, il y a 6 résultats possibles pour le deuxième lancer, ce qui fait 36 possibilités pour les deux premiers lancers. Pour chacun de ces 36 cas, il y a 6 possibilités pour le troisième lancer, ce qui fait $36\times 6=6^3$ possibilités pour les trois premiers lancers et ainsi de suite…

Pour les six lancers, cela fait $6^6 = 46\,656$ listes différentes possibles.

b) Si le 6 n'apparaît pas, on n'a que 5 résultats possibles à chaque lancer (les nombres 1, 2, 3, 4, 5). Selon le même raisonnement, **il y a $5^6 = 15\,625$ listes ne comprenant pas le chiffre 6.**

Le dé est équilibré, on est donc dans un cas d'équiprobabilité : chacun des 46656 cas à la même probabilité de se réaliser. Notons B l'événement : « B gagne la partie ». Il y a, d'après ce qui précède, 15 625 cas favorables, donc :

$$p(B)=\frac{15625}{46656}=33{,}5\ \%.$$

Ce jeu comporte nécessairement un gagnant, donc si B perd, c'est que A gagne : en notant A l'événement : « A gagne la partie ». On a donc : $A=\overline{B}$, donc :

$$p(A)=1-p(B)=66{,}5\ \%.$$

10 **1.** On a ici $p=0{,}3$, $f=0{,}22$ donc $|p-f|=0{,}08$. Comme $n=100$, $\frac{1}{\sqrt{n}}=\frac{1}{10}=0{,}1$.
On a donc ici $|p-f|\leq\frac{1}{\sqrt{n}}$ et cet échantillon ne se distingue en rien des 95% d'échantillons tirés au hasard dans la population des moutons non traités qui vérifient cette inégalité. **Donc, bien qu'on n'ait que 22 % de moutons atteints, on ne peut conclure à l'efficacité du traitement au seuil de confiance de 95 %.**

2. Avec $p=30\ \%$ et $n=100$ l'intervalle de fluctuation est $I=\left[20\,;40\right]$.
Tant qu'on observe entre 20 et 40 moutons atteints sur 100 traités, rien ne permet (au risque de 5 %) de distinguer un tel échantillon d'un échantillon tiré au hasard parmi les moutons qui n'ont subi aucun traitement. **Pour qu'on puisse dire que le traitement est efficace au seuil de 95 %, il faut observer moins de 20 moutons atteints par le parasite dans un échantillon de 100.**

11 **1.** Voici une définition possible :

```
def simul_S(p):
    if random()<=p:
        return 1
    else:
        return 0
```

Ou bien, avec ce qui a été vu à **l'exercice 1** de ce chapitre, on peut aussi proposer :

```
def simul_S(p):
    return int(random() + p)
```

2. Comme un succès est représenté par 1 et un échec par 0, il suffit d'additionner tous les résultats des expériences pour compter les succès. Pour cela on définit un compteur nb_S (nombre de S) qu'on initialise à 0 et qu'on augmente à chaque passage de simul_S(p) (1 si succès, 0 si échec). À la fin on divise ce nombre par n pour obtenir la fréquence de succès :

> **Remarque**
> *for k in range (1,n+1)* fait varier le compteur *k* entre 1 et *n*.

```
def freq_de_S(n, p):
    nb_S=0
```

```
for k in range (1,n+1):
    nb_S=simul_S(p)+nb_S
f=nb_S/n
return f
```

3. Il s'agit d'un test qui renvoie 1 si la condition $|p-f| \leq \frac{1}{\sqrt{n}}$ est réalisée, 0 sinon :

```
def conforme(p, f, n):
    if abs(p-f)<=1/sqrt(n):
        return 1
    else:
        return 0
```

Remarque
En langage Python :
- abs : fonction valeur absolue ;
- sqrt : fonction racine carrée (square root).

4. La variable nb est un compteur qui compte le nombre d'échantillons conformes parmi N échantillons. Puis on divise ce résultat par N : la fonction PEC calcule la proportion d'échantillons « conformes » parmi les N échantillons formés (PEC pour : Proportion d'Échantillons Conformes).

5. a) On a ici et $n = 400$, soit $\frac{1}{\sqrt{n}} = \frac{1}{20} = 5\ \%$.

Par ailleurs $p = 30\ \%$ et $f = \frac{136}{400} = 34\ \%$, donc $|p-f| = 4\ \%$.

On observe qu'on a bien $|p-f| \leq \frac{1}{\sqrt{n}}$, donc :

L'échantillon de Samuel est « conforme ».

c) Un échantillon « conforme » doit vérifier : $f \in \left[p - \frac{1}{\sqrt{n}}\ ; p + \frac{1}{\sqrt{n}}\right]$ c'est-à-dire ici :

$$\boxed{f \in [25\ \%\ ; 35\ \%]}.$$

6. Parmi les 60 échantillons qui ont été formés, on n'en trouve que 2 pour lesquels f n'est pas dans cet intervalle : l'un pour lequel $f = 36\ \%$ (2e ligne, 3e colonne) l'autre pour lequel $f = 23\ \%$ (4e ligne, 11e colonne).

Soit une proportion d'échantillons « non-conformes » de $\frac{2}{60} = 3{,}33\ \%$.

On remarque que la condition du cours d'avoir moins de 5 % d'échantillons vérifiant $|p-f| > \frac{1}{\sqrt{n}}$ est ici respectée.

N° éditeur : 10249696
Dépôt légal : juillet 2019
Imprimé en France
par Clerc à Saint-Amand-Montrond